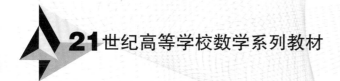

21世纪高等学校数学系列教材

大学数学MATLAB应用教程

- ■ 主 编 龙 松
- ■ 副主编 柯 玲 张文钢

WUHAN UNIVERSITY PRESS
武汉大学出版社

图书在版编目(CIP)数据

大学数学MATLAB应用教程/龙松主编.—武汉:武汉大学出版社,2014.7
(2021.8重印)
ISBN 978-7-307-13347-1

Ⅰ.大… Ⅱ.龙… Ⅲ.Matlab软件—应用—高等数学—高等学校—教材
Ⅳ.O13-39

中国版本图书馆CIP数据核字(2014)第098621号

责任编辑:胡 艳 责任校对:鄢春梅 版式设计:马 佳

出版发行:**武汉大学出版社** (430072 武昌 珞珈山)
(电子邮箱:cbs22@whu.edu.cn 网址:www.wdp.com.cn)
印刷:湖北金海印务有限公司
开本:787×1092 1/16 印张:22.25 字数:529千字 插页:1
版次:2014年7月第1版 2021年8月第8次印刷
ISBN 978-7-307-13347-1 定价:46.00元

序

数学是研究现实世界中数量关系和空间形式的科学。长期以来，人们在认识世界和改造世界的过程中，数学作为一种精确的语言和一个有力的工具，在人类文明的进步和发展中，甚至在文化的层面上，一直发挥着重要的作用。作为各门科学的重要基础，作为人类文明的重要支柱，数学科学在很多重要的领域中已起到关键性、甚至决定性的作用。数学在当代科技、文化、社会、经济和国防等诸多领域中的特殊地位是不可忽视的。发展数学科学，是推进我国科学研究和技术发展，保障我国在各个重要领域中可持续发展的战略需要。高等学校作为人才培养的摇篮和基地，对大学生的数学教育，是所有的专业教育和文化教育中非常基础、非常重要的一个方面，而教材建设是课程建设的重要内容，是教学思想与教学内容的重要载体，因此显得尤为重要。

为了提高高等学校数学课程教材建设水平，由武汉大学数学与统计学院与武汉大学出版社联合倡议、策划，组建21世纪高等学校数学课程系列教材编委会，在一定范围内，联合多所高校合作编写数学课程系列教材，为高等学校从事数学教学和科研的教师，特别是长期从事教学且具有丰富教学经验的广大教师搭建一个交流和编写数学教材的平台。通过该平台，联合编写教材，交流教学经验，确保教材的编写质量，同时提高教材的编写与出版速度，有利于教材的不断更新，极力打造精品教材。

本着上述指导思想，我们组织编撰出版了这套21世纪高等学校数学课程系列教材，旨在提高高等学校数学课程的教育质量和教材建设水平。

参加21世纪高等学校数学课程系列教材编委会的高校有：武汉大学、华中科技大学、云南大学、云南民族大学、云南师范大学、昆明理工大学、武汉理工大学、湖南师范大学、重庆三峡学院、襄樊学院、华中农业大学、福州大学、长江大学、咸宁学院、中国地质大学、孝感学院、湖北第二师范学院、武汉工业学院、武汉科技学院、武汉科技大学、仰恩大学(福建泉州)、华中师范大学、湖北工业大学、湖北科技职业学院等20余所院校。

武汉大学出版社是中共中央宣传部与国家新闻出版署联合授予的全国优秀出版社之一。在国内有较高的知名度和社会影响力、武汉大学出版社愿尽其所能为国内高校的教学与科研服务。我们愿与各位朋友真诚合作、力争将该系列教材打造成为国内同类教材中的精品教材，为高等教育的发展贡献力量！

21世纪高等学校数学系列教材编委会

2007年7月

前　　言

在传统的应试教育的引导下，学生学习方式显得单调枯燥，学习上只重知识的堆积而不重概念的理解，只是死记硬背数学公式而不注重应用背景，只是一味的接受知识而不去探索，"合作"、"创新"等学习方法对学生来说，只是一个十分陌生的名词。

而在工程实践和科学研究中，将相应具有严格的条件限制、缜密的逻辑推理的定理以及公式直接在现实中进行应用，几乎是不可能的，甚至一个貌似简单的计算都要花费很长的时间。因此，在大学数学教学中，特别是在非数学类专业的数学教学中，如何把复杂的理论学习与具体的应用实践结合起来，就成了我们研究的重点。本书也正是因此而编写。

随着近几年计算机技术的飞跃发展，各种数学软件的功能越来越强大，这些强有力的计算工具为数学教育改革提供了良好的契机，而在这些计算软件中，最流行的科学计算软件莫过于 MATLAB，该计算软件语言优美，接近人们的思维，是一个"演算纸"式的科学计算语言。更重要的是，MATLAB 将矩阵运算、数值运算、符号运算、图形处理、编程技术等功能有机地结合在一起，为用户提供了一个强有力的科学计算及程序设计的平台。

在美国及其他发达国家的理工科院校里，MATLAB 已经成为了一门必修的课程，是攻读学位的大学生、硕士生和博士生必须掌握的基本工具；而如今，在我国的科研院所、大型公司或企业的工程计算部门，MATLAB 也是最为普遍的计算工具之一。许多高校，MATLAB 课程的开设已不再仅仅局限于校选课，而逐渐成为校公共基础课。本书作者在多年从事 MATLAB 教学及组织并辅导全国大学生数学建模竞赛的基础上，编写了这本教材，旨在为广大读者提供较系统的大学数学的 MATLAB 应用及求解。

全书共分为 4 个部分。其中第一部分主要介绍 MATLAB 的基础知识，旨在为后面的应用部分打下坚实的基础，包括 MATLAB 简介、数值及符号矩阵的运算，程序语句设计以及数学图形的绘制等；第二部分主要介绍 MATLAB 在高等数学中的应用，包括极限、导数、定积分、多重积分、线面积分、微分方程、无穷级数等的计算与求解；第三部分主要介绍 MATLAB 在线性代数中的应用，包括行列式、矩阵的相关计算，线性方程组的求解，矩阵的相似对角化以及二次型等；第四部分主要介绍 MATLAB 在概率论与数理统计中的应用，包括密度函数、分布函数的计算以及统计作图、参数估计、假设检验、方差分析、回归分析等的 MATLAB 求解。附录 1 对 MATLAB 命令按功能的不同进行了分类，附录 2 按字母的顺序对 MATLAB 命令进行分类，以便读者查找。

为了学生自学方便，本书的第二、三、四部分每章都给出了习题，同时也附上了详细的参考答案。

本书的最大的特点之一是针对大学数学的基础课程(高等数学、线性代数、概率论与数理统计)，分科目和章节，有层次地通过大量的实例，对其 MATLAB 的应用求解进行了详细的介绍，从而大大地方便了学生对知识点的查找与引用。本书知识点的介绍也是由浅入深、循序渐进地展开，既适合初学者，也适合部分较熟练读者的查阅与学习。

本书的另一特点就是所选用的例子大多是大学数学教材中实例，这样使学生很方便地通过例子举一反三，快速求解教材中的其他例子和习题，以真正实现数学计算的电算化。

本书由龙松任主编，柯玲和张文钢任副主编，全书由龙松编写，柯玲编写了第二、三部分各章节的习题，张文钢编写了第四部分各章节的习题以及附录。同时，参加程序调试和习题编写的还有徐彬、李春桃、沈小芳、朱祥和、张丹丹、张秋颖等，在此，对他们的工作表示感谢！

在教材的编写中，多次与华中科技大学武昌分校基础科学部主任齐欢教授，数学教研室主任叶牡才教授进行了讨论，他们提出了许多宝贵的意见，对本书的编写与出版产生了十分积极的影响，在此表示由衷的感谢！

在教材的编写中，参考了相关书籍，均列于书后的参考文献中，在此也向有关作者表示感谢！

最后，本书作者在此再次向所有支持和帮助过本书编写和出版的单位和个人表示衷心的感谢。

由于作者水平的限制，书中的错误和缺点在所难免，欢迎广大读者批评与指教。

作　者

2014 年 4 月

目　　录

第三部分　MATLAB 在线性代数中的应用

第四部分　MATLAB 在概率论与数理统计中的应用

第一部分　MATLAB 基础

第 1 章　MATLAB 简介

1.1　MATLAB 的特色

在 21 世纪，知识爆炸的时代，科学的计算显得尤为重要。如今，最流行的科学计算语言就是 MATLAB。

（1）MATLAB 将数值计算功能、符号运算功能和图形处理功能高度地集成在一起，在数值计算、符号运算和图形处理上做到了无缝衔接，极大地方便了用户。

（2）有大量事先定义好的的数学函数，并且有很强的用户自定义函数的能力，同时还提供了在多个应用领域解决难题的工具箱。

（3）具有与其他语言编写的程序相结合的能力以及输入、输出格式化数据的能力。

（4）具有基于 HTML 的完整的帮助功能。

（5）MATLAB 语言是一种数学形式的语言，它的操作和功能函数指令就是用平时计算机和数学书上的英文单词和符号来表达的，比 BASIC、FORTRAN 和 C 语言等更接近于人们书写的数学计算公式、更接近于人们进行科学计算的思维方式。用 MATLAB 语言编写程序，犹如在演算纸上进行公式的排列与求解，故有人称 MATLAB 编程语言为"演算纸"式科学算法语言。

由于 MATLAB 具有其他计算语言无法比拟的优势，在美国及其他发达国家的理工科院校里，MATLAB 已经成为一门必修的课程，是攻读学位的大学生、硕士生和博士生必须掌握的基本工具。而如今，在我国的科研院所、大型公司或企业的工程计算部门，MAT-LAB 也是最为普遍的计算工具之一。许多高校、特别是重点高校，MATLAB 课程的开设已不再仅仅局限于校选课，而开始逐渐成为校公共基础课。各种 MATLAB 学习兴趣团体、学习网站层出不穷，由此可见，MATLAB 已经成为了 21 世纪真正的科学计算语言。

如无特别说明，本书将以 MATLAB7.12.0(R2011a)版本进行介绍。

1.2　MATLAB 的基本操作

1.2.1　MATLAB 的桌面平台

MATLAB 默认设置的桌面平台，如图 1.1 所示。默认情况下的桌面平台包括 5 个窗口，分别是 MATLAB 主窗口、命令窗口、历史窗口、当前目录窗口和工作空间窗口。

3

图 1.1

1. MATLAB 主窗口

MATLAB7.12.0 的主窗口包含其他几个窗口。主窗口不能进行任何计算任务的操作，只用来进行一些整体的环境参数的设置。它主要包括 7 个下拉菜单和 11 个按钮控件。

7 个下拉菜单分别是【File】、【Edit】、【Debug】、【Parallel】、【Desktop】、【Window】和【Help】。这里只简单介绍与基本操作有关的部分内容。

单击【File】下拉菜单，点击【Preferences】，会弹出如图 1.2 所示的对话窗口，可以对各窗口的字体、字号、字符颜色、数据显示格式、图形复制等属性进行设置。如对窗口的字体进行设置，只需点击图 1.2 中的【fonts】，即可出现图 1.3，然后按照自己的要求就可以很方便地进行修改。

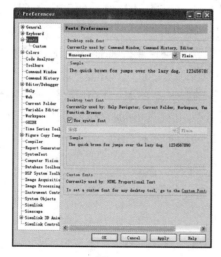

图 1.2

图 1.3

单击【File】下拉菜单，点击【New】，再点击【M-file】，会弹出文本编辑窗口，用户可以编写自己的 MATLAB 应用程序(M 命令文件和 M 程序函数)。

例如，编写一个绘图程序，画出 $y = \cos x$ 在 -2π 到 2π 之间的函数图像。

x = -2 * pi：0.1：2 * pi；

y = cos(x)；

plot(x, y, 'ob')

此时，可将该程序保存至搜索路径之下，例如保存名为 mmm.m，然后在命令窗口直接输入"mmm"，回车即可看见图形。编辑程序的好处之一就是可以随时编辑修改。

单击【File】下拉菜单，点击【open】，将会出现文件打开窗口，此时只要点击要打开的文件名，即可实现文件或数据的导入。

单击【File】下拉菜单，点击【Set Path】，会弹出如图 1.4 所示的对话窗口，点击【Add Folder…】，浏览文件夹，找到需要运行程序所在的文件夹位置，按【确定】后，窗口中就会新添一条用户设置的路径，按【Save】和【Close】，退出对话窗口，以后只要在命令窗口中键入该路径下的 MATLAB 应用程序，就可以正常运行，不会出现找不到路径的错误。这是因为 MATLAB 的一切操作都是在它的搜索路径(包括当前路径)中进行的，如果调用的函数在搜索路径之外，MATLAB 则认为此函数并不存在。将会显示："??? Undefined function or variable 'xx'(xx 为一程序或变量名)"。因此，必须把应用程序所在的目录扩展成 MATLAB 的搜索路径。

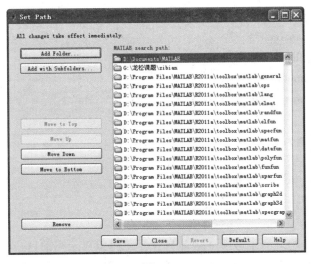

图 1.4

单击【Edit】下拉菜单，点击【Clear Command Window】，可以清除命令窗口中的所有内容，窗口中只剩下命令提示符">>"。当然，也可以在命令窗口直接输入"clc"，回车后窗口中也只剩下命令提示符">>"。类似的，点击【Clear Workspace】，即可清除工作空间中的变量。当然，也可以在命令窗口直接输入"clear"，回车后自动清除了工作空间中的变量。

　　单击【Desktop】下拉菜单，点击【Desktop Layout】，再点击【Default】，MATLAB 就恢复默认的桌面平台设置。如果点击【Command Window 】，则只显示命令窗口。

　　单击【Help】下拉菜单，点击【Product Help】，将会出现 MATLAB 相关介绍。

　　2. 命令窗口

　　在 MATLAB 的命令窗口中，">>"为运算提示符，表示 MATLAB 正处在准备状态，可以接受用户的输入指令。当在提示符后输入 MATLAB 通用命令、MATLAB 函数(M 函数)、MATLAB 应用程序(M 文件)和一段 MATLAB 表达式等，按【Enter】键后，MATLAB 将进行系统管理工作以及数值计算，给出计算结果，如果指令集中调用了 MATLAB 绘图命令，将会弹出图形窗口，显示计算结果的数学图形。指令完成之后，MATLAB 再次进入准备状态。

　　例如：在命令窗口提示符下输入：

>> a = 2+3

　　回车后，即可得：

a = 5

　　在 MATLAB 的基本函数库中，有 MATLAB 通用命令和许多其他的 MATLAB 函数。用户一旦发现某个指令不知如何使用，则可以用 help 命令将该指令紧跟于后，系统便会告诉该指令的意义和使用方法。例如：

>> help cos

cos　　　Cosine of argument in radians.

　　　cos(X) is the cosine of the elements of X.

　　　　See also acos, cosd.

　　　Overloaded methods：

　　　　　codistributed/cos

　　　Reference page in Help browser

　　　　　doc cos

　　3. 命令历史窗口

　　在默认设置下，历史窗口中会保留自安装起所有命令的历史记录，并标明使用时间，这方便了使用者对已使用过的命令的查询。如果双击某一行命令，即在命令窗口中执行该行命令。当然，也可以进行复制粘贴。

　　4. 当前目录窗口

　　在当前目录窗口中可显示或改变当前目录，还可以显示当前目录下的文件，并提供搜索功能。在此窗口中，可以随时打开已保存的函数程序文件或应用文件，并进行相关编辑。另外，当前目录也自动成为搜索路径之一。

　　5. 工作空间窗口

　　工作空间窗口是 MATLAB 的重要组成部分。在工作空间窗口中将显示目前内存中所有的 MATLAB 变量的变量名、数据结构、字节数以及类型，不同的变量类型分别对应不同的变量名图标。双击工作空间中的变量名，即可在命令窗口打开变量编辑窗口，其格式类似于 Excel 文件窗口，可以非常方便地进行变量的修改编辑。

1.2.2　MATLAB 的使用技巧

1. MATLAB 的通用命令

使用 MATLAB 之前，应该熟悉一些常用的 MATLAB 通用命令，通用命令用于对 MATLAB 系统的管理。表 1.1 给出了 MATLAB 通用命令库中的部分命令。

表 1.1　　　　　　　　　　　　　　　通用命令表

命　令	命令说明	命　令	命令说明
cd	显示或改变工作目录	hold	图形保持开关
dir	显示目录下文件	disp	显示变量或文字内容
type	显示文件内容	path	显示搜索目录
clear	清理内存变量	save	保存内存变量到指定文件
clf	清除图形窗口	load	加载指定文件中的变量
pack	收集内存碎片，扩大内存空间	diary	日志文件命令
clc	清除工作窗	quit/exit	退出 MATLAB
echo	工作窗信息显示开关	！	调用操作系统命令
help	在线帮助	dos	执行 dos 命令
helpwin	在线帮助窗口	unix	执行 unix 命令
helpdesk	在线帮助工作台	what	显示指定的 MATLAB 文件
lookfor	在 HELP 里搜索关键字	which	定位函数或文件
demo	运行演示程序	path	获取或设置搜索路径
readme	显示 Readme 文件	ver	版本信息
who	显示当前变量	pwd	显示当前的工作目录
whos	显示当前变量的详细信息	computer	显示计算机类型

例如：（1）想要在同一个图形窗口画出多幅图形，则需打开图形保持开关，即使用 "hold on"，如输入以下程序：

x = -2 * pi：0.1：2 * pi；

y = cos(x)；

plot(x，y，′ob′)

Y = sin(x)；

hold on

plot(x，Y，′ * r′)

回车后可得图 1.5。

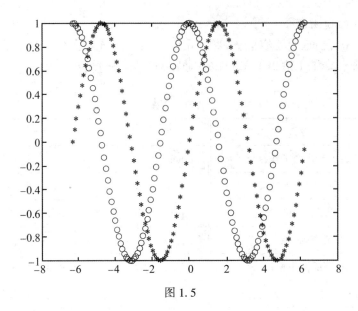

图 1.5

当然，关闭图形保持功能则使用"hold off"。

(2)要结束 MATLAB 的运行，可以采用下列三种方法之一：

①键入 quit 命令；

②键入 exit 命令；

③直接关闭 MATLAB 的命令窗口(Command Window)。

(3)如想编辑查看已有的 m 程序函数(包括内带函数)，可使用"edit funname. m"，例如：

>> edit sin

回车后出现：

%SIN   Sine of argument in radians.

%   SIN(X) is the sine of the elements of X.

%

%   See also ASIN，SIND.

%   Copyright 1984−2005 The MathWorks，Inc.

% $ Revision：5. 7. 4. 7 $ $ Date：2005/06/21 19：28：14 $

%   Built−in function.

(4)如想清除图形窗口中的图形，则可使用 clf，回车后即可出现没有任何图形的窗口。

2. 标点

在 MATLAB 语言中，一些标点(表 1.2)被赋予特殊的意义或代表一定的运算，被

MATLAB 变量和语句所应用，例如":"和","在矩阵和语句中有不同的含义。另外，需要特别注意：在不同的输入法下的标点符号有区别，MATLAB 中需输入英文状态下的标点符号。

表 1.2　　　　　　　　　　　　　　　　运算符和特殊字符库

标　点	定　　义	标　点	定　　义
:	冒号，具有多种应用功能	.	小数点，小数点及域访问符等
;	分号，区分行及取消运行显示等	…	续行符
,	逗号，区分列及函数参数分隔符等	%	百分号，注释标记
( )	括号，指定运算过程中的先后次序等	!	惊叹号，调用操作系统运算
[ ]	方括号，矩阵定义的标志等	=	等号，赋值标记
{ }	大括号，用于构成单元数组等	'	单引号，字符串的标示符等

例如：(1)输入如下等差数列：
```
>> x=1:2:9   %冒号的使用
x= 1     3     5     7     9
```
(2)
```
>> A=[1 2;3, 4]     %方括号，分号，逗号的使用。
A=1     2
   3     4
```
(3)
```
>> A=[1 2;3, 4];     %取消运行显示。
```
回车后，系统并不显示其运行结果。
(4)
```
>> s='hello'     %单引号、等号的使用。
s=hello
```
(5)
```
>> a=(2+3)*(5+1)     %小括号的使用。
a=30
```
(6)
```
>> A=[1 1；2 2]
??? A=[1 1；2 2]
```
Error：The input character is not valid in MATLAB statements or expressions.
结果说明输入的字符是无效的，也就是上面的命令中的分号不是英文状态下的，若改成：
```
>> A=[1 1;2 2]
A=1     1
   2     2
```
显然，此时输入状态正确。

3. 一些常用键盘操作技巧

在 MATLAB 的使用过程中，通过使用常用键盘按键技巧，可以使命令窗口的操作变得简单(表 1.3)。

表 1.3 　　　　　　　　　　　　　　　常用操作键

键盘按键	说　明	键盘按键	说　明
↑	Ctrl+P，调用上一行	Home	Ctrl+A，光标置于当前行开头
↓	Ctrl+N，调用下一行	End	Ctrl+E，光标置于当前行末尾
←	Ctrl+B，光标左移一个字符	Esc	Ctrl+U，清除当前输入行
→	Ctrl+F，光标右移一个字符	Del	Ctrl+D，删除光标处的字符
Ctrl+←	Ctrl+L，光标左移一个单词	BackSpace	Ctrl+H，删除光标前的字符
Ctrl+→	Ctrl+R，光标右移一个单词	Alt+BackSpace	恢复上一次删除

　　例如，MATLAB 利用了"↑"、"↓"两个游标键，可以将所用过的指令调回来重复使用。按"↑"则前一次指令重新出现，之后再按 Enter 键，即再执行前一次的指令。而↓键的功用则是往后执行指令。其他在键盘上的几个键，如"→"、"←"、Delete、Insert，其功能则显而易见，无需多加说明。

　　另外，按 Ctrl+C 键可以中止执行中的 MATLAB 程序。这一点显得特别重要，当我们进行了误操作或死循环而导致系统不能回到命令提示符">>"时，采用这一操作就非常方便，而不至于去关闭系统。

第 2 章　MATLAB 变量与常用函数

2.1　MATLAB 变量

2.1.1　数据类型

　　数据是计算机程序处理的对象，数据可能是整数、实数、复数、数值矩阵或者是字符、字符串等，而 MATLAB 是一种面向矩阵的编程语言，它将任何数据都看成是矩阵，因而在 MATLAB 程序语言中，数据的类型是相同的，对用户而言只有一种。另外，在 MATLAB 中，所有数据都是以阵列的形式存在的，该阵列称为 MATLAB Arrays。

　　用户不需要事先声明，指定所使用变量的类型、定义变量的维数，MATLAB 就会自动根据所赋予变量的值或对变量所进行的操作来确定变量的类型和维数；在赋值过程中，如果变量已存在，则 MATLAB 语言将使用新值代替旧值，并以新的变量类型和维数代替旧的变量类型和维数。如果没有指定变量，则使用缺省变量名 ans。

2.1.2　变量类型

　　在 MATLAB 中，简单变量就是 1×1 的矩阵变量，向量就是 n×1 或 1×m 的矩阵变量，简单变量、向量和矩阵变量在类型上也是统一的。因此，MATLAB 的基本变量就是矩阵型变量。在下面的内容中，如果不需要特别区分，约定变量就是指矩阵变量(含 1×1 矩阵变量)，常量就是指矩阵常量(含 1×1 矩阵常量)。

2.1.3　存储形式

　　MATLAB 矩阵数据都是以列(column)为先的阵列形式存储的，如同 Fortran 语言的规则一样。例如，给出一个字符串矩阵：

```
>> a = ['hotle'; 'thank'; 'nihao']
a = hotle
    thank
    nihao
```

它的大小是

```
>> size(a)
ans = 3      5
```

它在内存单元中的存储顺序是：

h	t	n	o	h	i	t	a	h	l	n	a	e	k	o

调用：a(3)，结果为 n。可使用 a(3) = 'x'，看看有什么结果。

\>> a(3) = 'x'

a = hotle

　　thank

　　xihao

例如，输入数值矩阵 A = [1 2; 3 4]。

A = 1　　　2

　　3　　　4

A 矩阵中第三个元素 A(3) = 2。

2.1.4　数据的输出格式

在 MATLAB 语言中的数值有多种显示形式。在默认情况下，若数据为整数，则以整型表示；若为实数，则以保留小数点后 4 位的浮点型表示。

在 MATLAB 系统中，数据的储存和计算都是以双精度进行的，但是用户可以改变数据在屏幕上显示的格式，即可以用 format 命令控制 MATLAB 的输出格式。应该注意，format 命令只影响数据在屏幕上的显示结果，而不会影响数据在 MATLAB 内的存储和运算。具体应用方法见表 2.1。

表 2.1　　　　　　　　　　　　　　数据输出格式

format/format short	5 位定点表示，例如 2.1234
format long	15 位定点表示，例如 2.12345678910111
format short e	5 位浮点表示，例如 1.1234e+000
format long e	15 位浮点表示，例如 1.12345678910111e+000
format short g	系统选择 5 位定点和 5 位浮点中更好的表示
format long g	系统选择 15 位定点和 15 位浮点中更好的表示
format rational	近似的有理数的表示，例如 sqrt(3) = 1351/780
format hex	十六进制的表示，例如 3ff6a09e667f3bcd
format +(plus)	表示大矩阵是分别用+、−和空格表示矩阵中的正数、负数和零
format bank	用元、角、分(美制)定点表示，例如 2.35
format compact	变量之间没有空行
format loose	变量之间有空行

例如：

\>> format short

\>> a = 1/3

a = 0. 3333

\>> format long

\>> a = 1/3

a = 0. 333333333333333

\>> format short e

\>> a = 1/3

a = 3. 3333e-001

另外，MATLAB 提供在对话框中选择显示格式，即选择下拉菜单【File】，单击【Pre-ferences】，即可进行选择。

2.1.5　变量命名规则

在 MATLAB 语言中，变量的命名遵守如下规则：

（1）变量名以英文字母开头（即第一个字符必须为英文字母），变量名中可包含字母、数字和下画线"_ "，但不能包含空格符和其他标点符号。

例如，A_ 1 为合法变量名，但 A-1，A 1，A=1，A+1，A—1，A@1 等都不是合法变量名。

（2）变量名中的字母区分大小写。例如，单一字母 Y 和 y 、B 和 b 是不同的变量名，BIAN_ LIANG、BIAN_ liang 和 bian_ liang 等是完全不同的变量名。

（3）变量名长度不能超过 31 个字符（第 31 个字符之后的字符将被忽略）。例如，A112233 为合法变量名。

需要说明的是，MATLAB 语言与其他的程序设计语言一样，也存在变量作用域的问题。在未加特殊说明的情况下，MATLAB 语言将所识别的一切变量视为局部变量，即仅在其调用的函数内有效。若要定义全局变量，则应对变量进行声明，即在该变量前加关键字"global"。一般来说，全局变量习惯用大写的英文字符表示，以便记忆和理解。

2.1.6　MATLAB 预定义的全局变量

MATLAB 有一些预定义的全局变量，我们在编程时，尽量不要与其重名，否则，容易混淆以致错误。表 2.2 给出了 MATLAB 语言中经常使用的一些预定义的变量及其含义说明。

表 2.2　　　　　　　　　　　　　**MATLAB 预先定义的变量**

变　　量	含　　义
ans	预设的计算结果的变量名
eps	MATLAB 定义的正的极小值 2. 2204e-16
pi	内建的 π 值

变　量	含　义
inf	∞ 值，无限大（1/0）
NaN	无法定义的一个数（0/0）
i 或 j	虚数单位 $i = j = \sqrt{-1}$
realmax	最大的正实数 1.7977e+308
realmin	最小的正实数 2.2251e−308
nargin	函数输入参数的个数
nargout	函数输出参数的个数
flops	浮点运算次数

例如：

>> pi   %pi 为全局变量，表示圆周率。

ans = 3.1416   %ans 为全局变量，预设的计算结果的变量名。

2.2　MATLAB 表达式与常用函数

2.2.1　表达式

MATLAB 数值计算语句由表达式和变量等组成（即 MATLAB 是表达式语言），用户输入的语句由 MATLAB 系统直接解释运行，因此，变量和表达式是使用 MATLAB 进行数值计算的基础。MATLAB 语句有 2 种最常见的形式：

（1）表达式；

（2）变量=表达式。

表达式由运算符、函数、变量和数字组成。MATLAB 书写表达式的规则与手写算式几乎完全相同。表达式在 MATLAB 中占有很重要的地位，几乎所有的数值计算都必须借助它来进行。

在第一种形式中，表达式运算后产生的结果由 MATLAB 系统自动赋给名为 ans 的变量，并显示在屏幕上。ans 是一个默认的预定义变量名，它会在以后的类似操作中被自动覆盖掉。所以，对于在后续的计算中将要用到的重要结果，一定要记录下来，应该使用第二种形式的语句（赋值语句）。

在第二种形式中，等号右边的表达式计算后产生的结果由 MATLAB 系统将其赋给等号左边的变量后放入内存中，并显示在屏幕上。

【例 2.1】

>> 2 * sin(pi/3)+3^2−sqrt(16)

ans = 6.7321

```
>> a = 2 * sin( pi/3 ) +3^2−sqrt( 16 )
a = 6. 7321
```

注意：

(1)在书写表达式时，运算符两侧允许有空格，以增加可读性。表达式的末尾可以加上";"，也可以不加。

```
>> a = 2 * sin( pi/3 ) +3^2−    sqrt( 16 )
a = 6. 7321
```

(2)如果一个指令过长可以在结尾加上省略号"…"(代表此行指令与下一行连续)，剩余部分在下一行继续写完。例如

```
>> S = 2 * 3…
+5
S = 11
```

(3)MATLAB 常用算符+(加法)、−(减法)、^(幂)、*(乘法)、/(右除)、\(左除)。在矩阵运算中有左除和右除的区别，对于数字运算则没有区别。

【例 2. 2】

```
>> a1 = 1+2,  a2 = 2 * 3,  a3 = 2/3,  a4 = 2\3,  a5 = 2^3
a1 = 3
a2 = 6
a3 = 0. 6667
a4 = 1. 5000
a5 = 8
```

2. 2. 2　MATLAB 常用数学函数

在 MATLAB 中，常用的数学函数包括三角函数和双曲函数、指数函数、复数函数、归整函数和求余函数、矩阵变换函数和其他函数。具体函数名称和含义见表 2.3~表 2.8。

表 2.3　　　　　　　　　　　　　三角函数和双曲函数(弧度)

名　称	含　义	名　称	含　义	名　称	含　义
sin	正弦	csc	余割	atanh	反双曲正切
cos	余弦	asec	反正割	acoth	反双曲余切
tan	正切	acsc	反余割	sech	双曲正割
cot	余切	sinh	双曲正弦	csch	双曲余割
asin	反正弦	cosh	双曲余弦	asech	反双曲正割
acos	反余弦	tanh	双曲正切	acsch	反双曲余割
atan	反正切	coth	双曲余切	atan2	四象限反正切
acot	反余切	asinh	反双曲正弦		
sec	正割	acosh	反双曲余弦		

【例 2.3】

　　>> a1＝sin(1)，a2＝tan(pi/4)，a3＝asin(1)，a4＝asec(1)

　　a1＝0.8415

　　a2＝1.0000

　　a3＝1.5708

　　a4＝0

表 2.4　　　　　　　　　　　　　　指数函数

名　称	含　义	名　称	含　义	名　称	含　义
exp	e 为底的指数	log10	10 为底的对数	pow2	2 的幂
log	自然对数	log2	2 为底的对数	sqrt	平方根

【例 2.4】

　　>>　a1＝exp(1)，a2＝log10(10)，a3＝log(exp(1))，a4＝pow2(3)，a5＝sqrt(2)

　　a1＝2.7183

　　a2＝1

　　a3＝1

　　a4＝8

　　a5＝1.4142

表 2.5　　　　　　　　　　　　　　复数函数

名　称	含　义	名　称	含　义	名　称	含　义
abs	绝对值	conj	复数共轭	real	复数实部
angle	相角	imag	复数虚部		

【例 2.5】

　　>>a1＝abs(-1)，a2＝conj(1+i)，a3＝real(1+2i)，a4＝imag(1+2i)，a5＝angle(1+i)

　　a1＝1

　　a2＝1.0000-1.0000i

　　a3＝1

　　a4＝2

　　a5＝0.7854

表 2.6 　　　　　　　　　　　　　　　归整函数和求余函数

名　称	含　义	名　称	含　义
ceil	向+∞ 归整	rem	求余数
fix	向 0 归整	round	向靠近整数归整
floor	向−∞ 归整	sign	符号函数
mod	模除求余		

【例 2.6】

>>a1 = ceil(1.02)，a2 = fix(−1.02)，a3 = floor(−1.02)，a4 = round(1.45)，a5 = rem (5, 3)

　　a1 = 2

　　a2 = −1

　　a3 = −2

　　a4 = 1

　　a5 = 2

表 2.7 　　　　　　　　　　　　　　　　矩阵变换函数

名　称	含　义	名　称	含　义
fliplr	矩阵左右翻转	diag	产生或提取对角阵
flipud	矩阵上下翻转	tril	产生下三角
fipdim	矩阵特定维翻转	triu	产生上三角
rot90	矩阵反时针 90° 翻转		

【例 2.7】

>> a = [1 2;3 4]，a1 = fliplr(a)，a2 = diag(a)，a3 = tril(a)，a4 = rot90(a)

　　a = 1　　2

　　　　3　　4

　　a1 = 2　　1

　　　　　4　　3

　　a2 = 1

　　　　4

　　a3 = 1　　0

　　　　3　　4

　　a4 = 2　　4

　　　　1　　3

表2.8   其他函数

名　称	含　义	名　称	含　义
min	最小值	max	最大值
mean	平均值	median	中位数
std	标准差	diff	相邻元素的差
sort	排序	length	个数
norm	欧氏(Euclidean)长度	sum	总和
prod	总乘积	dot	内积
cumsum	累计元素总和	cumprod	累计元素总乘积
cross	外积		

【例2.8】

```
>> a=1:10, a1=min(a), a2=max(a), a3=mean(a), a4=std(a), a5=length(a)
a=  1    2    3    4    5    6    7    8    9    10
a1=1
a2=10
a3=5.5000
a4=3.0277
a5=10
```

【例2.9】

```
>> a=[1 1 1], a1=norm(a), a2=sum(a), b=[1 2 3], c1=dot(a, b), c2=cross
(a, b)
a=1    1    1
a1=1.7321
a2=3
b=1    2    3
c1=6
c2=1    -2    1
```

第3章　MATLAB 数值矩阵及运算

3.1　MATLAB 数值矩阵的生成和修改

3.1.1　数值矩阵的生成

1. 直接输入数据

当需要输入的矩阵维数比较小时，可以直接输入数据建立矩阵。矩阵数据(或矩阵元素)的输入格式如下：

(1)输入矩阵时要以"[　]"作为首尾符号，矩阵的数据应放在"[　]"内部，此时 MATLAB 才能将其识别为矩阵；

(2)矩阵大小可不预先定义；

(3)矩阵数据可为运算表达式；

(4)要逐行输入矩阵的数据，同行数据之间可由空格或","分隔，空格的个数不受限制；行与行之间可用";"或回车符分隔；

(5)如果不想显示输入的矩阵(作为中间结果)，可以在矩阵输入完成后以";"结束；

(6)无任何元素的空矩阵也合法。

【例 3.1】　a=[3 4 6]　和　a=[3, 4, 6] 为同一矩阵；

b=[4; 7; 8]　和　　　b=[4 为同一矩阵。

$$7$$
$$8]$$

【例 3.2】　建立矩阵并显示结果。

```
>> A=[1+2, 2-3, 2*3; 4/5, sin(0), cos(1); sqrt(2), exp(0), abs(-5)]
A = 3.0000        -1.0000        6.0000
    0.8000         0             0.5403
    1.4142         1.0000        5.0000
```

2. 由矩阵编辑器生成

MATLAB 提供了一个矩阵编辑器，用户可以用来创建和修改比较大的矩阵。在使用矩阵编辑器之前，需要预先定义一个变量(任意的)，如变量 A。可以直接在工作空间 Workspace 窗口点击鼠标右键，单击【New】即可；或者在工作空间 Workspace 窗口同时按住 Ctrl+N 即可生成新变量，然后双击变量名，即可打开矩阵编辑器。在窗口中矩阵元素的位置上输入或修改数据，回车后自动提示输入下一行矩阵元素的数据，矩阵元素的输入顺序是按列自动进行的；输入完成后，关闭编辑器，变量 A 就定义保存好了。

　　3. 由函数自动生成

　　MATLAB 提供了一些生成矩阵的函数，用户可以方便地用它们建立自己所需要的矩阵。

　　(1)向量、行矩阵、列矩阵的自动生成。用"起始值：增量值：终止值"的格式自动生成等差数列。

【例 3.3】　>> x=(1:1:10)　　%表示成"起始值：增量值：终止值"，增量为 1 时可表示成"起始值：终止值"，即：

>>x=(1:9)　或　x=1:9
x=1　　2　　3　　4　　5　　6　　7　　8　　9
>> x=1:1:9
x=1　　2　　3　　4　　5　　6　　7　　8　　9
>>I=1:12
I=1　　2　　3　　4　　5　　6　　7　　8　　9　　10　　11　　12

　　用"linspace(起始值：终止值：元素数目)"的格式自动生成等差数列；用"logspace(起始值：终止值：元素数目)"的格式自动生成对数等分数列。

【例 3.4】　>> y=linspace(20, 40, 11)
y=20　　22　　24　　26　　28　　30　　32　　34　　36　　38　　40

　　列矩阵的生成格式如下例：

【例 3.5】　>> y=linspace(1, 5, 5)′
y=1
　　2
　　3
　　4
　　5

　　(2)特殊矩阵的自动生成。MATLAB 提供了许多特殊矩阵的生成函数，如零矩阵 zeros(m, n)、全部元素为 1 的矩阵 ones(m, n)、单位矩阵 eye(n)、随机矩阵 rand(m, n)和魔方矩阵 magic(n)等，利用这些矩阵，可以生成所需要的矩阵。

【例 3.6】　几种特殊矩阵的生成。

>> a=[ ]　　%定义空矩阵，即 0×0 矩阵。
　　a=[ ]
>>zeros(4, 4)　　%定义全为 0 的矩阵(4×4 的阵列)。
ans=0　　0　　0　　0
　　　0　　0　　0　　0
　　　0　　0　　0　　0
　　　0　　0　　0　　0
>>ones(3, 3);　　%定义全为 1 的矩阵(3×3 的阵列)。
>>rand(2, 6)　　%定义服从[0, 1]区间上的均匀分布的随机矩阵(2×6 的矩阵)。

ans = 0.8147 0.1270   0.6324   0.2785   0.9575   0.1576

　　　 0.9058   0.9134   0.0975   0.5469   0.9649   0.9706

\>\> rand(2，6)　　 %第二次运行结果。

ans = 0.9572   0.8003   0.4218   0.7922   0.6557   0.8491

　　　 0.4854   0.1419   0.9157   0.9595   0.0357   0.9340　　　 %由于是随机矩阵，所以每次输出结果都不一样。

\>\> magic(3)

ans = 8   1   6

　　　 3   5   7

　　　 4   9   2

\>\> eye(3)

ans = 1   0   0

　　　 0   1   0

　　　 0   0   1

\>\> eye(3，4)

ans = 1   0   0   0

　　　 0   1   0   0

　　　 0   0   1   0

4. 由 Excel 数据导入生成

由 Excel 数据生成矩阵，可按如下步骤：

(1)首先在 Excel 表格中输入数据，并保存好文件，例如文件命名为 book1。

(2)在 MATLAB 的下拉菜单【File】中点击【Import Data】，出现一个对话框，然后选择刚保存好的 Excel 文件，然后点击【打开】按钮。

(3)这时，出现【Import Wizard】对话框，点击【Next】按钮，出现另一个对话框后，点击【Finish】，即可在工作空间中看见所导入的矩阵 Data，在命令窗口即可调用编辑矩阵 Data。

3.1.2 矩阵的修改

1. 矩阵元素的引用与修改

要修改矩阵中某个元素的数值，应该先确定该元素的位置，再用赋值语句来实现。根据矩阵的行列数和元素在矩阵中的存储顺序，可以确定出所要修改元素的位置。在 MATLAB 的内部数据结构中，每一个矩阵都是一个以纵列为主(Column-oriented)的阵列(Array)。因此，对于矩阵元素的存取，我们可用一维或二维的索引(Index)来定址。

【例 3.7】　根据元素在矩阵中的存储顺序来确定矩阵元素的位置(即用一维索引)，再对元素的数值进行修改。

\>\> x = [1 2 3 4 5 6 7 8 9 10; 4 5 6 7 8 9 10 11 12 13]　　 %定义 2×10 矩阵。

x = 1   2   3   4   5   6   7   8   9   10

　　 4   5   6   7   8   9   10   11   12   13

\>\> x(4)　　 %找出 x 的第四个元素，即该矩阵所处(2，2)位置的元素。

21

ans = 5

>> x([1 3 7])　　%找出 x 的第一、三、七个元素，即 2×10 矩阵中所处(1，1)、(1，2)和(1，4)位置的元素。

ans = 1　　2　　4

>> x(1：6)　　%找出 x 的前六个元素，即第 1 个到第六个元素。

ans = 1　　4　　2　　5　　3　　6

>> x(8：end)　　%找出 x 的第八个元素以后的元素，包括第 8 个元素。

ans = 7　5　8　6　9　7　10　8　11　9　12　10　13

>> x(12：-1：2)　　%x 的第十二个元素和第二个元素的倒排。括号中用"："隔开的 3 个参数的含义是：第一个参数表示起始的元素序号，第二个参数表示递增或递减(-)的元素数，第三个参数表示终止元素序号。

ans = 9　6　8　5　7　4　6　3　5　2　4

>> x(find(x>=11))　　%找出 x 大于等于 11 的元素，也表达为 x(x>=11)。

ans = 11

　　　12

　　　13

>>x(5)= 100　　%给 x 的第五个元素重新赋值。

x = 1　　2　　100　　4　　5　　6　　7　　8　　9　　10

　　4　　5　　6　　7　　8　　9　　10　　11　　12　　13

>>x(5)= [ ]　　%删除第五个元素，注意矩阵变成了 1×19 矩阵。

x = 1　4　2　5　6　4　7　5　8　6　9　7　10

　　8　11　9　12　10　13

>> x(20)= 44　　%添加一个元素(加入第 20 个元素)。

x = 1　4　2　5　6　4　7　5　8　6　9　7　10

　　8　11　9　12　10　13　44

【例 3.8】　根据矩阵行列数来确定矩阵元素的位置(即用二维索引)，再对元素的数值进行修改。

>> z = rand(3, 4)

z = 0.8147　　0.9134　　0.2785　　0.9649

　　0.9058　　0.6324　　0.5469　　0.1576

　　0.1270　　0.0975　　0.9575　　0.9706

>> z(2, 2)

ans = 0.6324

>> z(2, 2)= 0

z = 0.8147　　0.9134　　0.2785　　0.9649

　　0.9058　　0　　　　0.5469　　0.1576

　　0.1270　　0.0975　　0.9575　　0.9706

2. 矩阵行列的引用与修改

A(m, n)表示矩阵第 m 行第 n 列的元素，中间由逗号","将行和列分开。若要同时表示更多的矩阵元素，可以采用下列表示方法：

A(I,:)表示矩阵 A 第 I 行全部的元素；

A(:, J)表示矩阵 A 第 J 列全部的元素；

A([1, 4], [2, 5])表示矩阵 A 第 1 行、第 4 行与第 2 列、第 5 列交叉处的元素；

A([1：3], [2：5])表示矩阵 A 第 1 行到第 3 行与第 2 列到第 5 列交叉处的元素，也可以写成另外两种形式：A((1：3), (2：5))和 A(1：3, 2：5)。

有了矩阵多个元素的表示方法，就可以方便地进行矩阵行和列的修改。

【例 3.9】 矩阵行列的修改。

```
>> a=rand(4, 5)
a = 0.9572    0.4218    0.6557    0.6787    0.6555
    0.4854    0.9157    0.0357    0.7577    0.1712
    0.8003    0.7922    0.8491    0.7431    0.7060
    0.1419    0.9595    0.9340    0.3922    0.0318

>> a(3,:)
ans = 0.8003    0.7922    0.8491    0.7431    0.7060

>> a([1: 3], [2: 5])=0
a = 0.9572    0         0         0         0
    0.4854    0         0         0         0
    0.8003    0         0         0         0
    0.1419    0.9595    0.9340    0.3922    0.0318

>> a([1, 3], [2, 5])=1
a = 0.9572    1.0000    0         0         1.0000
    0.4854    0         0         0         0
    0.8003    1.0000    0         0         1.0000
    0.1419    0.9595    0.9340    0.3922    0.0318

>> a(3,:)=[]       % 删除一行元素(第 3 行)。
a = 0.9572    1.0000    0         0         1.0000
    0.4854    0         0         0         0
    0.1419    0.9595    0.9340    0.3922    0.0318

>> a(:, 6)=[1; 2.3; 3.5]       %增加一列元素(第 6 列)。
a = 0.9572    1.0000    0         0         1.0000    1.0000
    0.4854    0         0         0         0         2.3000
    0.1419    0.9595    0.9340    0.3922    0.0318    3.5000
```

3. 子矩阵

可以由一个矩阵抽取生成一个子矩阵，也可以由几个子矩阵组合生成一个新的大矩阵。

【例 3.10】　矩阵抽取生成子矩阵或子矩阵组合生成新的大矩阵。

```
>> a = rand(2, 2)
a = 0.6787        0.7431
    0.7577        0.3922
>> b = ones(2, 2)
b = 1            1
    1            1
>> c = magic(3)
c = 8      1      6
    3      5      7
    4      9      2
>> x = [a, b]      %用","表示左右拼接。但要注意左右矩阵具有相同的行数。
x = 0.6787    0.7431    1.0000    1.0000
    0.7577    0.3922    1.0000    1.0000
>> y = c(2, 2:3)
y = 5        7
>> z = [a; y]      %用";"表示上下拼接。但要注意上下矩阵具有相同的列数。
z = 0.6787    0.7431
    0.7577    0.3922
    5.0000    7.0000
```

3.2　MATLAB 矩阵的保存与提取

在计算过程中，经常有大量的数据生成，有的作为结果需要保存，以免被覆盖或丢失，因此有必要把数据保存。在 MATLAB 中，可以使用 mat 文件来保存二进制的数据。

1. 保存矩阵

如果 X，Y 矩阵都已存在，用 save 命令保存，具体格式如下：

save　myfilename　X　Y

注意：myfilename 是用户自定义的文件名，MATLAB 系统会自动地加上后缀 mat。系统默认的路径是 D：\ Program Files \ MATLAB \ R2011a \ bin。如果用户想要改变路径，可以在文件名前加上路径，如：Save E：\ myfilename \ X Y。

另外，也可在工作空间中选中所要保存的变量名，点击保存按钮或使用快捷键 Ctrl+S，即可出现保存变量对话框，按自己要求保存至相应的路径之中即可。

2. 提取矩阵

在重新启动 MATLAB 后，用 load 命令可以将保存在文件中的矩阵读到 MATLAB 工作区的内存中来。如：load E：\ myfilename \ X　Y。

同样，对矩阵的提取，用户也可以使用打开按钮来操作，即只需将保存好变量的文件双击打开即可。

3.3　MATLAB 数值矩阵的基本运算

矩阵运算是 MATLAB 语言最早和最重要内容之一，是编程进行科学计算的重要基础。

矩阵的运算十分丰富，以下先做一些简单的介绍，包括矩阵的算术运算及与常数的运算、转置运算、逆运算、行列式运算等。

1. 算术运算

矩阵的算术运算是指矩阵之间的加、减、乘、除、幂等运算，表 3.1 给出了矩阵算术运算对应的运算符和 MATLAB 表达式。

表 3.1　经典的算术运算符

名称	运算符	MATLAB 表达式
加	+	a+b
减	−	a−b
乘	*	a * b
除	/或 \	a/b 或 a \ b
幂	^	a^n

矩阵进行加减运算时，相加减的矩阵必须是同型的；矩阵进行乘法运算时，相乘的矩阵要有相邻公共维，即若 A 为 i×j 阶，则 B 必须为 j×k 阶，此时 A 和 B 才可以相乘。

在线性代数中，矩阵没有除法运算，只有逆矩阵。矩阵除法运算是 MATLAB 从逆矩阵的概念引申而来，主要用于解线性方程组。

方程 A * X = B，设 X 为未知矩阵，如果矩阵 A 可逆，则在等式两边同时左乘 inv(A)，即：

inv(A) * A * X = inv(A) * B

可得：

X = inv(A) * B

此时，X 可以写成 A 与 B 的左除，即

X = A \ B

把 A 的逆矩阵左乘以 B，MATLAB 就记为"A \ "，称为"左除"。左除时，A、B 两矩阵的行数必须相等。

如果方程的未知数矩阵在左，系数矩阵在右，即 X * A = B，同样若矩阵 B 可逆，有：

X = B * inv(A) = B/A

把 A 的逆矩阵右乘以 B，MATLAB 就记为"/A"，称为"右除"。右除时，A、B 两矩阵的列数必须相等。

【例 3.11】 已知 a * x = b，y * c = d，a = [2, 3; 5, 8]，b = [3; 6]，c = [2, 3; 2, 5]，d = [5, 8]，计算未知数矩阵 X 和 Y。

25

```
>> a=[2, 3; 5, 8]; b=[3; 6]; c=[2, 3; 2, 5]; d=[5, 8];
>> x = a \ b
x =  6.0000
    -3.0000
>> y = d／c
y = 2.2500     0.2500
```

在 MATLAB 中，进行矩阵的幂运算时，矩阵可以作为底数，指数是标量，矩阵必须是方阵；矩阵也可以作为指数，底数是标量，矩阵也必须是方阵；但矩阵和指数不能同时为矩阵，否则将显示错误信息。

【例 3.12】　矩阵的幂运算(矩阵同上例)。

```
>> a
a = 2      3
    5      8
>> a^2     %n 为正整数，a^n 表示矩阵 a 自乘 n 次。
ans = 19      30
      50      79
>> a^(-2)      %n 为负整数，a^n 表示矩阵 a 自乘 n 次的逆。
ans =  79.0000     -30.0000
      -50.0000      19.0000
>> inv(a^2)      %此例说明：a^{-2} = (a^2)^{-1} = (a^{-1}·a^{-1}) = (a^{-1})^2。
ans =  79.0000     -30.0000
      -50.0000      19.0000          %本例中使用了求逆矩阵的命令 inv( )，可参看例
```
3.14。
```
>> 2^a
ans = 185.9084    292.0030
      486.6716    769.9143
```

常数与矩阵的运算，是常数同矩阵的各元素之间进行运算，如数加是指矩阵的每个元素都加上此常数，数乘是指矩阵的每个元素都与此常数相乘。需要注意的是，当进行数除时，常数通常只能做除数。

```
>> a+2
ans = 4      5
      7      10
```

2. 转置运算

在 MATLAB 中，矩阵转置运算的表达式和线性代数一样，即对于矩阵 A，其转置矩阵的 MATLAB 表达式为 A′，当然，还可使用函数 transpose( )。但应该注意，在 MATLAB 中，有几种类似于转置运算的矩阵元素变换运算是线性代数中没有的，它们是：

fliplr(X)：将 X 左右翻转；

flipud(X)：将 X 上下翻转；

rot90(A)：将 A 逆时针方向旋转 90°。

【例 3.13】　矩阵的转置运算。

>> A = [2 3；4 5]，A1 = A′，A11 = transpose(A)，A2 = fliplr(A)，A3 = rot90(A)

A = 2　　3
　　4　　5

A1 = 2　　4
　　　3　　5

A11 = 2　　4
　　　 3　　5

A2 = 3　　2
　　　5　　4

A3 = 3　　5
　　　2　　4

3. 逆运算

矩阵的逆运算在矩阵运算计算量是较大的，主要有伴随矩阵法和行初等变换法，而在 MATLAB 中，只需使用一个简单的命令 inv() 即可实现。

【例 3.14】　矩阵的逆运算。

>> A = [1 2；3 4]

A = 1　　2
　　3　　4

>> inv(A)

ans = -2.0000　　　1.0000
　　　 1.5000　　-0.5000

4. 行列式和秩运算

矩阵的行列式函数：det()；

矩阵的秩函数：rank()。

【例 3.15】　计算矩阵行列式的值和矩阵的秩。

>> A = [1 2 2；2 3 5；4 5 6]

A = 1　　2　　2
　　2　　3　　5
　　4　　5　　6

>> det(A)

ans = 5

>> rank(A)

ans = 3

5. 矩阵的维数和长度

维数函数：size()

长度函数：length()

【例 3.16】　>> a=[10, 2, 12; 34, 2, 4; 98, 34, 6; 10 2 3];

　　>> size(a)　　% 求矩阵的维数（columns & rows）。

　　ans=4　　3

　　>> length(a)　　% 求矩阵的长度，矩阵的长度用向量（或 columns）数定义。表示的是矩阵的列数和行数中的最大数。

　　ans=4

　　注意 size(a) 与 length(a) 两者之间的区别。

6. 特征值函数

矩阵的特征值可以由两个函数 eig 和 eigs 计算得出。其中，函数 eig 可以给出特征值和特征向量的值，而函数 eigs 则是使用迭代法求解特征值和特征向量的函数。

【例 3.17】　>> A=[1 2; 3 4];;

　　>> [v, d]=eig(A)　　% 产生矩阵 A 的特征值 d 和特征向量 v。

　　v=−0.8246　　　−0.4160

　　　　0.5658　　　−0.9094

　　d=−0.3723　　　0

　　　　0DW　　　5.3723

其中，对角矩阵 d 的主对角线上的元素分别是矩阵 A 的特征值，而特征向量矩阵 v 中的第 i 列分别是对角矩阵 d 中的主对角线上第 i 个元素所对应的特征向量。

3.4　MATLAB 向量运算

向量就是一维矩阵（行矩阵或列矩阵），并按照矢量运算的规则进行运算。所以，向量的运算和矩阵的运算大多是相同的，但应注意，在一些场合，向量会有一些较特殊的运算，因此，本节对向量的基本运算再做一些作简单介绍。

3.4.1　加减及与数加减

和矩阵运算相同。

【例 3.18】　向量的加减及与数加减。

　　>> a=[1, 3, 5, 7, 9, 11 13], b=[2, 4, 6, 8, 10, 12, 14]

　　a=1　　3　　　5　　　7　　　9　　　11　　13

　　b=2　　4　　　6　　　8　　　10　　12　　14

　　>> a+b

　　ans=3　　7　　11　　15　　19　　23　　27

　　>> a−b

　　ans=−1　　−1　　　−1　　　−1　　　−1　　　−1　　　−1

　　>> a+2

　　ans=3　　5　　　7　　　9　　　11　　13　　15

3.4.2　数乘

和矩阵运算相同。

【例 3.19】　向量的数乘（a，b 向量同上例）。

```
>> 2 * a-3 * b
ans = -4    -6    -8  -10  -12  -14  -16
```

3.4.3　点积、叉积及混合积

1. 点积计算

在高等数学中，向量的点积是指两个向量在其中某一个向量方向上的投影的乘积，在 MATLAB 中，向量的点积可由函数 dot 来实现。

dot(a，b)表示返回向量 a 和 b 的数量点积。a 和 b 必须同维，维数可以任意。当 a 和 b 都为列向量时，dot(a，b) 同于 a′ * b；

【例 3.20】　试计算向量 a=(1，2，3)和向量 b=(5，6，7)的点积。

```
>> a=[1 2 3 ], b=[5 6 7], dot(a, b)
a = 1    2    3
b = 5    6    7
ans = 38
```

还可以用另一种方法计算向量的点积。

```
>> sum(a. * b)
ans = 38
```

或

```
>> a * (b′)
ans = 38
>> c=[1 2 3 4], d=[5 6 7 8], dot(c, d)        %也可计算多维的(维数>3)。
c = 1    2    3    4
d = 5    6    7    8
ans = 70
```

2. 叉积计算

在数学上，向量的叉积表示垂直于两向量且由右手法则确定的向量。在 MATLAB 中，向量的叉积由函数 cross 来实现。

c=cross(a，b)表示返回向量 a 和 b 的叉积向量 c=a×b。a 和 b 必须为三维向量。

【例 3.21】　计算垂直于向量 a=(5，2，7)和 b=(3，4，6)的向量。

```
>> a=[5 2 7]; b=[3 4 6]; c=cross(a, b)
c = -16    -9    14
```

3. 混合积计算

在 MATLAB 中，向量的混合积由函数 dot( )、cross( )嵌套实现。

【例 3.22】　已知 a=[1 2 3]；b=[2 3 5]；c=[3 6 8]，计算向量 a，b，c 的混合积。

>> a=[1 2 3]；b=[2 3 5]；c=[3 6 8]；dot(a，cross(b，c))

ans=1

注意函数的顺序不可颠倒，否则将会出现错误。

3.5　MATLAB 的阵列运算

MATLAB 的运算是以阵列（array）运算和矩阵（matrix）运算两种方式进行的，而两者在 MATLAB 的基本运算性质上有所不同：阵列运算采用的是元素对元素的运算规则，而矩阵运算则是采用线性代数的运算规则。

3.5.1　阵列的基本运算

在 MATLAB 中，阵列的基本运算采用扩展的算术运算符（表 3.2）。

表 3.2　　　　　　　　　　　　　　扩展的算术运算符

名　　称	运　算　符	MATLAB 表达式
阵列乘	.*	a.*b
阵列除	./或.\	a./b 或 a.\ b
阵列幂	.^	a.^b

关于常数和矩阵之间的运算，数加和数减运算可以在运算符前不加“.”，但如果一定要在运算符前加“.”，那么一定要把常数写在运算符前面，否则会出错。应特别注意：矩阵的阵列加与减运算，不再使用“.+”，“.−”，而是直接使用“+”，“−”。

【例 3.23】　>> a=[1 2;3 4]

　　a=1　　2

　　　3　　4

　　>> a.+1

　　??? a.+1

　　Error：Unexpected MATLAB operator.

　　>> 1.+a

　　ans=2　　3

　　　　4　　5

【例 3.24】　>> a=1:10;b=11:20;

　　>> a+b

　　ans=12　　14　　16　　18　　20　　22　　24　　26　　28　　30

　　>> a.−b

```
??? a. -b
Error："identifier" expected，"-" found.
>> a+50
ans=51    52    53    54    55    56    57    58    59    60
>> a. +50
??? a. +50
Error："identifier" expected，"+" found.
>> 50. +a
ans=51    52    53    54    55    56    57    58    59    60
```

常数和矩阵之间的数乘运算，即为矩阵元素分别与此常数进行相乘，常数在前在后、加不加"."都一样。常数和矩阵之间的除法运算，对矩阵运算而言，常数只能做除数；而对阵列运算而言，由于是"元素对元素"的运算，因此没有任何限制(但一定要加"."运算)。

【例 3.25】　a=ones(2，4)；

```
>> a*4     %a*4、4*a、a. *4 和 4. *a 结果一样。
ans=4    4    4    4
    4    4    4    4
>> a/3     %a/3 和 3\a 都是矩阵除法，结果一样，但 3/a 和 a\3 不合法。
ans=0. 3333    0. 3333    0. 3333    0. 3333
    0. 3333    0. 3333    0. 3333    0. 3333
>> 5. /a
ans=5    5    5    5
    5    5    5    5
>> a. /5
ans=0. 2000    0. 2000    0. 2000    0. 2000
    0. 2000    0. 2000    0. 2000    0. 2000
```

阵列的幂运算运算符为".^"，它表示每个矩阵元素单独进行幂运算，这是同矩阵的幂运算不同的，矩阵的幂运算和阵列的幂运算所得的结果有很大的差别。

【例 3.26】

```
>> b=[1，2；3，4]；
>> b^2
ans= 7    10
    15    22
>> b. ^2
ans=1    4
    9    16
```

3.5.2 阵列的函数运算

在 MATLAB 中，矩阵按照阵列运算规则进行指数运算、对数运算和开方运算的命令分别是 exp、log 和 sqrt。矩阵进行其他数学函数运算(如三角函数)时，都是按阵列运算规则进行的，矩阵可以是任意阶，其命令通用形式为 funname(A)，其中 funname 为常用数学函数名。

【例 3.27】

>> a=ones(3, 4); b=zeros(2, 3); c=[1 2; 3 4]; d1=exp(a), d2=cos(b), d3=sqrt(c), d4=log(c)

```
d1 = 2.7183    2.7183    2.7183    2.7183
     2.7183    2.7183    2.7183    2.7183
     2.7183    2.7183    2.7183    2.7183
d2 = 1    1    1
     1    1    1
d3 = 1.0000    1.4142
     1.7321    2.0000
d4 = 0         0.6931
     1.0986  1.3863
```

【例 3.28】

>> x=-pi: 0.2: pi; y=sin(x) * cos(x)

??? Error using ==> mtimes

Inner matrix dimensions must agree.

该错误提示说明：使用了错误的运算符。事实上，我们想实现的是元素对元素之间的计算，所以应该使用扩展的运算符".*"，即：

>> x=-pi: 0.2: pi; y=sin(x). * cos(x);

3.6 关系运算与逻辑运算

除了传统的数学运算外，MATLAB 还支持关系运算和逻辑运算，并按照"元素对元素"的运算规则进行运算。作为所有关系和逻辑表达式的输入，MATLAB 把任何非 0 数值当作"真(True)"，把 0 当作"假(False)"；对于所有关系和逻辑表达式的输出，MATLAB 将"真"者以"1"表示；而将"假"者以"0"表示。

3.6.1 关系运算

关系运算是指两个矩阵或矩阵和数值之间的比较，结果共有 6 种情况(表 3.3)。下面具体举例说明关系运算的规则。

表 3.3　　　　　　　　　　　　　　　　　基本关系运算符

指　　令	含　　义
<	小于
<=	小于等于
>	大于
>=	大于等于
==	等于
~=	不等于

【例 3.29】>> a=1：2：9, b=2：1：6

a=1　　3　　5　　7　　9

b=2　　3　　4　　5　　6

>> a>b　　　%比较 a 与 b 的各个元素，比较结果为"真"时置"1"，否则置"0"。

ans = 0　　0　　1　　1　　1

>> a==b

ans=0　　1　　0　　0　　0

>> a>=b

ans=0　　1　　1　　1　　1

>> b>4

ans=0　　0　　0　　1　　1

>> a-(b>4)　　　%首先执行括号内的关系运算，再做四则运算。

ans=1　　3　　5　　6　　8

应该注意，在关系比较中，若比较的双方为同维的矩阵，则比较的结果也是同维的矩阵，它的元素值由 0 和 1 组成。当比较双方中一方为常数，另一方为矩阵时，则结果与矩阵同维，其值为该矩阵与常数依次比较的结果。

【例 3.30】

>> c=rand(2, 6)

c=0.8147　　0.1270　　0.6324　　0.2785　　0.9575　　0.1576

　　0.9058　　0.9134　　0.0975　　0.5469　　0.9649　　0.9706

>> com=c>0.5

com=1　　0　　1　　0　　1　　0

　　　1　　1　　0　　1　　1　　1

>> com1=c==0.5

com1=0　　0　　0　　0　　0　　0

　　　0　　0　　0　　0　　0　　0

【例 3.31】　观察 $y=\dfrac{\sin x}{x}$，当 $x \to 0$ 时，函数值的变化。

33

```
>> x=(-pi: pi/4: pi)
x=-3.1416   -2.3562   -1.5708   -0.7854   0   0.7854   1.5708   2.3562
3.1416
>> x=x+(x==0)*eps        %x=0 用 eps 代替。
x=-3.1416   -2.3562   -1.5708   -0.7854   0.0000   0.7854   1.5708   2.3562
3.1416
>> sin(x)./x
ans=0.0000   0.3001   0.6366   0.9003   1.0000   0.9003   0.6366   0.3001
0.0000
```

3.6.2 逻辑运算

逻辑量只有 0 和 1 两个值。基本的逻辑运算为与、或、非三种(表 3.4)。矩阵的逻辑运算按照"元素对元素"的运算规则进行运算。

表 3.4 **基本逻辑运算符**

指 令	含 义
&	逻辑 and
|	逻辑 or
~	逻辑 not

【例 3.32】 a=1: 2: 9; b=2: 1: 6。

```
>> (a<3) | (b>5)        %先做关系运算,再做逻辑运算。
ans=1     0     0     0     1
>> ~3
ans=0
>> ~0
ans=1
>> 1 | 0
ans=1
>> 0 | 0
ans=0
>> 1 | 1
ans=1
```

3.6.3 逻辑运算函数

除了基本的逻辑运算外,MATLAB 提供了许多逻辑运算的函数。具体见表 3.5。

表 3.5　　　　　　　　　　　　　　　　逻辑函数运算

指　令	含　义
xor	异或运算：都为真或者都为假时，为假；否则为真
any	只要有非 0 就取 1，否则取 0
all	全为非 0 取 1，否则为 0
isnan	为数 NaN 取 1，否则为 0
isinf	为数 inf 取 1，否则为 0
isfinite	有限大小元素取 1，否则为 0
ischar	是字符串取 1，否则为 0
isequal	相等取 1，否则取 0
ismember	两个矩阵是属于关系取 1，否则取 0
isempty	矩阵为空取 1，否则取 0
isletter	是字母取 1，否则取 0(可以是字符串)
isstudent	学生版取 1
isprime	质数取 1，否则取 0
isreal	实数取 1，否则取 0
isspace	空格位置取 1，否则取 0

【例 3.33】　a=1：2：11；b=2：1：7。

```
>> any(a)
ans=1
>> c=[0 0; 1 0]
c=0       0
   1       0
>> any(c)
ans=1        0
>> isequal(a,b)      %a 与 b 相等吗？
ans=0
>> isreal(a)      %a 是实数吗？
ans=1
```

最后要注意的是，在算术运算、比较运算和逻辑与或非运算中，它们的优先级关系先后为：算术运算→比较运算→逻辑与或非运算。

【例 3.34】

```
>> 9>3+4&1      %先算 3+4，再判断 9 是不是大于 7，然后再与 1 做逻辑 and 运算。
ans=1
```

```
>> 6>3+4&1        %先算 3+4，再判断 6 是不是大于 7，然后再与 1 做逻辑 and 运算。
ans = 0
>> ~（5 * 3+8>12）&1>2
ans = 0
>> ~（5 * 3+8>12）&3>2
ans = 0
>> ~（2 * 3+6>12）&3>2
ans = 1
```

第4章 MATLAB 字符串

4.1 字符串的生成

在 MATLAB 中，所有字符串都要用单引号将其界定。变量除了可以用数值赋值外，还可以用字符串来赋值。但要注意，在 MATLAB 中，字符串中的每个字符(包括空格)都是矩阵的一个元素，字符是以 ASCII 码储存的。

【例 4.1】 字符串的生成。

```
>> s = 'teacher'        %也可以用 s = ['teacher']。
s = teacher
>> s(4)
ans = c
>> A = ['abcd';'2345']
A = abcd
    2345
>> A(4)
ans = 3
```

4.2 字符串的简单操作

字符串也可以像数值矩阵一样来连接，形成一个更大的字符串。

【例 4.2】

```
>>s1 = 'mother'；  s2 = 'father'；
s = [s1, s2]        %左右连接 s1 与 s2。
s = motherfather
>> s(5)        %s 的第 5 个字符。
ans = e
>> s = [s1；s2]        %上下连接 s1 与 s2，注意：s1 与 s2 元素个数要相同。
s = mother
    father
>> s1'        %字符串的转置。
ans = m
```

o

t

h

e

r

字符串长度函数 length( )，维数函数 size( )。

【例 4.3】

>> str = 'abcdefgh 012345+6789'

str = abcdefgh 012345+6789

>> length(str)　　%字符串的字符总数，其中字母 8 个，数字 10 个，空格 1 个，加号 1 个。

ans = 20

>> size(str)　　%把字符串当成一个矩阵。

ans = 1　　20

4.3　字符串的函数运算

字符串的函数运算有转换运算和操作运算等。表 4.1 列出了部分常用的字符串函数及其运算。

表 4.1　　　　　　　　　　　　**字符串函数表**

函数名称	功　　能
abs	字符串到 ASCII 转换
dec2hex	十进制数到十六进制字符串转换
fprintf	把格式化的文本写到文件中或显示屏上
hex2dec	十六进制字符串转换成十进制数
hex2num	十六进制字符串转换成 IEEE 浮点数
int2str	整数转换成字符串
lower	字符串转换成小写
num2str	数字转换成字符串
setstr	ASCII 转换成字符串
sprintf	用格式控制，数字转换成字符串
sscanf	用格式控制，字符串转换成数字
str2mat	字符串转换成一个文本矩阵
str2num	字符串转换成数字
upper	字符串转换成大写

函数名称	功　　能
eval(string)	作为一个 MATLAB 命令求字符串的值
blanks(n)	返回一个或 n 个零，或空格的字符串
deblank	去掉字符串中后拖的空格
feval	求由字符串给定的函数值
findstr	从一个字符串内找出字符串
isletter	字母存在时返回真值
isspace	空格字符存在时返回真值
isstr	输入是一个字符串，返回真值
lasterr	返回上一个所产生 MATLAB 错误的字符串
strcmp	字符串相同，返回真值
strrep	用一个字符串替换另一个字符串
strtok	在一个字符串里找出第一个标记

1. 字符串和数值之间的转换

函数 num2str 可用来把(阿拉伯)数值转换成字符串(数值)，然后再通过字符串连接，可把所转换的数嵌入到一个字符串句子中；函数 str2num 用来把字符串(数值)转换成(阿拉伯)数值；函数 int2str 用来把整数转换成字符串。

【例 4.4】

>>i=1：4；y=num2str(i)

y=1　2　3　4　　%此时 y 不再是数字，而是字符，不能用于数值计算。

>>y1=1*y　　%y 用 ASCII 值参与计算。

y1=49　　32　　32　　50　　32　　32　　51　　32　　32　　52　　%其中 32 为空格的 ASCII 值，y 中任两个数字间有 2 个空格。

>> size(y)

ans=1　　10　　%1×10 字符串矩阵。

>> 2*y1　　%y1 为数值。

ans=98　　64　　64　　100　　64　　64　　102　　64　　64　　104

>> z=str2num(y)

z=1　　2　　3　　4　　%此时 z 是数字，能用于数值计算。

>> 2*z

ans=2　　4　　6　　8

>> size(z)

ans=1　　5

【例 4.5】

```
>> sn = ['abcde123456'];
>> 1 * sn        %用字符的 ASCII 值参与运算。
ans = 97    98    99    100   101   49    50    51    52    53    54
>> a = abs(sn)
a = 97    98    99    100   101   49    50    51    52    53    54
```

此时，a 为一数值。

```
>> size(a)
ans = 1     11
>> x = num2str(a)
x = 97    98    99    100   101   49    50    51    52    53    54
>> size(x)
ans = 1     52
>> s = '答案是:'; s1 = num2str([1 2 3 4]); [s, s1]      %实现字符串之间的连接。
ans =
答案是: 1   2   3   4
```

2. disp 函数　display

函数 disp 允许不打印它的变量名而显示一个字符串。

【例 4.6】
```
>> s = 'I am a teacher'
s = I am a teacher
```
或使用:
```
>> disp(s)      %注意直接输入 s 和输入 disp(s)的区别。
I am a teacher
```

3. input 函数

在命令行输入: A = input('Enter a matrix:')，回车后，窗口提示:"Enter a matrix:"
此时，用户可输入自己准备好的矩阵数据，如[1 2; 3 4]，回车后即得:
```
A = 1    2
    3    4
```
函数 input 能输入一个字符串。

在命令行输入: x = input('Enter anything:', 's')。

这里，在函数 input 里的附加参量 's' 告诉 MATLAB: "这是一个字符串。"

回车后，窗口提示:"Enter anything:"此时，你可输入自己准备好的字符串，如 abcdef，回车后即得:
```
x = abcdef
```
如果想输入的是字符串，但没有使用参数's'，则会出错。例如:
```
>> A = input('Enter a matrix:')
Enter a matrix: abcd      %abcd 是在窗口出现提示"Enter a matrix"后输入的。
??? Error using ==> input
```

Undefined function or variable 'abcd'　　　%提示要输入数值矩阵。

4. feval 函数

用 feval('fun', x)求由字符串'fun'给定的函数值,其输入参量是变量 x。这说明,函数 feval('fun', x)等价于求 fun(x)的值。函数 feval 的基本用途仅限于在用户创建的函数内。一般地,feval 可求出有大量输入参量的函数值,例如,feval('fun', x, y, z)等价于求 fun(x, y, z)值。

【例 4.7】feval('sin', 1)等价于 sin(1)。

```
>> feval('sin', 1)
ans = 0.8415
>> sin(1)
ans = 0.8415
```

【例 4.8】编写 M 函数文件 ff1. m。

```
function f = ff1(x)
f = x(1)^2 + x(2)^2;
```

则 ff1([1 2])等价于 feval('ff1', [1 2])。

【例 4.9】　编写 M 函数文件 ff2. m。

```
function f = ff2(x, y)
f = x.^2 + y.^2;
```

则 ff2(1, 2)等价于 feval('ff2', 1, 2)。

5. strcmp 函数

函数 strcmp 用于字符串的比较,例如:strcmp(s1, s2)。

【例 4.10】

```
>> s = 'he is a student'; strcmp(s, 'he is a student')
ans = 1
>> s = 'he is a student'; strcmp(s, 'he is   a student')    %多一个空格。
ans = 0
```

6. isletter 函数

函数 isletter(s)用于检查字符串,字母存在时返回真值。

【例 4.11】

```
>> s = 'I am a teacher', isletter(s)
s = I am a teacher
ans = 1   0   1   1   0   1   0   1   1   1   1   1   1   1
```

7. findstr 函数

函数 findstr 用于查找字符串。

【例 4.12】

```
>> s = 'I am a teacher', findstr(s, 'te')
s = I am a teacher
ans = 8
```

8. 大小写的变换

函数 upper 和 lower 用于转换字符串的大小写。

【例 4.13】

```
>> s = 'she is a girl', s1 = upper(s), s2 = lower(s1)
s = she is a girl
s1 = SHE IS A GIRL
s2 = she is a girl
```

9. isspace 函数

函数 isspace(s) 用于检查字符串中空格存在时返回真值。

【例 4.14】

```
>> s = 'I am a teacher'; isspace(s)
ans = 0   1   0   0   1   0   1   0   0   0   0   0   0   0
```

第5章 MATLAB 符号运算

5.1 符号矩阵的生成

在 MATLAB 中输入符号向量或者矩阵的方法和输入数值类型的向量或者矩阵的方法在形式上很相像，只不过要用到符号矩阵定义函数 sym，或者是用到符号定义函数 syms。

1. 用命令 sym 定义矩阵

这时的函数 sym 实际是在定义一个符号表达式，这时的符号矩阵中的元素可以是任何的符号或者是表达式，而且长度没有限制，只是将方括号置于用于创建符号表达式的单引号中。如下例(注意标点符号的区别)：

【例 5.1 】

```
>> A = sym('[b c d; Tom, HelpMe, NOWAY]')
A = [b,        c,        d        ]
    [Tom,      HelpMe,   NOWAY]    %符号矩阵的每一行都用[ ]将其界定，而数
```
值矩阵没有。

```
>> B = sym('[10 20 30; aa bb cc; sin(x) cos(x) tan(x)]')
B = [10          20          30    ]
    [aa          bb          cc    ]
    [sin(x)      cos(y)      tan(z)]
```

2. 用命令 syms 定义矩阵

先定义矩阵中的每一个元素为一个符号变量，而后像普通矩阵一样输入符号矩阵。

【例 5.2】

```
>> syms a b c; s1 = sym('red'); s2 = sym('gree'); s3 = sym('Blue');
>> sy = [a b c; s1 s2 s3; 2 3 8]
sy = [a,        b,        c       ]
     [red,      gree,     Blue    ]
     [2,        3,        8       ]
>> syms a b c d      %符号变量之间用空格隔开，不能用逗号。
>> A = [a b; c d]; D = det(A)
D = a * d-b * c
```

3. 把数值矩阵转化成相应的符号矩阵

数值型和符号型在 MATLAB 中是不相同的，它们之间不能直接进行转化。将数值型

43

转化成符号型的命令是 sym。

【例 5.3】

```
>> a1 = 1/3,  a2 = sym(1/3)
a1 = 0.3333
a2 = 1/3
>> A = [1/3, sqrt(2), 3.42; exp(0), log10(100), 23^(-1)]
>> B = sym(A)
A = 0.3333      1.4142      3.4200
    1.0000      2.0000      0.0435
B = [1/3,       sqrt(2),    171/50]
    [1,         2,          1/23  ]
```

注意：不论矩阵是用分数形式还是浮点形式表示的，将矩阵转化成符号矩阵后，都将以最接近原值的有理数形式表示或者是函数形式表示。

5.2　符号矩阵的运算

5.2.1　算术符号操作

命令：+ 　- 　* 　.* 　\ 　.\ 　/ 　./ 　^ 　.^

功能：符号矩阵的算术操作。

用法和数值矩阵的用法基本是一致的。

（1）A+B、A-B 表示符号阵列（矩阵）的加法与减法，即符号矩阵和符号阵列的加减法一致。

若 A 与 B 为同型阵列时，A+B、A-B 分别对对应分量进行加减；若 A 与 B 中至少有一个为标量，则把标量扩大为与另外一个同型的阵列，再按对应的分量进行加减。

【例 5.4】

```
>> syms a b c d; A = [a b; c d], B = [d c; b a], c1 = A+B, c2 = A+1
A = [a, b]
    [c, d]
B = [d, c]
    [b, a]
c1 = [a + d, b + c]
     [b + c, a + d]
c2 = [a + 1, b + 1]
     [c + 1, d + 1]
```

（2）A * B 表示符号矩阵乘法。

A * B 为线性代数中定义的矩阵乘法。按乘法定义要求必须有：矩阵 A 的列数等于矩阵 B 的行数。若 $A_{n*k} * B_{k*m} = (a_{ij})_{n*k} * (b_{ij})_{k*m} = C_{n*m} = (c_{ij})_{n*m}$，则 $c_{ij} = \sum_{s=1}^{k} a_{is} * b_{sj}$，$i = 1, 2, \cdots, n; j = 1, 2, \cdots, m$。或者至少有一个为标量时，方可进行乘法操作，否则将返回一出错信息。

【例 5.5】

```
>> syms a b c d; A=[a b; c d]; B=[d c; b a]; c1=A*B, c2=B*A, c3=2*A
c1=[b^2+a*d, a*b+a*c]
   [b*d+c*d, c^2+a*d]
c2=[c^2+a*d, b*d+c*d]
   [a*b+a*c, b^2+a*d]
c3=[2*a, 2*b]
   [2*c, 2*d]
```

（3）A. * B 表示符号数组的乘法。

A. * B 为按参量 A 与 B 对应的分量进行相乘。A 与 B 必须为同型阵列，或至少有一个为标量。$A_{n*m} * B_{n*m} = (a_{ij})_{n*m} * (b_{ij})_{n*m} = C_{n*m} = (c_{ij})_{n*m}$，则 $c_{ij} = a_{ij} * b_{ij}$，$i = 1, 2, \cdots, n; j = 1, 2, \cdots, m$。

【例 5.6】

```
>> syms a b c d; A=[a b; c d]; B=[d c; b a]; c1=A.*B, c2=B.*A, c3=2.*A
c1=[a*d, b*c]
   [b*c, a*d]
c2=[a*d, b*c]
   [b*c, a*d]
c3=[2*a, 2*b]
   [2*c, 2*d]
```

（4）A \ B 表示矩阵的左除法。

X = A \ B 为符号线性方程组 A * X = B 的解。应该指出的是，当 A 可逆时，A \ B 近似地等于 inv(A) * B。若 X 不存在或者不唯一，则产生一警告信息。矩阵 A 可以是矩形矩阵（即非正方形矩阵），但此时要求方程组必须是相容的。

（5）A. \ B 表示数组的左除法。

A. \ B 为按对应的分量进行相除。若 A 与 B 为同型阵列时，$A_{n*m} \backslash B_{n*m} = (a_{ij})_{n*m} \backslash (b_{ij})_{n*m} = C_{n*m} = (c_{ij})_{n*m}$，则 $c_{ij} = a_{ij} \backslash b_{ij}$，$i = 1, 2, \cdots, n; j = 1, 2, \cdots, m$。若 A 与 B 中至少有一个为标量，则把标量扩大为与另外一个同型的阵列，再按对应的分量进行操作。

【例 5.7】

```
>> syms a11 a12 a21 a22 b1 b2; A=[a11 a12; a21 a22], B=[b1; b2]
>>X= A \ B        %求解符号线性方程组 A*X=B 的解。
X=-(a12*b2-a22*b1)/(a11*a22-a12*a21)
   (a11*b2-a21*b1)/(a11*a22-a12*a21)
```

```
>> inv(A) * B        %等同于 X= A \ B(当 A 可逆时)。
ans=(a22 * b1)/(a11 * a22-a12 * a21)-(a12 * b2)/(a11 * a22-a12 * a21)
    (a11 * b2)/(a11 * a22-a12 * a21)-(a21 * b1)/(a11 * a22-a12 * a21)
>> A. \ [1 2; 3 4]
ans=[1/a11, 2/a12]
    [3/a21, 4/a22]
```

(6)A/B 表示矩阵的右除法。

X=B/A 为符号线性方程组 X * A=B 的解。应该指出的是，当 A 可逆时，B/A 粗略地等于 B * inv(A)。若 X 不存在或者不唯一，则产生一警告信息。矩阵 A 可以是矩形矩阵（即非正方形矩阵），但此时要求方程组必须是相容的。

(7)A./B 表示数组的右除法。

A./B 为按对应的分量进行相除。若 A 与 B 为同型阵列时，$A_{n*m}/B_{n*m}=(a_{ij})_{n*m}/(b_{ij})_{n*m}=C_{n*m}=(c_{ij})_{n*m}$，则 $c_{ij}=a_{ij}/b_{ij}$，i=1，2，…，n；j=1，2，…，m。若 A 与 B 中至少有一个为标量，则把标量扩大为与另外一个同型的阵列，再按对应的分量进行操作。

【例5.8】

```
>> syms a11 a12 a21 a22 a b c d; A=[a11 a12; a21 a22], B=[a b; c d]
A=[a11, a12]
   [a21, a22]
B=[a, b]
   [c, d]
>> B/A
ans=[(a * a22-a21 * b)/(a11 * a22-a12 * a21),-(a * a12-a11 * b)/(a11 * a22-a12 * a21)]
    [(a22 * c-a21 * d)/(a11 * a22-a12 * a21),-(a12 * c-a11 * d)/(a11 * a22-a12 * a21)]
>> B. /A
ans=[a/a11, b/a12]
    [c/a21, d/a22]
```

(8)A^B 表示矩阵的方幂。

计算矩阵 A 的整数 B 次方幂。若 A 为标量而 B 为方阵，A^B 用方阵 B 的特征值与特征向量计算数值。若 A 与 B 同时为矩阵，则显示一错误信息。

(9)A.^B 表示数组的方幂。

A.^B 为按 A 与 B 对应的分量进行方幂计算。若 A 与 B 为同型阵列，$A_{n*m}{}^{\cdots}B_{n*m}=(a_{ij})_{n*m}{}^{\wedge}(b_{ij})_{n*m}=C_{n*m}=(c_{ij})_{n*m}$，则 $c_{ij}=a_{ij}{}^{b_{ij}}$，i=1，2，…，n；j=1，2，…，m。若 A 与 B 中至少有一个为标量，则把标量扩大为与另外一个同型的阵列，再按对应的分量进行操作。

【例5.9】

```
>> syms  a b c d; A=[a b; c d]; A^2, A.^2
ans=[a^2 + b * c, a * b + b * d]
    [a * c + c * d, d^2 + b * c]
```

ans = [a^2, b^2]

　　　[c^2, d^2]

（10）A′表示矩阵的 Hermition 转置。

若 A 为复数矩阵，则 A′为复数矩阵的共轭转置。若 $A = (a_{ij}) = (x_{ij} + i * y_{ij})$，则 $A′ = (a_{ji}′) = (\overline{a_{ij}}) = (x_{ij} - i * y_{ij})$。

（11）A. ′表示数组转置。

A. ′为真正的矩阵转置，没有进行共轭转置。

【例 5.10】

>> syms a b c d; A = [a b; c d]; A′, transpose(A), A. ′

ans = [conj(a), conj(c)]

　　　[conj(b), conj(d)]

ans = [a, c]

　　　[b, d]

ans = [a, c]

　　　[b, d]

5.2.2　符号矩阵的其他运算

1. 合并同类项

函数：collect

格式：R = collect(S)　　　%对于多项式 S 中的每一函数，collect(S)按缺省变量 x 的次数合并系数。

R = collect(S, v)　　　%对指定的变量 v 计算，操作同上。

【例 5.11】

>>syms x; R1 = collect((x^2+2 * x) * (x+2))

R1 = x^3 + 4 * x^2 + 4 * x

>> syms y; R2 = collect((x+y) * (x^2+y^2+1), y)

R2 = y^3+x * y^2+(x^2+1) * y+x * (x^2+1)

>>R3 = collect([(x+1) * (y+1), x+x^2 * y])　　　%两个表达式分别合并。

R3 = [y + x * (y + 1) + 1, y * x^2 + x]

2. 从一符号表达式中或矩阵中找出符号变量

函数：findsym

格式：r = findsym(S)　　　%以字母表的顺序返回表达式 S 中的所有符号变量（符号变量为由字母（除了 i 与 j）与数字构成的、字母打头的字符串）。若 S 中没有任何的符号变量，则 findsym 返回一空字符串。

r = findsym(S, n)　　　%返回字母表中接近 x 的 n 个符号变量。

【例 5.12】

>>syms a x y z t alpha beta

>>S1 = findsym(sin(pi * t * alpha+beta))

S1=alpha, beta, t

>>S2=findsym(x+i * y−j * z+eps−nan)

S2=NaN, x, y, z

>>S3=findsym(a+y, pi)

S3=a, y

>>S4=findsym(a, pi)

S4=a

3. 符号复数的实数部分

函数：real

格式：real(Z)   %返回符号复数 z 的实数部分。

4. 符号复数的虚数部分

函数：imag

格式：imag(Z)   %返回符号复数 z 的虚数部分。

5. 符号复数的共轭

函数：conj

格式：conj(X)   %返回符号复数 X 的共轭复数。

【例 5.13 】

>> a=sym('2+3 * i'); a1=real(a), a2=imag(a), a3=conj(a)

a1 = 2

a2 = 3

a3 = 2−3 * i

6. 设置变量的精度

函数：digits

格式：digits(d)   %设置当前的可变算术精度的位数为整数 d 位。

　　　　d= digits   %返回当前的可变算术精度位数给 d，默认的位数为 32 位。但在屏幕默认显示的只有小数点后 4 位。

　　　　digits   %显示当前可变算术精度的位数。

【例 5.14】

>>z= 1.0e−16   %z 为一很小的数。

>>x= 1.0e+2   %x 为较大的数。

>>digits(14)

>>y1= vpa(x * z+1)   %大数 1"吃掉"小数 x * z。

>>digits(15)

>>y2= vpa(x * z+1)   %防止"去掉"小数 x * z。

计算结果为：

z= 1.0000e−016

x= 100

y1= 1.0000000000000   %共显示 14 位数字。

y2 = 1.00000000000001　　　　%共显示 15 位数字。

试在窗口输入以下命令：digits(3)

vpa(2/3)　　　%ans = .667。

vpa(1+2/3)　　%ans = 1.67。

7. 将符号转换为 MATLAB 的数值形式

函数：double

格式：R = double(S)　　　%将符号对象 S 转换为数值对象 R。若 S 为符号常数或表达式常数，则 double 返回 S 的双精度浮点数值表示形式；若 S 为每一元素是符号常数或表达式常数的符号矩阵，则 double 返回 S 每一元素的双精度浮点数值表示的数值矩阵 R。

【例 5.15】

>> s = sym('(sqrt(5)-1)/2'), gold_ ratio = double(s)　　　%计算黄金分割率。

s = 5^(1/2)/2-1/2

gold_ ratio = 0.6180

8. 符号表达式的展开

函数：expand

格式：R = expand(S)　　　%对符号表达式 S 中每个因式的乘积进行展开计算。该命令通常用于计算多项式函数、三角函数、指数函数与对数函数等表达式的展开式。

【例 5.16】

>>syms x y a b c t

>>E1 = expand((x-2) * (x-4) * (y-t))

E1 = x^2 * y-x^2 * t-6 * x * y+6 * x * t+8 * y-8 * t

>>E2 = expand(cos(x+y))

E2 = cos(x) * cos(y)-sin(x) * sin(y)

>>E3 = expand(exp((a+b)^3))

E3 = exp(a^3) * exp(a^2 * b)^3 * exp(a * b^2)^3 * exp(b^3)

>>E4 = expand(log(a * b/sqrt(c)))

E4 = log(a * b/c^(1/2))

>>E5 = expand([sin(2 * t), cos(2 * t)])

E5 = [2 * sin(t) * cos(t),　　　2 * cos(t)^2-1]

9. 符号因式分解

函数：factor

格式：factor(X)　　　%参量 X 可以是正整数、符号表达式阵列或符号整数阵列。若 X 为一正整数，则 factor(X) 返回 X 的质数分解式。若 X 为多项式或整数矩阵，则 factor(X) 分解矩阵的每一元素。若整数阵列中有一元素位数超过 16 位，用户必须用命令 sym 生成该元素。

【例 5.17】

>>syms a b x y

```
>>F1 = factor( x^4−y^4)
>>F2 = factor( [ a^2−b^2, x^3+y^3 ] )
>>F3 = factor( sym( '12345678901234567890') )
```

计算结果为:

F1 = (x−y) * (x+y) * (x^2+y^2)

F2 = [(a−b) * (a+b), 　 (x+y) * (x^2−x * y+y^2)]

F3 = (2) * (3)^2 * (5) * (101) * (3803) * (3607) * (27961) * (3541)

10. 符号表达式的分子与分母

函数: numden

格式: [N, D] = numden(A)

说明: 将符号或数值矩阵 A 中的每一元素转换成整系数多项式的有理式形式, 其中分子与分母是相对互素的。输出的参量 N 为分子的符号矩阵, 输出的参量 D 为分母的符号矩阵。

【例 5.18】

```
>>syms x y a b c d;
>> [ n1, d1] = numden( sym( cos( 3/5) ) )
n1 = 7433962335525653
d1 = 9007199254740992
>>[ n2, d2] = numden( x/y + y/x)
n2 = x^2+y^2
d2 = y * x
>>A = [ a, 1/b; 1/c d] ;
>>[ n3, d3] = numden( A)
n3 = [ a, 1]
    [ 1, d]
d3 = [ 1, b]
    [ c, 1]
```

11. 搜索符号表达式的最简形式

函数: simple

格式: r= simple(S)　　%该命令可找出符号表达式 S 的代数上的简单形式, 显示任意能使表达式 S 长度变短的表达式, 且返回其中最短的一个。若 S 为一矩阵, 则结果为整个矩阵的最短形式, 而不是每一个元素的最简形式。若没有输出参量 r, 则该命令将显示所有可能使用的算法与表达式, 同时返回最短的一个。

[r, how] = simple(S)　　%没有显示中间的化简结果, 但返回能找到的最短的一个。输出参量 r 为一符号, how 为一字符串, 用于表示算法。

【例 5.19】

```
>>syms x
>>R1 = simple( cos( x)^4+sin( x)^4)
```

R1 = 1/4 * cos(4 * x) + 3/4

>>R2 = simple(2 * cos(x)^2-sin(x)^2)

R2 = 3 * cos(x)^2-1

>>R3 = simple(cos(x)^2-sin(x)^2)

R3 = cos(2 * x)

>>R4 = simple(cos(x) + (-sin(x)^2)^(1/2))

R4 = cos(x) + i * sin(x)

>>R5 = simple(cos(x) + i * sin(x))

R5 = exp(i * x)

>>R6 = simple((x+1) * x * (x-1))

R6 = x ^3-x

>>R7 = simple(x^3+3 * x^2+3 * x+1)

R7 = (x+1)^3

> [R8，how] = simple(cos(3 * acos(x)))

R8 = 4 * x^3-3 * x

how = expand

12. 符号表达式的化简

函数：simplify

格式：R = simplify(S)

说明：使用 Maple 软件中的化简规则，将化简符号矩阵 S 中每一元素。

【例 5.20】

>>syms x a b c

>>R1 = simplify(sin(x)^4 + cos(x)^4)

计算结果为：

R1 = 2 * cos(x)^4+1-2 * cos(x)^2

>>R2 = simplify(exp(c * log(sqrt(a+b))))

R2 = (a+b)^(1/2 * c)

>>S = [(x^2+5 * x+6)/(x+2)，sqrt(16)]；

>>R3 = simplify(S)

R3 = [x+3，　　4]

13. 符号矩阵的维数

函数：size

格式：d = size(A)　　　%若 A 为 m * n 阶的符号矩阵，则输出结果 d=[m，n] 。

　　　[m，n] = size(A)　　%分别返回矩阵 A 的行数于 m，列数于 n。

　　　d = size(A，n)　　　%返回由标量 n 指定的 A 的方向的维数：n = 1 为行方向，
n = 2 为列方向。

【例 5.21】

>> syms a b c d；A=[a b c d；d c b a；a c d a] ；n = size(A)，r= size(A，2)

n = 3　　　4

r = 4

14. 将多项式系数向量转化为带符号变量的多项式

函数：poly2sym

格式：r = poly2sym(c) 和 r = poly2sym(c, v)

说明：将系数在数值向量 c 中的多项式转化成相应的带符号变量的多项式(按次数的降幂排列)。缺省的符号变量为 x。

若带上参量 v，则符号变量用 v 显示。poly2sym 使用命令 sym 的缺省转换模式(有理形式)将数值型系数转换为符号常数。该模式将数值转换成接近的整数比值的表达式，否则，用 2 的幂指数表示。

【例 5. 22】

```
>> r1 = poly2sym([1 2 3 4 5])
r1 = x^4 + 2 * x^3 + 3 * x^2 + 4 * x + 5
>> r2 = poly2sym([1 0 0 1-1 2], y)
r2 = y^5 + y^2-y + 2
```

15. 将复杂的符号表达式显示成数学书写形式

函数：pretty

格式：pretty(S)　　　%用缺省的线型宽度 79 显示符号矩阵 s 中每一元素。

pretty(S, n)　　　%用指定的线型宽度 n 显示。

【例 5. 23】

```
>> syms x, pretty(x^2 * sqrt(x))　　　%即为 x^(5/2)。
x^{5/2}
```

16. 函数的反函数

函数：finverse

格式：g = finverse(f)　　　%返回函数 f 的反函数。其中，f 为单值的一元数学函数，如 f = f(x)。若 f 的反函数存在，设为 g，则有 g[f(x)] = x。

g = finverse(f, v)　　　%若符号函数 f 中有几个符号变量时，对指定的符号自变量 v 计算其反函数。若其反函数存在，设为 g，则有 g[f(v)] = v。

【例 5. 24】

```
>>syms x;
>> V = finverse(x/2, x)
V = 2 * x
```

17. 复合函数计算

函数：compose

格式：compose(f, g)　　　%返回复合函数 f[g(y)]，其中 f = f(x)，g = g(y)，符号 x 为函数 f 中由命令 findsym(f) 确定的符号变量，符号 y 为函数 g 中由命令 findsym(g) 确定的符号变量。

compose(f, g, z)　　　%返回复合函数 f[g(z)]，其中 f = f(x)，g = g(y)，符号 x、y

为函数 f、g 中由命令 findsym 确定的符号变量。

　　compose(f，g，x，z)　　%返回复合函数 f[g(z)]，而令变量 x 为函数 f 中的自变量 f =f(x)。令 x=g(z)，再将 x=g(z)代入函数 f 中。

　　compose(f，g，x，y，z)　　%返回复合函数 f[g(z)]。令变量 x 为函数 f 中的自变量 f=f(x)，而令变量 y 为函数 g 中的自变量 g=g(y)。令 x=g(y)，再将 x=g(y)代入函数 f= f(x)中，得 f[g(y)]，最后用指定的变量 z 代替变量 y，得 f[g(z)]。

【例 5.25】

```
>>syms x y z t u v;
>>f= 1/(1 + x^2 * y); h= x^t; g= sin(y); p= sqrt(-y/u);
>>C1=compose(f, g)      %令 x=g=sin(y)，再替换 f 中的变量 x=findsym(f)。
    C1=1/(1+sin(y)^2 * y)
>>C2=compose(f, g, t)       %令 x=g=sin(t)，再替换 f 中的变量 x=findsym(f)。
    C2=1/(1+sin(t)^2 * y)
>>C3=compose(h, g, x, z)      %令 x=g=sin(z)，再替换 h 中的变量 x。
    C3=sin(z)^t
>>C4=compose(h, g, t, z)      %令 t=g=sin(z)，再替换 h 中的变量 t。
    C4=x^sin(z)
>>C5=compose(h, p, x, y, z)       %令 x=p(y)=sqrt(-y/u)，替换 h 中的变量 x，
再将 y 换成 z。
    C5=((-z/u)^(1/2))^t
>>C6=compose(h, p, t, u, z)       %令 t=p(u)=sqrt(-y/u)，替换 h 中的变量 t，
再将 u 换成 z。
    C6=x^((-y/z)^(1/2))
```

第6章 MATLAB 程序语句

6.1 M 文件及 M 函数

在 MATLAB 命令窗口中，键入一行命令，回车后，系统会立刻执行该命令，这种人机交互的工作方式称为命令行运行模式。当运行的命令较多时，如果采用命令行运行模式，直接从键盘上逐行输入命令，显然比较麻烦，并且程序可读性差、难以存储，也不便于及时编辑修改。此时，应该采用 M 程序运行模式。M 程序运行模式，是指由 MATLAB 语句构成程序，以 ASCII 码文本文件的形式存储，用 m 作为文件扩展名的 MATLAB 程序在命令窗口中的自动运行。MATLAB 程序可分成 M 文件和 M 函数两种，M 文件即命令文件(script file)，是用户为解决问题自己编制的程序，M 函数即函数文件(function file)，是一种子程序，一般可由其他程序调用，当然也可调用其他程序。在 MATLAB 中，有上千个内带的 M 函数。

6.1.1 M 文件

MATLAB 向用户提供了一个自主编写程序的环境，用户可以根据自己的需要，灵活运用 MATLAB 的函数(M 函数)或者命令编程。

单击 MATLAB 主窗口工具条上的 New File 图标，就可弹出如图 6.1 所示的 MAT-LAB 文件编辑调试器 MATLAB Editor/Debugger。其窗口名为 Untitled ，用户即可在空白窗口中编写程序。

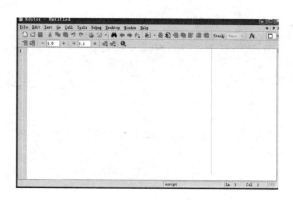

图 6.1

例如，输入如下一段程序：

t=−10：0.1：10；

ft=1/2 * sin(t)；

ft1=ft. * cos(10 * t)；

plot(t，ft,'r')

hold on

plot(t，ft1,'g')

写完文件用 tu.m 文件名保存(save)后，在命令窗口中键入文件名 tu，回车后即可显示出运行该文件的结果(图 6.2)。

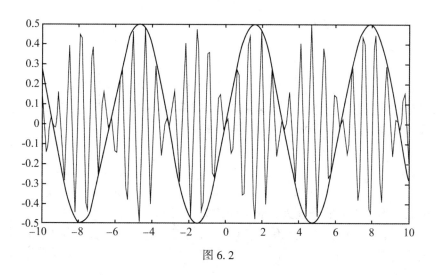

图 6.2

特别提醒：所保存的 M 文件一定要放在搜索路径之下。

编写 M 文件的一般格式是：用 clear、clc、clf 等语句开头，其目的是为了清除工作空间中原有的变量和图形，以免其他已执行过的程序残留数据对本程序的影响；文件名长度一般不要超过 8 个字符(英文字母、数字和下画线)，文件扩展名要用.m，另外，文件名要方便记忆和区分，不要太简单，也不要太复杂。

6.1.2　M 函数

M 函数是 MATLAB 程序的一种形式，可以以函数调用的方式调用。它和 M 文件之间的差别是：由 function 开头，后跟的函数名与文件名相同；有输入输出变量，可进行变量传递；除非用 global 声明，程序中的变量均为局部变量，不保存在工作空间中，而 M 文件中运行得到的变量将会保存在工作空间中，这点一定要注意。

函数文件由 function 语句引导，基本结构如下：

function [输出形参表]=函数名(输入形参表)

注释说明部分

函数体部分

其中，以 function 开头的一行为引导行，表示该 M 文件是一个函数文件，函数名的命名规则和变量名相同，当输出形参多于一个时，应用[]括起来，多个参数之间用逗号分隔。

以下是一个 M 函数的示例：

function [he cha]=hecha(x, y)

he=x+y;

cha=x-y;

M 函数编写完成后，要用 M 函数名作为文件名来保存文件。实际上，在保存 M 函数时，对话框出现的默认文件名就是函数名。

【例 6.1】 编写函数文件，求半径为 r 的圆的面积和周长。

在新建窗口下键入如下命令：

function [S, L]=yuan(r)

S=pi*r*r;

L=2*pi*r;

然后保存在搜索路径之下，函数名和文件名都将为 yuan.m 此时，就像调用 MATLAB 内带的函数一样去调用它。例如，在命令窗口输入：

>> [s, t]=yuan(3)

s=28.2743

t=18.8496

此时可以得出，当圆的半径为 3 时，面积为 28.2743，周长为 18.8496。

【例 6.2】 编写函数文件，实现直角坐标(x, y)与极坐标(rho, theta)之间的转换。

建立函数文件 tran.m

function [rho, theta]=tran(x, y)

rho=sqrt(x*x+y*y)

theta=atan(y/x)

在 MATLAB 中，函数可以嵌套调用，即一个函数可以调用别的函数，甚至调用本身，一个函数调用其自身称为函数的递归调用.

【例 6.3】 利用函数的递归调用，求 n!

function f=digui(n)

if n==1

f=1;

else

f=digui(n-1)*n;

end

编写完后保存在搜索路径之下，即可调用：

>> digui(4)

ans=24

即：4*3*2*1=24

在函数的调用时，MATLAB 有两个永久变量 nargin 和 nargout 分别记录调用该函数时的输入实参和输出实参．

【例 6.4】　nargin 用法示例。

```
function fout = shican(a, b, c)
if nargin = = 1
fout = a;
elseif nargin = = 2
fout = a+b;
else
fout = (a * b * c)/2;
end
```

编写完后保存在搜索路径之下，即可调用：

```
>> shican(2, 4)
ans = 6
>> shican(4)
ans = 4
>> shican(1, 2, 3)
ans = 3
```

【例 6.5】　自己编写输入变量函数 fenzu，用于生成均等分组的数据。

```
function y = fenzu(a, b, n)
%如果缺少 n，则令 n=b-a。
%函数将 a，b 之间的数据 n 等分输出。
if nargin = = 2
n = b-a;
end
y = a: (b-a)/n: b;
```

保存好程序后，调用如下：

```
>> fenzu(1, 10)
ans = 1    2    3    4    5    6    7    8    9    10
>> fenzu(1, 10, 3)
ans = 1    4    7    10
```

6.2　MATLAB 语句

MATLAB 语句有表达式语句、输入输出语句、控制语句、绘图语句和显示语句等。表达式语句已经介绍过了，下面将简单介绍其他几个语句。

6.2.1 控制语句

1. for-end 循环语句

for-end 循环语句的一般格式是：

> for 循环变量 = 循环参数表达式
>> 运算式
>
> end

for-end 循环语句的功能是：循环允许一组命令以固定的和预定的次数重复。

循环参数表达式通常是"标量(循环开始参数)：标量(循环终止参数)"或者"标量(循环开始参数)：标量(递增或递减参数)：标量(循环终止参数)"的形式。

【例 6.6】 在 M 程序窗口编写如下程序：

> for i = 1：11
>> y(i) = sin(i)；
> end
> y

在搜索路径之下，保存为 li6_6.m，在命令窗口键入 li6_6，得：

y = 0.8415　0.9093　0.1411　−0.7568　−0.9589　−0.2794　0.6570　0.9894
　0.4121　−0.5440　−1.0000

具体操作过程是：在 for 和 end 语句之间的运算式按数组中的每一列(column)执行一次。在每一次迭代中，y 被指定为数组的下一列，即在第 n 次循环中，y = array(：，n)。

for-end 循环语句不能通过在循环语句内给循环变量重新赋值来终止循环过程，应该利用 break 命令跳出 for-end 循环。for-end 循环可按需要嵌套。

【例 6.7】 在 M 程序窗口编写如下程序：

sum = 0；n = input('please input a number')；
for i = 1：n
sum = sum+i；
if sum>4949
　break
end
end
sum

在搜索路径之下，保存为 li6_7.m，在命令窗口键入 li6_7，即可得到相应的结果。

>> li6_7

please input a number　99　　%数字 99 是在提示下由键盘输入的，下面 98，100 也一样。

sum = 4950

>> li6_7

please input a number　98

sum = 4851

>> li6_ 7

please input a number　100

sum = 4950

以上结果说明，当求和加到 99 后，其和为 4950，已超过 4949，循环跳出。

【例 6.8】　已知 $y = \sum_{i=1}^{n} \frac{1}{2i-1}$，当 $n = 100$ 时，求 y 的值。

在 M 程序窗口编写如下程序：

y = 0；n = 100；

for i = 1：n

y = y+1/(2 * i−1)；

end

y

在搜索路径之下，保存为 li6_ 8. m，在命令窗口键入 li6_ 8，得 y = 3.2843。

【例 6.9】　求 sum = (1+2+3+⋯+100)。

在 M 程序窗口编写如下程序：

sum = 0；n = 100；

for i = 1：100

sum = sum+i；

end

sum

在搜索路径之下，保存为 li6_ 9. m，在命令窗口键入 li6_ 9，得 sum = 5050。

【例 6.10】　编程输入范德蒙型的矩阵 $A = \begin{bmatrix} 1^0 & 1^1 & 1^2 & 1^3 \\ 2^0 & 2^1 & 2^2 & 2^3 \\ 3^0 & 3^1 & 3^2 & 3^3 \\ 4^0 & 4^1 & 4^2 & 4^3 \end{bmatrix}$。

在 M 程序窗口编写如下程序：

clear all；x = [1 2 3 4]；

for i = 1：4

for j = 1：4

A(i, j) = x(i)^(j−1)；

end

end

A

在搜索路径之下，保存为 li6_ 10. m，在命令窗口键入 li6_ 10，得：

A = 1　　　1　　　1　　　1

　　1　　　2　　　4　　　8

　　1　　　3　　　9　　　27

　　　　1　　4　　16　　64

2. while-end 循环语句

while-end 循环语句的一般格式是：

　　　　while　条件表达式

　　　　　　运算式

　　end

while-end 循环语句的功能是：仅仅知道循环产生的条件，而循环次数为不确定的循环运算。

循环条件表达式通常的形式是：

expression rop expression

这里 rop 是 ==, <, >, <= , >= 或 ~=。

可以利用 break 命令跳出 while-end 循环，while-end 循环可以按需要嵌套。

【例 6.11】　从键盘输入若干个数，当输入 0 时结束输入，求这些数的平均值及它们之和。

在 M 程序窗口编写如下程序：

sum=0；cnt=0；

val=input('enter a number(end in 0)：')；

while val~=0

sum=sum+val；

cnt=cnt+1；

val=input('enter a number(end in 0)：')；

end

if cnt>0

sum

mean=sum/cnt

end

在搜索路径之下，保存为 li6_ 11. m，在命令窗口键入 li6_ 11，即可得到相应的结果。

3. if-else-end 分支语句

if-else-end 分支语句的格式之一是：

　　　　if　条件表达式

　　　　运算式；

　　　　end

该 if-else-end 分支语句的功能是：如果在条件表达式中的所有元素为非零，那么就执行 if 和 end 语言之间的语句。

【例 6.12】　在 M 程序窗口编写如下程序：

if rand(1)>0.5

　　disp('i love you')

end

在搜索路径之下，保存为 li6_ 12. m，在命令窗口键入 li6_ 12，即可得到相应的结果。

if-else-end 分支语句的格式之二(当有两种选择时)是：

if　　条件表达式
　　　　运算式 1
else
　　　　运算式 2
end

该 if-else-end 分支语句的功能是：如果条件表达式为真，则执行第一组命令；如果条件表达式是假，则执行第二组命令。

【例 6.13】　在 M 程序窗口编写如下程序：

```
if rand(1)>0. 5
        disp('i love you')
else
        disp('i donot love you')
end
```

在搜索路径之下，保存为 li6_ 13. m，在命令窗口键入 li6_ 13，即可得到相应的结果。

【例 6.14】　编写绝对值函数 $y = | x |$ 。

在 M 程序窗口编写如下程序：

```
function y = juedui( x)
if x>=0
    y=x;
else
    y=-x;
end
```

在搜索路径之下，保存为 juedui. m，在命令窗口调用 juedui(x)，即可得到相应的结果。

```
>> juedui(-9)
ans = 9
>> juedui(12)
ans = 12
```

if-else-end 分支语句的格式之三(当有多种选择时)是：

if　　条件表达式 1
　　　　运算式 1
elseif　　条件表达式 2
　　　　　运算式 2
else　　条件表达式 3

　　　　运算式 3

end

该 if-else-end 分支语句的功能是：首先检测第一个条件表达式，如条件表达式 1 为真，则执行运算式 1，否则检测条件表达式 2，依此类推。

【例 6.15】　建立命令文件，用色彩与线形区分数据点的范围。

在 M 程序窗口编写如下程序：

```
n=100; x=1: n;
y=randn(1, n)        %产生 100 个服从正态分布的随机行数组。
hold on
for i=1: n
    if y(i)<-1
        plot(x(i), y(i),'g*')
    elseif y(i)>=-1&y(i)≤1
        plot(x(i), y(i),'ob')
    else
        plot(x(i), y(i),'xr')
    end
end
hold off
```

在搜索路径之下，保存为 li6_ 15. m，在命令窗口键入 li6_ 15，即可得到相应的结果（图 6.3）。

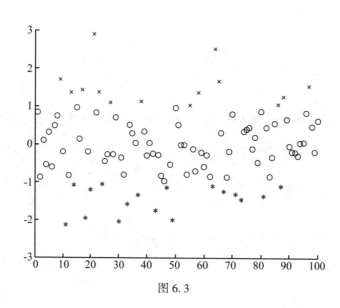

图 6.3

【例 6.16】　建立 M 函数文件，画出下列分段函数所表示的曲面：

$$f(x,y)=\begin{cases}0.5457e^{-0.75y^2-3.75x^2-1.5x} & x+y>1\\0.7575e^{-y^2-6x^2} & -1\leqslant x+y\leqslant 1\\0.5457e^{-0.75y^2-3.75x^2+1.5x} & x+y\leqslant-1\end{cases}$$

在 M 程序窗口编写如下程序：

```
function qumian(a,b)
clf;clc;
x=-a:0.2:a;y=-b:0.2:b;
for i=1:length(y)
for j=1:length(x)
if x(j)+y(i)>1
z(i,j)=0.5457*exp(-0.75*y(i)^2-3.75*x(j)^2-1.5*x(j));
elseif x(j)+y(i)<=-1
z(i,j)= 0.5457*exp(-0.75*y(i)^2-3.75*x(j)^2+1.5*x(j));
else
z(i,j)=0.7575*exp(-y(i)^2-6*x(j)^2);
end
end
end
colormap(flipud(winter));
surf(x,y,z);
```

在搜索路径之下，保存为 qumian.m，在命令窗口调用 qumian(a,b)，即可得到相应的结果。a、b 为自行设定的坐标轴长度的参数。

【例 6.17】　当有更多种选择时，可采用如下的命令格式：

```
if rand(1)<0.2
    disp('rand(1)<0.2')
elseif rand(1)<0.4&rand(1)>=0.2
    disp('0.2=<rand(1)<0.4')
elseif rand(1)<0.6&rand(1)>=0.4
    disp('0.4=<rand(1)<0.6')
elseif rand(1)<0.8&rand(1)>=0.6
    disp('0.6=<rand(1)<0.8')
else
    disp('0.8=<rand(1)')
    end
```

把以上命名保存在搜索路径之下，命名为 li6_17。然后在窗口输入：

```
>> li6_17
0.4=<rand(1)<0.6      %说明此时运行 rand(1)，其值在区间[0.4,0.6]之中。
```

4. switch-case 语句

switch-case 语句的格式是：

switch num

casen1

　　command_ 1

case n2

　　command_ 2

case n3

　　command_ 3

　　：

otherwise

　　command_ n

end

switch-case 语句的功能是：一旦参数"num"为其中的某个值或字符串（如 n1 或 n2 或 n3，等等），就执行所对应的指令（如 commnad_ 1 或 command_ 2 或 command_ 3，等等）；没有对应时，则执行 otherwise 后的语句（command_ n）。

【例 6.18】 某商场对顾客所购买的商品实行打折销售，标准如下：

price<200　无折扣；200≤price<500，4%。

500≤price<1200，8%；1200≤price<3000，12%。

3000≤price<8000，15%；5000≤price，20%。

在 M 程序窗口编写如下程序：

price=input('请输入商品价格：')

switch fix(price/100)

case {0, 1}

rate=0;

case {2, 3, 4}

rate=4/100;

case num2cell(5：11)

rate=8/100;

case num2cell(12：29)

rate=12/100;

case num2cell(30：79)

rate=15/100;

otherwise

rate=20/100;

end

price=price * (1-rate)

在搜索路径之下，保存为 li6_ 18. m，在命令窗口键入 li6_ 18，即可得到相应的结果。

```
>> li6_ 18
请输入商品价格：10000
price = 10000
price = 8000
```

6.2.2　其他语句

1. 输入语句

如果要输入数值，采用以下格式：

```
>>x = input('please input a number：')
please input a number：22
x = 22
```

如果要输入字符串，采用以下格式：

```
>>x = input('please input a string：','s')
please input a string：this is a string
x = this is a string
```

2. 输出语句

自由格式（disp）：

```
>>disp(23+454-29 * 4)
361
>>disp([11 22 33；44 55 66；77 88 99])
11 22 33
44 55 66
77 88 99
>>disp('this is a string')
this is a string
```

3. 注释语句

注释语句的一般格式是：

%注释文字

注释语句的功能是：对程序中的语句做必要的说明。

注释语句紧跟在被说明语句之后；文字应尽可能中肯、简单、扼要，避免与其他注释相矛盾。

如在命令窗口输入 edit sqrt，回车后即可得到关于 sqrt() 函数的解释语句如下：

%SQRT　Square root.

%SQRT(X) is the square root of the elements of X. Complex

%results are produced if X is not positive.

%See also SQRTM, REALSQRT, HYPOT.

%Copyright 1984-2005 The MathWorks, Inc.

%$ Revision：5. 7. 4. 5 $　$ Date：2005/04/28 19：53：41 $

%Built-in function.

4. 中断语句

中断语句的一般格式是：

break

中断语句的功能是：终止一个循环语句的执行过程，即利用 break 命令跳出 for, while 循环。

5. 暂停语句

暂停语句的一般格式是：

pause 或

pause(n)

暂停语句的功能是，pause 是程序暂时停止运行，直到按下回车键，继续执行程序；而 pause(n)是中断 n 秒后，程序自动继续执行。

注意：Ctrl-C 键(即同时按 Ctrl 及 C 两个键)是用来中止执行中的 MATLAB 的工作。

6. 回显语句

回显语句的一般格式是：

echo on/off

回显语句的功能是：控制是否在屏幕上回显 MATLAB 的正在执行的语句。系统默认的状态是 echo off。

该语句对于调试程序很有帮助。

7. 错误消息显示命令

错误消息显示命令的一般格式是：

error('this is an error')　　%根据用户的需要有意地设置错误提示 error(字符串)如果上述程序出错，系统将有如下输出：

this is an error

【例 6. 19】　在 M 程序窗口编写如下程序：

a = input('please input a positive：')；

if a≤0

error('please input a positive')

else

a

end

在搜索路径之下，保存为 li6_ 19. m，在命令窗口键入 li6_ 19，即可得到相应的结果。

\>\> li6_ 19

please input a positive：−3

??? Error using = = > li6_ 19 at 3

please input a positive

结果给出错误提示：请输入一个正数。

【例 6.20】　建立 M 函数文件 sum_ mean，对指定的数组元素求和及均值。

在 M 程序窗口编写如下程序：

```
function [su, av] = sum_ mean(a)
[m, n] = size(a);
if(~((m==1) | (n==1)) | (m==1)&(n==1))
error('input must be a vector')
end
su = sum(a);
av = su/length(a);
```

在搜索路径之下，保存为 sum_ mean. m，在命令窗口键入：

```
>> [a, b] = sum_ mean(1：100)
```

即可得到相应正确的结果：a = 5050，b = 50. 5000。

而如果不输入一个向量，如：

```
>>[a, b] = sum_ mean([1 2；3 4])
??? Error using ==> sum_ mean at 4
input must be a vector
```

结果给出错误提示：输入量必须是一个向量。

第7章 数学图形的绘制

MATLAB 的图形处理功能就是用数学图形来反映数据之间存在的客观规律，应用 MATLAB，可以实现各种二维图形和三维图形的绘制、控制以及表现。本章将介绍 MATLAB 的基本图形的处理功能。

7.1 二维图形绘制

7.1.1 基本图形函数

1. plot 绘图函数（数值绘图）

MATLAB 最基本、最重要的绘图命令就是 plot 绘图函数。它有多种基本的调用格式。

plot(Y)   %如果 Y 是实数，Y 的值就是它的列(column)坐标；Y 的对应下标就是它的横坐标；如果是复数，则相当于 plot(real(Y)，imag(Y))。

plot(X，Y，…)   %绘制 X 为横坐标，Y 为纵坐标的数学图形。

plot(X，Y，X1，Y1…)   %同时绘制 Y 对 X，Y1 对 X1 的数学图形。

plot(X，Y，LineSpec，…)   % 绘图不同线型、标识、颜色等的数学图形。

【例 7.1】

>> Y=[1 3 5 7]；plot(Y,'ro')

回车后可得到如图 7.1 所示图形。

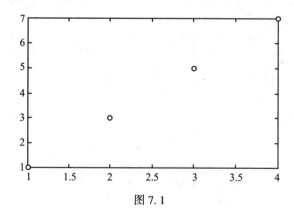

图 7.1

从图中可以看出，数值 1 3 5 7 的横坐标分别为 1   2   3   4。

68

【例7.2】

t=0：0.01：10；

y=sin(t)；

Y=cos(t).*sin(2*t)；

plot(t，y,'rd:'，t，Y,'bo')

MATLAB 窗口将显示如图 7.2 所示的函数曲线图形，其横坐标是 t，纵坐标是 y 和 Y。

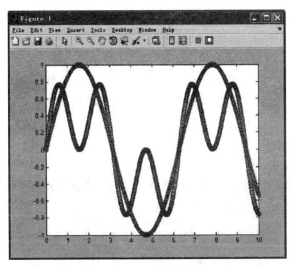

图 7.2

另外，plot 函数使用了描述颜色的参数和数据线型的参数，这将在后面介绍。

【例7.3】　绘制函数 $y(x)=\dfrac{\sin x}{x}$ 的图形。

x=-12：0.5：12；x=x+eps；y=sin(x)./x；plot(x，y)

回车后可得到如图 7.3 所示图形。

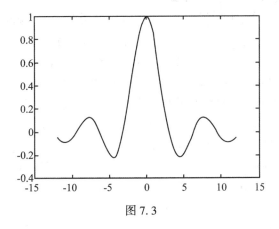

图 7.3

2. subplot 图形函数(分割图形窗口)

MATLAB 在绘图过程中，会自动弹出图形窗口(Figure)，如果要在图形窗口中独立地显示多幅数学图形，则可以使用图形窗口分割命令 subplot。图形窗口分割命令 subplot 有多种格式，下面具体举例说明。

【例 7.4】　subplot(2，2，1)；　　%将整个绘图窗口分为 2 行 2 列四个窗口，这是第 1 个(1 窗口，即左上角的窗口，如图 7.4 所示。

subplot(2，3，4)；　　%将整个绘图窗口分为 2 行 3 列六个窗口后，取第 4 个窗口。

还可以采用另一种比较自由的窗口分割语句格式：

subplot('Position'，[left bottom width height])

例如：

subplot('Position'，[0.27 0.38 0.50 0.37])；　　%按照中括号里给出的 4 个元素的向量分割图形区。4 个元素依次为左边线、底边线、宽度、高度，其数值是所占整个绘图区间(归整为[0，1])的比例值，分割结果如图 7.5 所示。这个方式在界面的可视化设置里很有用。

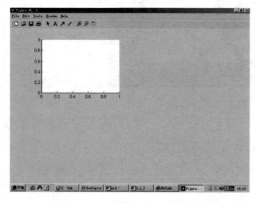

图 7.4

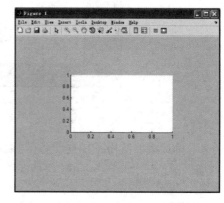

图 7.5

3. fplot 和 ezplot 绘图函数(符号绘图)

对于符号函数和变化剧烈的函数以及隐函数，可用 fplot 和 ezplot 进行较精确地绘图。

1) fplot 函数格式

fplot('f'，limits)　　%在指定的范围 limits=[a，b，c，d]内画出函数名为 f 的一元函数图。a，b 为横轴的范围，c，d 为纵轴的范围，必须指明范围，否则会出错。

【例 7.5】　用 fplot 命令描绘符号函数的数学图形。

subplot(2，2，1)，fplot('-x^2+1'，[-1 1])

subplot(2，2，2)，fplot('x^2+2*x+1'，[-4 2],'r')

subplot(2，2，3)，fplot('[tan(x)，sin(x)，cos(x)]'，2*pi*[-1 1-1 1])

subplot(2，2，4)，fplot('cos(1 ./ x)'，[0.01 0.1])

结果如图 7.6 所示。

2)ezplot 函数格式

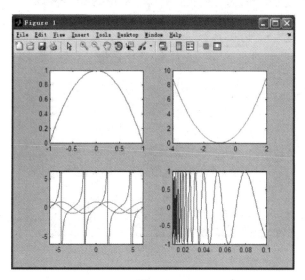

图 7.6

ezplot('f')　　%在 $[-2\pi <x< 2\pi]$ 的范围里对函数 $f = f(x)$ 作图。

ezplot('f', [min, max])　　%在 $[\min<x< \max]$ 的范围里对函数 $f = f(x)$ 作图。

ezplot('f(x, y)', [xmin, xmax, ymin, ymax])　　%在 $[\min<x<\max, \min<y<\max]$ 的范围里对函数 $f(x, y) = 0$ 作图，即隐函数画图。

ezplot('x(t)','y(t)')　　%在 $[0<t<2\pi]$ 的范围里对函数 $x = x(t)$，$y = y(t)$ 作图，即参数方程画图。

ezplot(x(t)','y(t)', [tmin, tmax])　　%在 $[\min<t<\max]$ 的范围里对函数 $x = x(t)$，$y = y(t)$ 作图，即参数方程画图。

【例 7.6】　绘制 9 个符号函数的数学图形。

subplot(3, 3, 1), ezplot('cos(x)')　　%绘制 cos(x)曲线，$-2\pi<x<2\pi$。

subplot(3, 3, 2), ezplot('cos(x)', [0, pi])　　%绘制 cos(x)曲线，$0<x<\pi$。

subplot(3, 3, 3), ezplot('1/y-log(y)+log(-1+y)+x-1')　　%$-2\pi<x<2\pi$，$-2\pi<y<2\pi$。

subplot(3, 3, 4), ezplot('x^2-y^2-1')　　%$-2\pi<x<2\pi$，$-2\pi<y<2\pi$。

subplot(3, 3, 5), ezplot('x^2+y^2-1', [-1.25, 1.25])　　%$-1.25<x$，$y<1.25$。

subplot(3, 3, 6), ezplot('x^3 + y^3-5*x*y + 1/5', [-3, 3])

subplot(3, 3, 7),　　ezplot('x^3 + 2*x^2-3*x + 5-y^2')

subplot(3, 3, 8), ezplot('sin(t)','cos(t)')

subplot(3, 3, 9), ezplot('sin(3*t)*cos(t)','sin(3*t)*sin(t)', [0, pi])

结果如图 7.7 所示。

注意：(1)fplot 与 plot 的区别是，fplot 指令可以用来自动画一个已定义的函数图形，而无需产生绘图所需要的一组数据作为变量；fplot 采用自适应的步长控制画出函数的示意

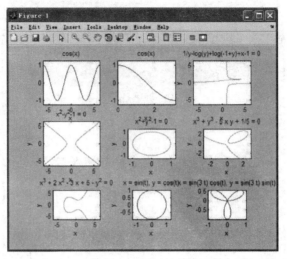

图 7.7

图，在函数的变化激烈的区间，采用较小的步长，否则采用大的步长，能使计算量与时间最小，图形尽可能精确。plot 与 fplot 绘图可对图形的线形、颜色做出控制，而 ezplot 则不能。

（2）ezplot（'cos（x）'），可不带区间，缺省为［$-2\pi < x < 2\pi$］。

fplot（'cos（x）'，［-2，2］）必须带区间。

【例 7.7】　试绘制出隐函数 $f(x, y) = y^5 + 2y - x - 3x^7 = 0$ 的曲线。

>> ezplot（'y^5+2 * y-x-3 * x^7'，［-10，10］）

结果如图 7.8 所示。

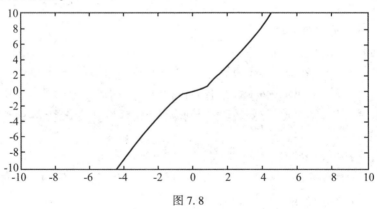

图 7.8

4. line 绘图函数

在 MATLAB 中，绘制直线，使用 line 命令。

【例 7.8】　>> line（［0，4］，［0，8］）　　%绘制点（0，0）到点（4，8）的直线。结果如图 7.9 所示。

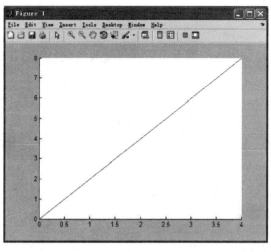

图 7.9

5. hold 和 clf 图形函数

在绘图过程中，如果要在已经绘制的图形上添加新的图形，可以使用 hold 命令来实现图形的保持功能。hold on 表示启动图形保持功能，hold off 表示关闭图形保持功能。

在绘图过程中，为了彻底清除前面图形的影响，应该在绘图语句的前面使用 clf 命令。

【例 7.9】　编写以下程序，可看见一幅图中有多条曲线：

x = −2 * pi： 0.1： 2 * pi；

y1 = cos(x)；

plot(x, y1, 'b')

hold on

y2 = sin(x)； plot(x, y2, 'r')

结果如图 7.10 所示。

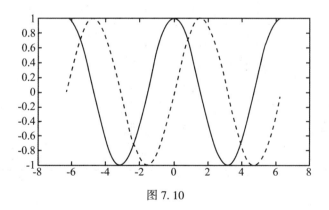

图 7.10

7.1.2 数学图形的修饰

1. *颜色和线型*

表 7.1 是 plot 命令绘图函数的若干参数。若要改变颜色，可在坐标对后面加上相关字串即可。

表 7.1   **MATLAB 绘图修饰命令**

字　元	颜　色(或形态)	字　元	颜　色(或形态)
y	Yellow(黄色)	.	Point(点)
k	Black(黑色)	o	Circle(圆圈)
w	White(白色)	x	Cross(叉号)
b	Blue(蓝色)	+	Plus Sign(加号)
g	Green(绿色)	*	Asterisk(星号)
r	Red(红色)	−	Real Line(实线)
c	Cyan(亮青色)	:	Dot(冒号线)
m	Amethyst(锰紫色)	−.	Point-broken line(点画线)
s	Square(正方形)	d	Diamond(菱形)
^	上三角	v	下三角
<	左三角	>	右三角
p	Pentagram(五角星)	h	Hexagram(六角星)

【例 7.10】 t=0：0.05：10；   plot(t, sin(t),'r')

结果如图 7.11 所示。若要同时改变颜色及线型(line style)，也是在坐标对后面加上相关字串即可。例如 plot(t, sin(t),'ro')，结果如图 7.12 所示。

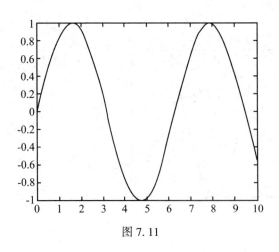

图 7.11

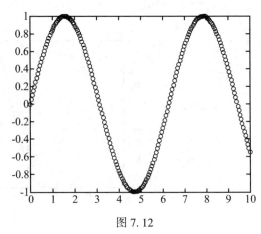

图 7.12

2. 调整图轴的范围

用 axis([xmin, xmax, ymin, ymax])函数来调整图轴的范围。

例如，axis([0, 6, -1.5, 1])，效果如图 7.13 所示。

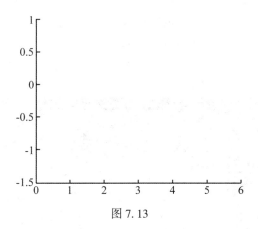

图 7.13

3. 图轴、标题标注与文本标注

x 轴、y 轴及图形标题标注命令格式：

xlabel('Input Value');

ylabel('Function Value');

title('this is a function');

文本标注命令格式：

>>text(0.3, 0.89,'f(x)=tan(x)')

结果如图 7.14 所示。

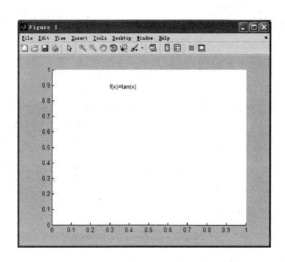

图 7.14

【例 7.11】　在同一坐标系下画出 $y = \sin x$，$y = \cos x$，在区间$[0, 2\pi]$上的曲线图，并注明曲线名称。

x = 0：0. 1：2 * pi；y1 = sin(x)；y2 = cos(x)；

plot(x，y1，'r'，x，y2，'b * ')

title('2 条曲线图')；xlabel('x 变量')；ylabel('y 函数')；

gtext('y = sinx')；gtext('y = cosx')；grid on

结果如图 7.15 所示。

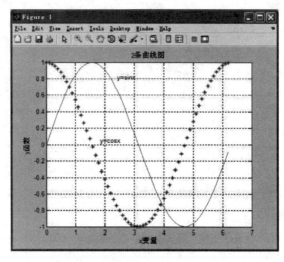

图 7.15

4. 图例标注与显示格线

图例标注与显示格线的格式：

legend('y = sin(x)')　　%指定图形的式样。可以是线图(line plots)，棒图 (bar graphs)，饼图(pie charts)等。

grid on　　%在当前图形上加栅格线。

【例 7.12】

fplot('sin(x)'，[-2 * pi, 2 * pi])；legend('y = sin(x)')；grid on

结果如图 7.16 所示。

【例 7.13】

x = -2 * pi：0. 1：2 * pi；y1 = cos(x)；plot(x, y1，'b')

hold on

y2 = sin(x)；plot(x, y2，'r')

legend('y1 = cos(x)'，'y2 = sin(x)')

结果如图 7.17 所示。

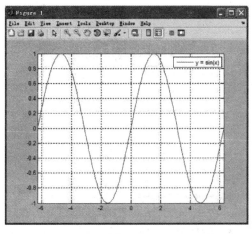

图 7.16

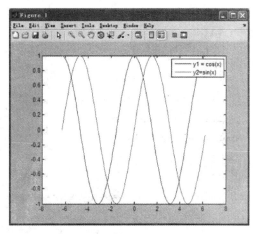

图 7.17

7.1.3　特殊二维图形函数

MATLAB 提供了一些比较特殊的绘图命令，见表7.2。

表7.2　　　　　　　　　　　　　**MATLAB 绘图命令**

名　　称	意　　义
bar	棒图(条形图)
comet	彗星流动图
errorbar	图形加上误差范围
fplot	较精确的函数图形
polar	极坐标图
hist	累计图(直方图)
rose	极坐标累计图
stairs	阶梯图
stem	针状图
fill	实心图
feather	羽毛图
compass	罗盘图
quiver	向量场图
scatter	散点图
pie	饼图

下面仅介绍部分绘图函数的应用。

1. 条形图、罗盘图、极坐标累计图、实心图的绘制

【例 7.14】

t=-10：1：10；

subplot(2, 2, 1)；bar(t, cos(t))；

subplot(2, 2, 2)；compass(t, cos(t))；

subplot(2, 2, 3)；rose(t, cos(t))；

subplot(2, 2, 4)；fill(t, cos(t),'b')；

结果如图 7.18 所示。

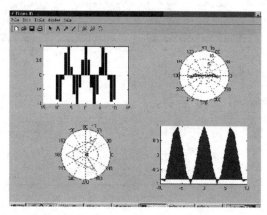

图 7.18

2. 极坐标图形的绘制

【例 7.15】　绘制 $r=2\cos2(t-\pi/8)$ 的图形，t 在 0 到 2π 之间。

t=0:0.01:2*pi；r=2*cos(2*(t-pi/8))；polar(t, r)

结果如图 7.19 所示。

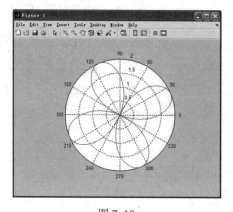

图 7.19

【**例 7.16**】　作出极坐标系下函数 $r=2(1-\cos t)$，t 在 0 到 2π 之间的图形；同时，作出相应的直角坐标系下的图形。

t=0：pi/30：2∗pi；r=2∗(1+cos(t))；subplot(1，2，1)；polar(t，r)；

x=r.∗cos(t)；y=r.∗sin(t)；subplot(1，2，2)；plot(x，y)

结果如图 7.20 所示。

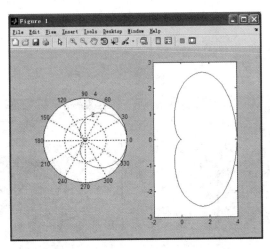

图 7.20

【**例 7.17**】　绘出以下曲线所围成的公共部分：$r_1=3\cos t$；$r_2=1+\cos t$。

t=0：0.1：2∗pi；r1=3∗cos(t)；r2=1+cos(t)；

polar(t，r1)；hold on；polar(t，r2)

结果如图 7.21 所示。

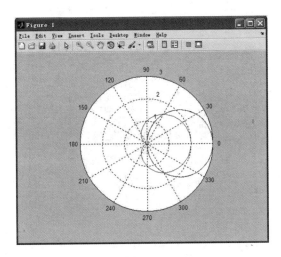

图 7.21

3. 饼图的绘制

格式：pie(X)　　%使用 X 中的数据绘制饼图，X 中的每一个元素用饼图中的一个扇区表示。在计算饼图的比例时，会自动求出给定的矢量元素之和，然后再分别算出各元素所占的比例，按照各元素所占的比例分割每块的大小，并以百分比的形式自动标注在相应的切块边，每块用不同的颜色区分，分割顺序按元素的下标从 90°角的位置逆时针排列。

【例 7.18】

　　>> x=[1 2 3 4]; pie(x)　　%绘制饼图，见图 7.22。

　　x=[1 2 3 4]; pie(x, [0 0 1 0])　　%绘制饼图，并指定第 3 个分离出来，见图 7.23。

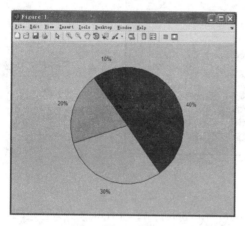　　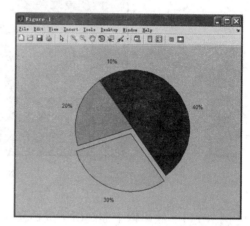

图 7.22　　　　　　　　　　　　　　　　图 7.23

　　x=[1 2 3 4 5]; pie3(x, [0 0 1 0 1])　　%绘制三维饼图，并指定第 3、第 5 个分离出来，见图 7.24。

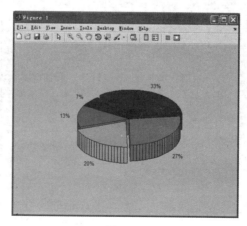

图 7.24

4. 直方图的绘制

直方图(hist)与条形图(bar)从表面上很相似，但实质上是不同的，条形图只是简单地用条形状图形将数据点表现出来，而直方图则是一种统计运算结果，它的横轴是数据的幅度，纵轴是对应于各个幅度数据出现的次数，直方图纵坐标没有负数。

>> x = randn(5000，1)；hist(x)　　%在缺省状态下只绘制 10 个条形，见图 7.25。

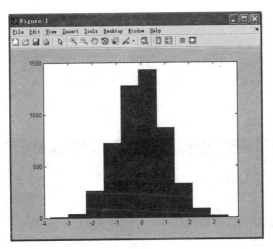

图 7.25

>> x = randn(10000，1)；histfit(x，15)　　%通过参数指定绘制 15 个条形，同时拟合出密度函数曲线，见图 7.26。

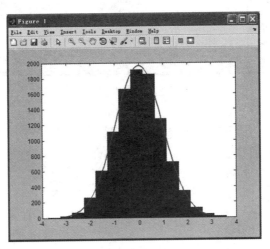

图 7.26

5. 散点图的绘制

格式：scatter(x，y，s，c)　　%x 和 y 为两个矢量，用于定位数据点，s 为绘图点的

81

大小，c 为绘图所使用的色彩，s 和 c 均可以以矢量或表达式的形式给出。如果再增加第 5 个参数′filled′，表示填充绘图点，否则为空心点。

【例 7.19】　绘制正弦函数的散点图。

$t=0$：$pi/8$：$2*pi$；$y=sin(t)$；

subplot(2，2，1)；scatter(t，y)　　　%与函数 plot 类似，但 scatter 可以绘制变尺寸，变颜色的分散图。

subplot(2，2，2)；scatter(t，y，(abs(y)+2).^4，t.^2，′filled′)　　%s 用表达式(abs(y)+2).^4 来界定，c 用表达式 t.^2 来界定。

subplot(2，2，3)；scatter(t，y，30，y，′filled′)　　%s 用常数 30 来界定。

subplot(2，2，4)；scatter(t，y，(t+1).^2，t，′filled′)

结果如图 7.27 所示。

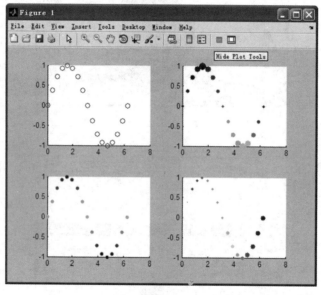

图 7.27

7.2　三维图形绘制

7.2.1　绘制三维曲线

绘制三维曲线的命令格式为

plot3(x1，y1，z1，LineSpec，…)

函数格式除了包括第三维的信息(比如 Z 方向)之外，其他与二维函数 plot 相同。

功能：plot3 语句将绘制二维图形的函数 plot 的特性扩展到三维空间。用法和 plot 函数一致。

【例 7. 20】

　　t = (0: 0. 1: 3) * pi;

　　x = sin(t);

　　y = cos(t);

　　z = tan(t);

　　plot3(x, y, z, 'bo-');

　　%用绘制由记号"○"和"—"构成的蓝色三维曲线。

　　结果如图 7. 28 所示。

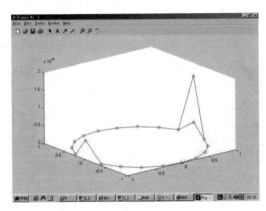

图 7. 28

【例 7. 21】　画出三维螺旋线图： $x = 2\cos t$，$y = 2\sin t$，$z = 2t$，t 在 $[0, 2\pi]$ 之中。

　　t = 0:pi/10:10 * pi;x = 2 * cos(t);y = 2 * sin(t);z = 2 * t;

　　plot3(x,y,z,'r');xlabel('x 轴');

　　ylabel('y 轴'); zlabel('z 轴');

　　结果如图 7. 29 所示。

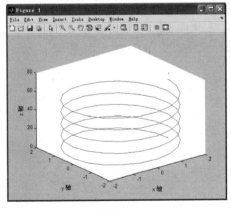

图 7. 29

【例 7.22】 设曲面 $z = x^2 + y^2$，画出与平面 $x = 0$，$x = \pm 0.5$，$x = \pm 1$，$x = \pm 1.5$ 相交的多条曲线。

```
clear;x = -1.5:0.5:1.5;y = -2:0.5:2;
[X, Y] = meshgrid(x, y); Z = X.^2+Y.^2; plot3(X, Y, Z)
title('截痕线'), xlabel('x'), ylabel('y'), zlabel('z')
```

结果如图 7.30 所示。

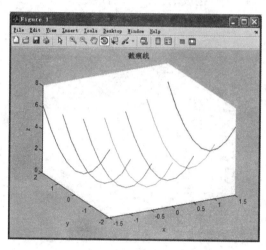

图 7.30

7.2.2 绘制三维曲面

(1)绘制三维网格曲面的命令格式为：

```
mesh(x, y, z)
meshc(…)        %绘制网格轮廓线图。
meshz(…)        %依参考平面绘制网格四周门帘线图。
```

(2)绘制三维曲面图的命令格式为：

```
surf(x, y, z)       %绘制三维曲面图，与 mesh 函数有相似功能。
```

【例 7.23】 绘制 $z = \sin(\sqrt{x^2+y^2})$ 的三维曲面图。

```
x = -2:0.1:2;
[x, y] = meshgrid(x, x);
%为绘制三维图形而从 x 生成的 x 和 y 矩阵。
%这里，[x, y]是 401x401 的矩阵。
r = sqrt(x.^2+y.^2)+eps;
z = sin(r);
subplot(2, 1, 1); mesh(z);
subplot(2, 1, 2); surf(x, y, z);
```

%绘制三维曲面图，与 mesh 函数有相似功能。

运行后的图形如图 7.31 所示。

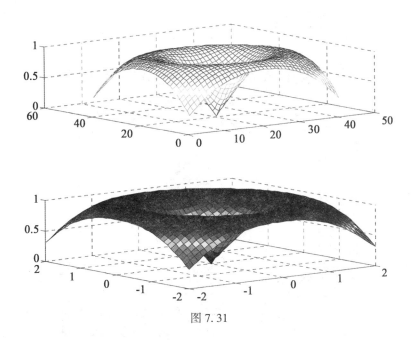

图 7.31

【例 7.24】　画出旋转抛物面 $z=x^2+y^2$ 的图形。

$x=-2:0.01:2;[x,y]=\text{meshgrid}(x,x);z=x.^2+y.^2;\text{mesh}(z)$

运行后的图形如图 7.32 所示。

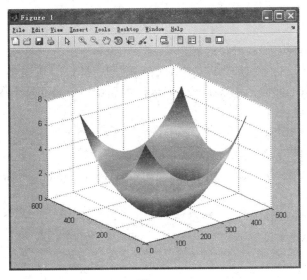

图 7.32

【例7.25】　画出锥面 $z=(x^2+y^2)^{\frac{1}{2}}$。

x=-2:0.01:2;[x, y]=meshgrid(x, x);

z=(x.^2+y.^2).^(1/2);mesh(z)

运行后的图形如图 7.33 所示。

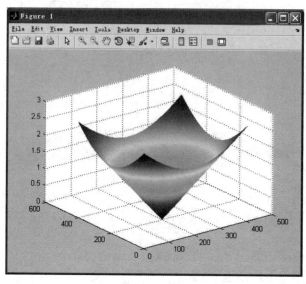

图 7.33

　　mesh(…, C)语句中，参数 C 是代表颜色的数值。如果 x，y，和 z 是矩阵，那么 C 必须是一个相同大小的色标矩阵。

　　meshc(…) 语句绘制网格等高线图。

【例7.26】

　　[X, Y]= meshgrid(-3:.125:3);

　　Z= peaks(X, Y);　　　%为了方便绘制三维图，MATLAB 提供了一个 peaks 函数，可产生一个凹凸有致的曲面，包含了三个局部极大点及三个局部极小点。

　　meshc(X, Y, Z);

　　axis([-3 3 -3 3 -10 5])

　　运行后的图形如图 7.34 所示。

　　meshz(…)语句依参考平面绘制网格四周门帘线图(a curtain plot around the mesh)。

【例7.27】

　　[X, Y]= meshgrid(-3:.125:3);

　　Z= peaks(X, Y);

　　meshz(X, Y, Z)

运行后的图形如图 7.35 所示。

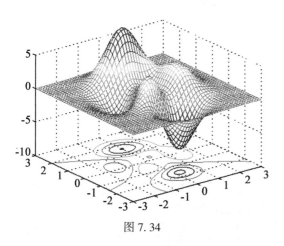

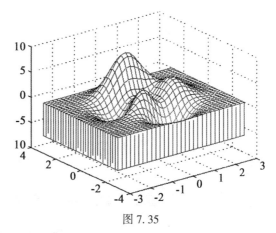

图 7.34　　　　　　　　　　　　　　　　　　　图 7.35

可分别用以下命令区别：

x=-2:0.1:2;[x，y]=meshgrid(x，x);z=x.^2+y.^2;

subplot(1，3，1);mesh(z)

subplot(1，3，2);meshc(z)

subplot(1，3，3);meshz(z)

运行后的图形如图 7.36 所示。

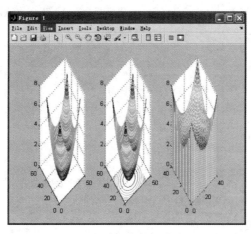

图 7.36

【例 7.28】　绘制三维曲面。

　　[x，y，z]=peaks;

　　subplot(2，2，1);

　　meshz(x，y，z);　　　%曲面加上门帘线。

　　axis([-inf inf-inf inf-inf inf]);

　　subplot(2，2，2);

　　waterfall(x，y，z);　　　%在 x 方向产生水流效果。

axis（[−inf inf−inf inf−inf inf]）；

subplot（2, 2, 3）；

meshc（x, y, z）；   %同时画出网状图与等高线。

axis（[−inf inf−inf inf−inf inf]）；

subplot（2, 2, 4）；

surfc（x, y, z）；   %同时画出曲面图与等高线。

axis（[−inf inf−inf inf−inf inf]）；

运行后的图形如图 7.37 所示。

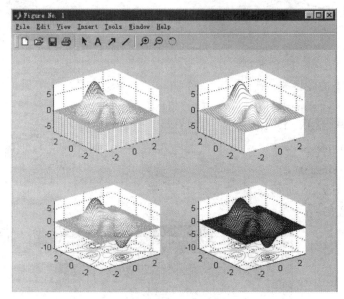

图 7.37

【例 7.29】 绘制三维曲面。

subplot（2, 2, 1）

contour3（peaks, 50）；   %画出曲面在三度空间中的等高线。

axis（[−inf inf−inf inf−inf inf]）；

subplot（2, 2, 2）

contour（peaks, 50）；   %画出曲面等高线在 XY 平面的投影。

subplot（2, 2, 3）

t＝linspace（0, 20 ∗ pi, 501）；

plot3（t. ∗ sin（t）, t. ∗ cos（t）, t）；   %画出三度空间中的曲线。

subplot（2, 2, 4）

plot3（t. ∗ sin（t）, t. ∗ cos（t）, t, t. ∗ sin（t）, t. ∗ cos（t）, −t）；   %同时画出两条
三度空间中的曲线。

运行后的图形如图 7.38 所示。

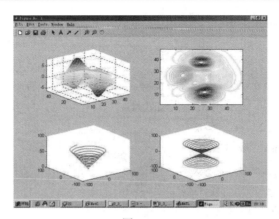

图 7.38

【例 7.30】　在$-2<x<2$，$-2<y<3$，绘出曲面$z=x\cdot\mathrm{e}^{-x^2-y^2}$的等值线。

```
clear
x=-2: 0. 2: 2; y=-2: 0. 2: 3;
[X, Y]=meshgrid(x, y);
Z=X. * exp(-X.^2-Y.^2);
[c, h]=contour(X, Y, Z);
clabel(c, h);        %给等值线图标上高度值。
colormap cool;
figure(2);
subplot(2, 1, 1); mesh(X, Y, Z);
subplot(2, 1, 2); surf(X, Y, Z); shading flat
```

运行后的图形如图 7.39 所示。

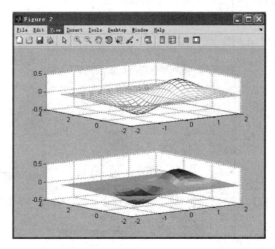

图 7.39

【例 7.31】　绘制三维曲面。

$[X0, Y0, Z0] = sphere(50);$　　%产生单位球面的三维坐标。

$X = 3 * X0; Y = 3 * Y0; Z = 3 * Z0;$　　%产生半径为 3 的球面的三维坐标。

clf, surf(X0, Y0, Z0);　　%画单位球面。

shading interp　　%采用插补明暗处理。

hold on, mesh(X, Y, Z),

　colormap(hot), hold off　　%采用 hot 色图。

hidden off　　%产生透视效果。

axis equal, axis off　　%不显示坐标轴。

运行后的图形如图 7.40 所示。

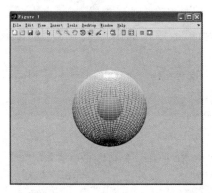

图 7.40

【例 7.32】　作出马鞍面 $z = x^2 - 2y^2$ 与平面 $z = -20$ 相交的图形。

$[x, y] = meshgrid(-10:0.2:10, -10:0.2:10);$

$z1 = (x.^2 - 2 * y.^2) + eps; z2 = -20 * ones(size(x));$

$mesh(z1); hold on; mesh(z2); hold off$

运行后的图形如图 7.41 所示。

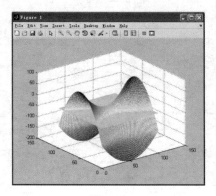

图 7.41

【例 7.33】 绘制墨西哥曲线 $z = \dfrac{\sin\sqrt{x^2+y^2}}{\sqrt{x^2+y^2}}$。

x=-10：0.5：10；y=-8：0.5：8；[x, y]=meshgrid(x, y)；
z=sin(sqrt(x.^2+y.^2))./sqrt(x.^2+y.^2)；
mesh(z)
运行后的图形如图 7.42 所示。

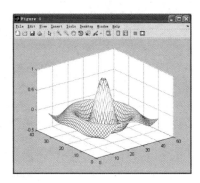

图 7.42

第二部分　MATLAB 在高等数学中的应用

第8章 基本数学函数

MATLAB 函数库里有成千上万个函数，不同函数有不同的功能，使得 MATLAB 的应用十分广泛，下面将简单介绍一些基本的函数。

8.1 三角函数与双曲函数

1. 函数：sin、sinh

功能：正弦函数与双曲正弦函数。

格式：Y = sin(X)   %计算参量 X(可以是向量、矩阵，元素可以是复数)中每一个角度分量的正弦值 Y，所有分量的角度单位为弧度。

Y = sinh(X)   %计算参量 X 的双曲正弦值 Y。

注意：sin(pi)并不是零，而是与浮点精度有关的无穷小量 eps，pi 仅仅是精确值 π 浮点近似的表示值而已；对于复数 $z = x+iy$，函数的定义为：$\sin(x+iy) = \sin(x) * \cos(y) + i * \cos(x) * \sin(y)$，$\sin(z) = \dfrac{e^{iz} - e^{-iz}}{2}$，$\sinh(z) = \dfrac{e^z - e^{-z}}{2}$。

【例8.1】

subplot(1, 2, 1); x=−2 * pi：0.01：2 * pi; plot(x, sin(x))

subplot(1, 2, 2); x=−6：0.01：6; plot(x, sinh(x))

图形结果如图 8.1 所示。

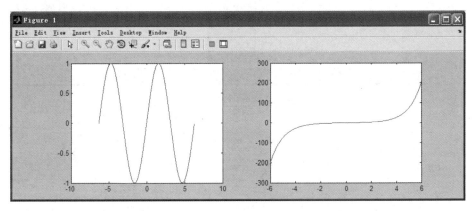

图 8.1 正弦函数与双曲正弦函数图

【例 8.2】

>> A = [1 pi; pi/2 0]

A = 1.0000　　　3.1416

　　1.5708　　　0

>> sin(A)

ans = 0.8415　　　0.0000

　　1.0000　　　0

2. 函数 asin、asinh

功能：反正弦函数与反双曲正弦函数。

格式：Y = asin(X)　　%返回参量 X(可以是向量、矩阵)中每一个元素的反正弦函数值 Y。若 X 中有的分量处于[−1，1]之间，则 Y = asin(X)对应的分量处于[−π/2，π/2]之间，若 X 中有分量在区间[−1，1]之外，则 Y = asin(X)对应的分量为复数。

Y = asinh(X)　　　%返回参量 X 中每一个元素的反双曲正弦函数值 Y。

说明：反正弦函数与反双曲正弦函数的定义为：$asin(z) = -i * \ln(i * z + \sqrt{1-z^2})$，$asinh(z) = \ln(z + \sqrt{1+z^2})$。

【例 8.3】

subplot(1, 2, 1); x = −1: 0.01: 1; plot(x, asin(x))

subplot(1, 2, 2); x = −6: 0.01: 6; plot(x, asinh(x))

图形结果如图 8.2 所示。

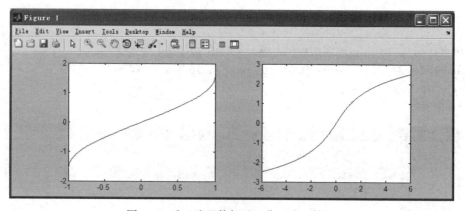

图 8.2　反正弦函数与反双曲正弦函数图

【例 8.4】

>>asin(1)

ans = 1.5708

>> pi/2

ans = 1.5708

3. 函数 cos、cosh

功能：余弦函数与双曲余弦函数。

格式：Y = cos(X)　　%计算参量 X(可以是向量、矩阵，元素可以是复数)中每一个角度分量的余弦值 Y，所有角度分量的单位为弧度。要指出的是，cos(pi/2)并不是精确的零，而是与浮点精度有关的无穷小量 eps，因为 pi 仅仅是精确值 π 浮点近似的表示值而已。

Y = cosh(X)　　%计算参量 X 的双曲余弦值 Y。

说明：若 X 为复数 z = x+iy，则函数定义为：

$$\cos(x+iy) = \cos(x)*\cos(y) + i*\sin(x)*\sin(y)，\cos(z) = \frac{e^{iz}+e^{-iz}}{2}，\cosh(z) = \frac{e^{z}+e^{-z}}{2}。$$

【例 8.5】

subplot(1, 2, 1)；x = -2 * pi：0.01：2 * pi；plot(x, cos(x))

subplot(1, 2, 2)；x = -6：0.01：6；plot(x, cosh(x))

图形结果如图 8.3 所示。

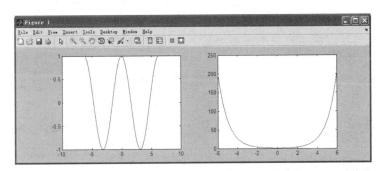

图 8.3　余弦函数与双曲余弦函数图

4. 函数 acos、acosh

功能：反余弦函数与反双曲余弦函数。

格式：Y = acos(X)　　%返回参量 X(可以是向量、矩阵)中每一个元素的反余弦函数值 Y。若 X 中有的分量处于[-1, 1]之间，则 Y = acos(X)对应的分量处于[0, π]之间，若 X 中有分量在区间[-1, 1]之外，则 Y = acos(X)对应的分量为复数。

Y = acosh(X)　　%返回参量 X 中每一个元素的反双曲余弦函数 Y。

说明：反余弦函数与反双曲余弦函数定义为：$acos(z) = -i \cdot \ln(i*z+i*\sqrt{1-z^2})$，$acosh(z) = \ln(z+\sqrt{z^2-1})$。

【例 8.6】

subplot(1, 2, 1)；x = -1：0.01：1；plot(x, acos(x))

subplot(1, 2, 2)；x = -6：0.01：6；plot(x, acosh(x))

图形结果如图 8.4 所示。

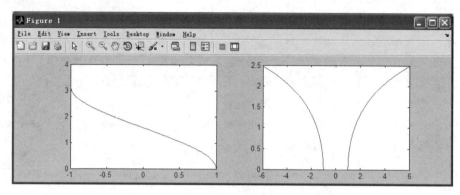

图 8.4　反余弦函数与反双曲余弦函数图

5. 函数 tan、tanh

功能：正切函数与双曲正切函数。

格式：Y＝tan(X)　　%计算参量 X(可以是向量、矩阵，元素可以是复数)中每一个角度分量的正切值 Y，所有角度分量的单位为弧度。我们要指出的是，tan(pi/2)并不是精确的零，而是与浮点精度有关的无穷小量 eps，因为 pi 仅仅是精确值 π 浮点近似的表示值而已。

Y＝tanh(X)　　%返回参量 X 中每一个元素的双曲正切函数值 Y。

【例 8.7】

x＝(－pi/2)＋0.01：0.01：(pi/2)－0.01；　　　%稍微缩小定义域，tan(x)在＋－pi/2处无定义。

subplot(1, 2, 1)；plot(x, tan(x))

subplot(1, 2, 2)；x＝－5：0.01：5；plot(x, tanh(x))

图形结果如图 8.5 所示。

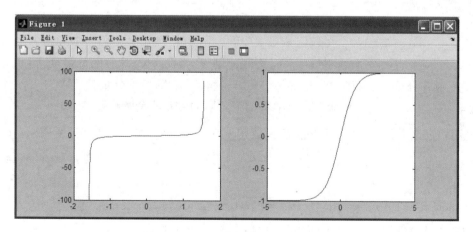

图 8.5　正切函数与双曲正切函数图

【例 8.8】

　　>> A =［pi/4，pi/3，pi/6］

　　A = 0.7854　　1.0472　　0.5236

　　>> tan(A)

　　ans = 1.0000　　1.7321　　0.5774

　　6. 函数 atan、atanh

　　功能：反正切函数与反双曲正切函数。

　　格式：Y = atan(X)　　%返回参量 X(可以是向量、矩阵)中每一个元素的反正切函数值 Y。若 X 中有的分量为实数，则 Y = atan(X)对应的分量处于［-π/2，π/2］之间。

　　Y = atanh(X)　　%返回参量 X 中每一个元素的反双曲正切函数值 Y。

　　说明：反正切函数与反双曲正切函数定义为：$atan(z) = \frac{i}{2}\ln\frac{i+z}{i-z}$，$atanh(z) = \frac{1}{2}\ln\frac{1+z}{1-z}$。

【例 8.9】

　　subplot(1，2，1)；x = -15：0.01：15；plot(x，atan(x))

　　subplot(1，2，2)；x = -0.999：0.01：0.999；plot(x，atanh(x))

　　图形结果如图 8.6 所示。

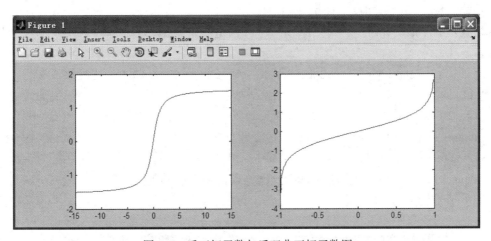

图 8.6　反正切函数与反双曲正切函数图

　　7. 函数 cot、coth

　　功能：余切函数与双曲余切函数。

　　格式：Y = cot(X)　　%计算参量 X(可以是向量、矩阵，元素可以是复数)中每一个角度分量的余切值 Y，所有角度分量的单位为弧度。

　　Y = coth(X)　　%返回参量 X 中每一个元素的双曲余切函数值 Y。

【例 8.10】

　　x1 = -pi+0.001：0.001：-0.001；　　%去掉奇点 x = 0。

　　x2 = 0.001：0.001：pi-0.001；　　%做法同上。

subplot(1，2，1)；plot(x1，cot(x1)，x2，cot(x2))

subplot(1，2，2)；plot(x1，coth(x1)，x2，coth(x2))

图形结果如图 8.7 所示。

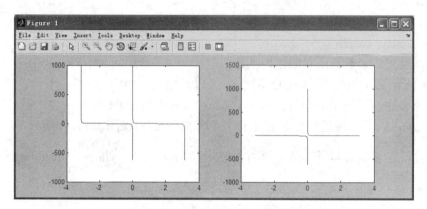

图 8.7　余切函数与双曲余切函数图

8. 函数 acot、acoth

功能：反余切函数与反双曲余切函数。

格式：Y= acot(X)　　　%返回参量 X(可以是向量、矩阵)中每一个元素的反余切函
数 Y。

　　　　Y= acoth(X)　　　%返回参量 X 中每一个元素的反双曲余切函数值 Y。

【例 8.11】

x1=-2 * pi：pi/20：-0.1；x2= 0.1：pi/20：2 * pi；　　　%去掉奇异点 x= 0。

subplot(1，2，1)；plot(x1，acot(x1)，x2，acot(x2))

x1=-20：0.1：-1.11；x2= 1.11：0.1：20；

subplot(1，2，2)；plot(x1，acoth(x1)，x2，acoth(x2))

图形结果如图 8.8 所示。

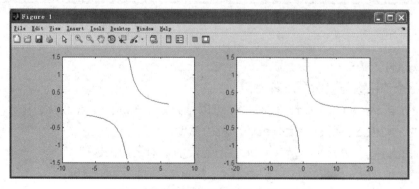

图 8.8　反余切函数与反双曲余切函数图

9. 函数 sec、sech

功能：正割函数与双曲正割函数。

格式：Y = sec(X)　　%计算参量 X(可以是向量、矩阵，元素可以是复数)中每一个角度分量的正割函数值 Y，所有角度分量的单位为弧度。我们要指出的是，sec(pi/2)并不是无穷大，而是与浮点精度有关的无穷小量 eps 的倒数，因为 pi 仅仅是精确值 π 浮点近似的表示值而已。

　　　　Y = sech(X)　　%返回参量 X 中每一个元素的双曲正割函数值 Y。

【例 8. 12】

　　x1 = -pi/2+0. 01：0. 01：pi/2-0. 01；　　%去掉奇异点 x = pi/2。

　　x2 = pi/2+0. 01：0. 01：(3 * pi/2)-0. 01；

　　subplot(1, 2, 1)；plot(x1, sec(x1), x2, sec(x2))

　　x = -2 * pi：0. 01：2 * pi；

　　subplot(1, 2, 2)；plot(x, sech(x))

图形结果如图 8.9 所示。

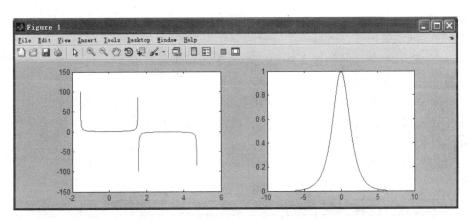

图 8.9　正割函数与双曲正割函数图

10. 函数 asec、asech

功能：反正割函数与反双曲正割函数。

格式：Y = asec(X)　　%返回参量 X(可以是向量、矩阵)中每一个元素的反正割函数值 Y。

　　　　Y = asech(X)　　%返回参量 X 中每一个元素的反双曲正割函数值 Y。

【例 8. 13】

　　x1 = -5：0. 01：-1；x2 = 1：0. 01：5；

　　subplot(1, 2, 1)；plot(x1, asec(x1), x2, asec(x2))

　　subplot(1, 2, 2)；x = 0. 01：0. 001：1；plot(x, asech(x))

图形结果如图 8. 10 所示。

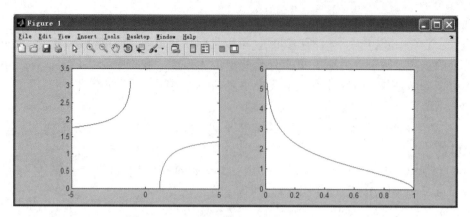

图 8.10　反正割函数与反双曲正割函数图

11. 函数 csc、csch

功能：余割函数与双曲余割函数。

格式：Y= csc(X)　　%计算参量 X(可以是向量、矩阵，元素可以是复数)中每一个角度分量的余割函数值 Y，所有角度分量的单位为弧度。

Y=csch(X)　　%返回参量 X 中每一个元素的双曲余割函数值 Y。

【例 8.14】

x1=−pi+0.01:0.01:−0.01; x2= 0.01:0.01:pi−0.01;　　%去掉奇异点 x=0。

subplot(1, 2, 1); plot(x1, csc(x1), x2, csc(x2))

subplot(1, 2, 2); plot(x1, csch(x1), x2, csch(x2))

图形结果如图 8.11 所示。

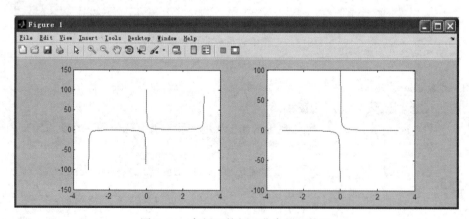

图 8.11　余割函数与双曲余割函数图

12. 函数 acsc、acsch

功能：反余割函数与反双曲余割函数。

102

格式：Y＝acsc(X)　　%返回参量 X(可以是向量、矩阵)中每一个元素的反余割函数值 Y。

Y＝acsch(X)　　%返回参量 X 中每一个元素的反双曲余割函数值 Y。

【例 8.15】

x1＝-10:0.01:-1.01; x2＝1.01:0.01:10;　　%去掉奇异点 x＝1。

subplot(1, 2, 1); plot(x1, acsc(x1), x2, acsc(x2))

x1＝-20: 0.01: -1; x2＝1: 0.01: 20;

subplot(1, 2, 2); plot(x1, acsch(x1), x2, acsch(x2))

图形结果如图 8.12 所示。

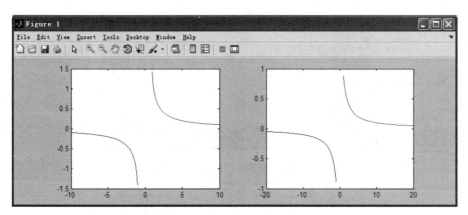

图 8.12　反余割函数与反双曲余割函数图

13. 函数 atan2

功能：四象限的反正切函数。

格式：P＝atan2(Y, X)　　%返回一与参量 X 和 Y 同型的、与 X 和 Y 元素的实数部分对应的、元素对元素的四象限的反正切函数阵列 P，其中 X 和 Y 的虚数部分将忽略。阵列 P 中的元素分布在闭区间[-π, π]上。特定的象限将取决于 sign(Y)与 sign(X)。

【例 8.16】

z＝1+2i;

r＝abs(z);　　%计算 z 的模。

theta＝atan2(imag(z), real(z))　　%计算 z 的辐角。

z＝r * exp(i * theta)

feather(z); hold on

t＝0: 0.1: 2 * pi;

x＝1+sqrt(5) * cos(t);

y＝sqrt(5) * sin(t);

plot(x, y);

axis equal; hold off

计算结果为：

theta = 1. 1071

z = 1. 0000 + 2. 0000i

图形结果如图 8.13 所示。

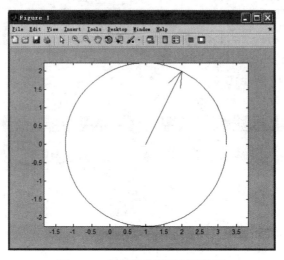

图 8.13　四象限的反正切函数图

8.2　其他部分常用函数

1. 函数 round

功能：朝最近的方向取整。

格式：Y = round(X)　　%对 X 的每一个元素朝最近的方向取整数部分，返回与 X 同维的数组。对于复数参量 X，则返回一复数，其分量的实数与虚数部分分别取原复数的、朝最近方向的整数部分。

【例 8.17】

```
>> A = [-2.9, -0.5, 4.1413826; 7.6, 8.1, 3.4+8.6i]; B = round(A)
B = -3.0000        -1.0000        4.0000
    8.0000         8.0000         3.0000 + 9.0000i
```

2. 函数 fix

功能：朝零方向取整。

格式：B = fix(A)　　%对 A 的每一个元素朝零的方向取整数部分，返回与 A 同维的数组。对于复数参量 A，则返回一复数，其分量的实数与虚数部分分别取原复数的、朝零方向的整数部分。

【例 8.18】

```
>> A = [-2.9, -0.5, 4.1413826; 7.6, 8.1, 3.4+8.6i]; B = fix(A)
```

B = -2.0000　　　　　　　0　　　　　　　　4.0000

　　7.0000　　　　　　　8.0000　　　　　3.0000 + 8.0000i

3. 函数 floor

功能：朝负无穷大方向取整。

格式：B = floor(A)　　%对 A 的每一个元素朝负无穷大的方向取整数部分，返回与 A 同维的数组。对于复数参量 A，则返回一复数，其分量的实数与虚数部分分别取原复数的、朝负无穷大方向的整数部分。

【例 8.19】

　　>> A = [-2.9, -0.5, 4.1413826; 7.6, 8.1, 3.4+8.6i]; B = floor(A)

B = -3.0000　　　　　　　-1.0000　　　　　4.0000

　　7.0000　　　　　　　8.0000　　　　　3.0000 + 8.0000i

4. 函数 ceil

功能：朝正无穷大方向取整。

格式：B = ceil(A)　　%对 A 的每一个元素朝正无穷大的方向取整数部分，返回与 A 同维的数组。对于复数参量 A，则返回一复数，其分量的实数与虚数部分分别取原复数的、朝正无穷大方向的整数部分。

【例 8.20】

　　>> A = [-2.9, -0.5, 4.1413826; 7.6, 8.1, 3.4+8.6i]; B = ceil(A)

B = -2.0000　　　　　　　0　　　　　　　　5.0000

　　8.0000　　　　　　　9.0000　　　　　4.0000 + 9.0000i

5. 函数 rem

功能：求作除法后的剩余数。

格式：R = rem(X, Y)　　%返回结果 X-fix(X./Y).*Y，其中 X、Y 应为正数。若 X、Y 为浮点数，由于计算机对浮点数的表示的不精确性，则结果将可能是不可意料的。fix(X./Y) 为商数 X./Y 朝零方向取的整数部分。若 X 与 Y 为同符号的，则 rem(X, Y) 返回的结果与 mod(X, Y) 相同，不然，若 X 为正数，则 rem(-X, Y) = mod(-X, Y)-Y。该命令返回的结果在区间[0, sign(X)*abs(Y)]，若 Y 中有零分量，则相应地返回 Nan。

【例 8.21】

　　>> X = [22 243 344 455 3214]; Y = [5 78 10 15 14]; R = rem(X, Y)

R = 2　　　9　　　4　　　5　　　8

6. 函数 sqrt

功能：计算算术平方根。

格式：Y = sqrt(X)　　%对参量 X 的每一分量，计算其算术平方根，若为负数，计算其虚根。

【例 8.22】

　　>> X = [4 2; -1-4]; sqrt(X)

ans = 2.0000　　　　　　　1.4142

　　0 + 1.0000i　　　　　0 + 2.0000i

7. 函数 exp

功能：以 e 为底数的指数函数

格式：Y = exp(X)　　%对参量 X 的每一分量，求以 e 为底数的指数函数 Y。X 中的分量可以为复数。对于复数分量如，z = x +i * y，则相应地计算：e^z = e^x * (cos(y) + i * sin(y))。

【例 8.23】

>> A = [-1, 2, 0; 3, -2, 3+pi * i]; B = exp(A)

B = 0.3679　　　　　　　7.3891　　　　　　　　1.0000

　　20.0855　　　　　　0.1353　　　　　　　　-20.0855 + 0.0000i

　　0.4288　　　　　　0.3318　　　　　　　　1.2729

8. 函数 log

功能：自然对数，即以 e 为底数的对数。

格式：Y = log(X)　　　%对参量 X 中的每一个元素计算自然对数。其中 X 中的元素可以是复数与负数，但由此可能得到意想不到的结果。若 z = x + i * y，则 log 对复数的计算如下：log (z) = log (abs (z)) + i * atan2(y, x)。

【例 8.24】　下面的语句可以得到无理数 π 的近似值：

>>Pi = abs(log(-1))

计算结果为：

Pi = 3.1416

【例 8.25】

>>　a = log(-1), b = log(exp(1))

a = 0 + 3.1416i

b = 1

9. 函数 log10

功能：常用对数，即以 10 为底数的对数。

格式：Y = log10(X)　　%计算 X 中的每一个元素的常用对数，若 X 中出现复数，则可能得到意想不到的结果。

【例 8.26】

>>L1 = log10(realmax)　　%由此可得特殊变量 realmax 的以 10 为底数的对数。

>> realmax　　　%查看 realmax 的值

>>L2 = log10(eps)　　%由此可得特殊变量 eps 的以 10 为底数的对数。

计算结果为：

L1 = 308.2547

ans = 1.7977e+308

L2 = -15.6536

10. 函数 sort

功能：把输入参量中的元素按从小到大的方向重新排列。

格式：B = sort(A)　　%沿着输入参量 A 的不同维的方向，从小到大重新排列 A 中的元素。A 可以是字符串的、实数的、复数的单元数组。对于 A 中完全相同的元素，则按它们在 A 中的先后位置排列在一块；若 A 为复数的，则按元素幅值的从小到大排列，若有幅值相同的复数元素，则再按它们在区间[−π，π]的幅角从小到大排列；若 A 中有元素为 Nan，则将它们排到最后。若 A 为向量，则返回从小到大的向量，若 A 为二维矩阵，则按列的方向进行排列；若 A 为多维数组，sort(A)把沿着第一非单元集的元素像向量一样进行处理。

　　B = sort(A，dim)　　　%沿着矩阵 A(向量的、矩阵的或多维的)中指定维数 dim 方向重新排列 A 中的元素。

　　[B，INDEX] = sort(A，…)　　%输出参量 B 的结果如同上面的情形，输出 INDEX 是一等于 size(A)的数组，它的每一列是与 A 中列向量的元素相对应的置换向量。若 A 中有重复出现的相同的值，则返回保存原来相对位置的索引。

【例 8.27】

>> A = [2 6−1 8−6 1　1.5 15　6]; sort(A)

ans = −6.0000　　−1.0000　　　1.0000　　　1.5000　　　2.0000　　　6.0000　　　6.0000
　　8.0000　　15.0000

>> A = [1，−1，0.8，−6，i，1.1，15，6]; sort(A)　　%此时，A 看成复数向量，按模的大小排序。

ans = 0.8000　　　1.0000　　0 + 1.0000i　　−1.0000　　1.1000　　6.0000　　−6.0000
　　15.0000

11. 函数 conj

功能：复数的共轭值。

格式：C = conj(Z)　　%返回参量 Z 的每一个分量的共轭复数：conj(Z) = real(Z) − i * imag(Z)

12. 函数 imag

功能：复数的虚数部分。

格式：Y = imag(Z)　　%返回输入参量 Z 的每一个分量的虚数部分。

【例 8.28】

>>imag(2+5i)

计算结果为：

ans = 5

13. 函数 real

功能：复数的实数部分。

格式：Y = real(Z)　　%返回输入参量 Z 的每一个分量的实数部分。

【例 8.29】

>>real(8+3i)

计算结果为：

ans = 8

14. 函数 angle

功能：复数的相角。

格式：P= angle(Z)　　%返回输入参量 Z 的每一复数元素的、单位为弧度的相角，其值在区间[-π，π]上。

说明：angle(z)= imag(log(z))= atan2(imag(z)，real(z))。

【例 8.30】
```
>> A=[1-i, 2*i, 1+i, -i]; B= angle(A)
B=-0.7854    1.5708    0.7854    -1.5708
```

15. 函数 abs

功能：数值的绝对值与复数的幅值。

格式：Y= abs(X)　　%返回参量 X 的每一个分量的绝对值；若 X 为复数的，则返回每一分量的幅值：abs(X)= sqrt(real(X).^2+imag(X).^2)。

【例 8.31】
```
>> A= [-1 23-8 99-100 1+i 2+i ]; Y= abs(A)
Y=1.0000    23.0000    8.0000    99.0000    100.0000    1.4142    2.2361
```

16. 函数 complex

功能：用实数与虚数部分创建复数

格式：c= complex(a, b)　　%用两个实数 a，b 创建复数 c=a+bi。输出参量 c 与 a、b 同型(同为向量、矩阵、或多维阵列)。该命令比下列形式的复数输入更有用：a + i*b 或 a + j*b。因为 i 和 j 可能被用做其他的变量(不等于 sqrt(-1))，或者 a 和 b 不是双精度的。

c= complex(a)　　%输入参量 a 作为输出复数 c 的实部，其虚部为 0：c= a+0*i。

【例 8.32】
```
>> x= uint8([1; 0; 3; 7]); y= uint8([0; 3; 5; 1]); z= complex(x, y)
z=1
   0 +     3i
   3 +     5i
   7 +     1i
```

17. 函数 mod

功能：模数(带符号的除法余数)。

用法：M= mod(X, Y)　　%输入参量 X、Y 应为整数，此时返回余数 X-Y.*floor(X./Y)。若运算数 X 与 Y 有相同的符号，则 mod(X, Y)等于 rem(X, Y)。总之，对于整数 X, Y, 有：mod(-X, Y)= rem(-X, Y)+Y。若输入为实数或复数，由于浮点数在计算机上的不精确表示，故该操作将导致不可预测的结果。

【例 8.33】
```
>> Z1= mod(15, 4), Z2= mod([1: 2: 11], 3)
Z1=3
Z2=1    0    2    1    0    2
```

18. 函数 nchoosek

功能：二项式系数或所有的组合数。

格式：C = nchoosek(n, k)　　%参量 n, k 为非负整数，返回 n! / ((n-k)! k!)，即一次从 n 个物体中取出 k 个的组合数。

C = nchoosek(v, k)　　%参量 v 为 n 维向量，返回一矩阵，其行向量的分量为一次性从 v 中所含的 n 个物体中取 k 个物体的一次组合情况。矩阵 C 包含 C_k^n = n! / ((n-k)! k!)行与 k 列。

【例 8.34】

>> C = nchoosek(1: 2: 9, 4)
C = 1　　3　　5　　7
    1　　3　　5　　9
    1　　3　　7　　9
    1　　5　　7　　9
    3　　5　　7　　9

该矩阵共 nchoosek(5, 4)= 5 行，每行就是具体的从 1，3，5，7，9 这 5 个数字中选择 4 个数字的具体组合。

19. 函数 rand

功能：生成元素均匀分布于(0, 1)上的数值与阵列。

格式：Y = rand(n)　　%返回 n * n 阶的方阵 Y，其元素均匀分布于区间(0, 1)。若 n 不是一标量，则显示一出错信息。

Y = rand(m, n)，Y = rand([m n])　　%返回阶数为 m * n 的，元素均匀分布于区间(0, 1)上矩阵 Y。

Y = rand(m, n, p, ...)，Y = rand([m n p...])　　%生成阶数 m * n * p * … 的，元素服从均匀分布的多维随机阵列 Y。

Y = rand(size(A))　　%生成一与阵列 A 同型的随机均匀阵列 Y

rand　　%该命令在每次单独使用时，都返回一随机数(服从均匀分布)。

s = rand('state')　　%返回一有 35 元素的列向量 s，其中包含均匀分布生成器的当前状态。改变生成器的当前状态的命令，见表 8.1。

表 8.1

命　令	含　义
Rand('state', s)	设置状态为 s
Rand('state', 0)	设置生成器为初始状态
Rand('state', k)	设置生成器第 k 个状态(k 为整数)
Rand('state', sum(100 * clock))	设置生成器在每次使用时的状态都不同(因为 clock 每次都不同)

【例 8.35】

>>R1 = rand(2, 3), a = 5; b = 20;

>>R2 = a + (b-a) * rand(3)　　%生成元素均匀分布于(5, 20)上的矩阵。

计算结果可能为：

R1 = 0.8147　　0.1270　　0.6324

　　　0.9058　　0.9134　　0.0975

R2 =　9.1775　　　19.4733　　　19.3575

　　 13.2032　　　 7.3642　　　12.2806

　　 19.3626　　　19.5589　　　17.0042

20. 函数 randn

功能：生成元素服从正态分布(N(0, 1))的数值与阵列。

格式：Y = randn(n)　　%返回 n * n 阶的方阵 Y，其元素服从正态分布 N(0, 1)。若 n 不是一标量，则显示一出错信息。

Y = randn(m, n)、Y = randn([m n])　　%返回阶数为 m * n 的，元素均匀分布于区间(0, 1)上矩阵 Y。

Y = randn(m, n, p, …)、Y = randn([m n p…])　　%生成阶数 m * n * p * …的，元素服从正态分布的多维随机阵列 Y。

Y = randn(size(A))　　%生成一与阵列 A 同型的随机正态阵列 Y。

randn　　%该命令在单独使用时，都返回一随机数(服从正态分布)。

s = randn('state')　　%返回一有两元素的向量 s，其中包含正态分布生成器的当前状态。改变生成器的当前状态的命令，见表 8.2。

表 8.2

命　令	含　义
randn('state', s)	设置状态为 s
randn('state', 0)	设置生成器为初始状态
rand('state', k)	设置生成器第 k 个状态(k 为整数)
rand('state', sum(100 * clock))	设置生成器在每次使用时的状态都不同(因为 clock 每次都不同)

【例 8.36】

>>R1 = rand(2, 3)

>>R2 = 0.5 + sqrt(0.1) * randn(3)　　%生成期望为 0.5，方差为 0.1 的正态随机变量。

计算结果可能为：

R1 = 0.1419　　0.9157　　0.9595

　　　0.4218　　0.7922　　0.6557

R2 = 0. 1182　　 0. 6546　　 0. 4040

　　 0. 7268　　 0. 8272　　 0. 5929

　　 1. 0155　　 0. 7299　　 0. 2510

习　　题

1. 计算以下数值：

（1）sin1+cos1　　　（2）tan2+cot2　　　（3）sec3+csc3

2. 计算以下数值：

（1）e^2　　（2）ln3+$\sqrt{3}$

3. 随机生成服从[0，1]上的均匀分布的行向量 $A_{1\times10}$，然后对其进行排序。

4. 计算 C_5^3，C_{10}^4。

参考答案

1. >> a1＝sin（1）+cos（1），a2＝tan（2）+cot（2），a3＝sec（3）+csc（3）

a1＝1. 3818

a2＝−2. 6427

a3＝6. 0761

2. >> a1＝exp（2），a2＝log（3）+sqrt（3）

a1＝7. 3891

a2＝2. 8307

3. >> A＝rand（1，10）

A＝Columns 1 through 10

0. 8147　 0. 9058　 0. 1270　 0. 9134　 0. 6324　 0. 0975　 0. 2785　 0. 5469　 0. 9575

0. 9649

>> B＝sort（A）

B＝Columns 1 through 10

0. 0975 0. 1270　 0. 2785　 0. 5469　 0. 6324　 0. 8147　 0. 9058　 0. 9134　 0. 9575

0. 9649

4. >> a1＝nchoosek（5，3），a2＝nchoosek（10，4）

a1＝10

a2＝210

第9章 函数的极限与微分

高等数学中最基本的计算就是函数的极限与微分的计算，下面将分别介绍 MATLAB 在其中的应用与求解。

9.1 函数的极限(符号解法)

9.1.1 一元函数求极限

函数：limit

格式：limit(F, x, a)   %计算符号表达式 F=F(x)当 x→a 时的极限值。

limit(F, a)   %用命令 findsym(F)确定 F 中的自变量，设为变量 x，再计算 F 当 x→a时的极限值。

limit(F)   %用命令 findsym(F)确定 F 中的自变量，设为变量 x，再计算 F 当 x→0 时的极限值。

limit(F, x, a,′right′)或 limit(F, x, a,′left′)   %计算符号函数 F 的单侧极限：左极限 x→a-或右极限 x→a+。

【例 9.1】
```
>>syms x a t h n;
>>L1=limit((cos(x)-1)/x)
>>L2=limit(1/x^2, x, 0,′right′)
>>L3=limit(1/x, x, 0,′left′)
>>L4=limit((log(x+h)-log(x))/h, h, 0)
>>v=[(1+a/x)^x, exp(-x)];
>>L5=limit(v, x, inf,′left′)
>>L6= limit((1+2/n)^(3*n), n, inf)
```
计算结果为：

L1=0

L2=inf

L3=-inf

L4=1/x

L5=[exp(a), 0]

L6=exp(6)

注：在求解之前，应该先声明自变量 x，再定义极限表达式 fun，若 x_0 为 ∞，则可以用 inf 直接表示。如果需要求解左右极限问题，还需要给出左右选项。

【例 9.2】试分别求出 tan 函数关于 pi/2 点处的左右极限。

　　>> syms t; f=tan(t); L1=limit(f, t, pi/2,'left'), L2=limit(f, t, pi/2,'right')

　　L1 = inf

　　L2 =−inf

【例 9.3】　求以下极限：

$$(1)\lim_{x\to 0}\frac{2x-1}{x^2+3}\qquad (2)\lim_{x\to\infty}\left(1+\frac{2t}{x}\right)^{3x}$$

>>syms x t ; L1= limit((2*x-1)/(x^2+3))

>>L2= limit((1+2*t/x)^(3*x), x, inf)

　　回车后可得：

　　L1=−1/3

　　L2=exp(6*t)

9.1.2　多元函数求极限

求多元函数的极限可以嵌套使用 limit 函数，其调用格式为：

limit(limit(f, x, x0), y, y0)或 limit(limit(f, y, y0), x, x0)

【例 9.4】　求极限 $\lim\limits_{\substack{x\to 0\\ y\to 3}}\dfrac{\sin(xy)}{x}$。

　　>> syms x y; f=sin(x*y)/x; limit(limit(f, x, 0), y, 3)

　　ans=3

注：如果 x 或 y 不是确定的值，而是另一个变量的函数，如 $x\to g(y)$，则上述的极限求取顺序不能交换。

【例 9.5】　求极限 $\lim\limits_{\substack{x\to 0\\ y\to 0}}\dfrac{2-\sqrt{xy+4}}{xy}$。

>>syms x y; f=(2-sqrt(x*y+4))/(x*y); limit(limit(f, x, 0), y, 0)

　　回车后可得：

　　ans=−1/4

9.2　微　　分

9.2.1　符号微分

　　函数：diff （differential）

　　格式：diff(S,'v'), diff(S, sym('v'))　　%对表达式 S 中指定符号变量 v 计算 S 的 1 阶导数。

diff(S)　　%对表达式 S 中的符号变量 v 计算 S 的 1 阶导数，其中 v=findsym(S)。

diff(S, n)　　%对表达式 S 中的符号变量 v 计算 S 的 n 阶导数，其中 v=findsym(S)。

diff(S,'v', n)　　%对表达式 S 中指定的符号变量 v 计算 S 的 n 阶导数。

【例9.6】　已知函数 $y=\tan x$，$y=e^x$，分别求关于 x 的导数。

\>\>syms x；D1=diff(tan(x))

　　\>\>D2=diff(exp(x))

　　回车得：

　　D1=tan(x)^2 + 1

　　D2=exp(x)

【例9.7】　计算 $\dfrac{\partial^2(y^2\sin x^2)}{\partial x^2}$，$\dfrac{\partial}{\partial y}\left(\dfrac{\partial^2}{\partial x^2}y^2\sin x^2\right)$，$(t^6)^{(6)}$。

　　\>\>syms x y t

　　\>\>D1=diff(sin(x^2)∗y^2, 2)

　　\>\>D2= diff(D1, y)

　　\>\>D3=diff(t^6, 6)

　　计算结果为：

　　D1=−4∗sin(x^2)∗x^2∗y^2+2∗cos(x^2)∗y^2

　　D2=−8∗sin(x^2)∗x^2∗y+4∗cos(x^2)∗y

　　D3=720

　　MATLAB 的符号运算工具箱中并未提供求取偏导数的专门函数，这些偏导数仍然可以通过 diff 函数直接实现。假设已知二元函数 $f(x, y)$，若想求 $\partial^{m+n}f/(\partial x^m\partial y^n)$，则可以用下面的函数求出：

　　f=diff(diff(f, x, m), y, n)或 f=diff(diff(f, y, n), x, m)

【例9.8】　已知函数 $z=x^2\sin 2y$，求 $\dfrac{\partial^2 z}{\partial x\partial y}$ 和 $\dfrac{\partial^2 z}{\partial y\partial x}$。

　　\>\>syms x y

　　\>\>D1= diff(diff(x^2∗sin(2∗y), x), y)

　　\>\>D2= diff(diff(x^2∗sin(2∗y), y), x)

　　回车后得：

　　D1=4∗x∗cos(2∗y)

　　D2= 4∗x∗cos(2∗y)

【例9.9】　设 $f(x, y)=3xy-2y+5x^2y^2$，求 z_{xx}，z_{yy}，z_{xy}。

　　\>\>syms x y

　　\>\>zxx= diff(3∗x∗y-2∗y+5∗x^2∗y^2, x, 2)

　　\>\>zyy= diff(3∗x∗y-2∗y+5∗x^2∗y^2, y, 2)

　　\>\>zxy= diff(diff(3∗x∗y-2∗y+5∗x^2∗y^2, x), y)

　　回车后得：

　　$z_{xx}=10y^2$

$$z_{yy} = 10x^2$$
$$z_{xy} = 20xy + 3$$

9.2.2　多元函数的 Jacobian 矩阵

假设有 n 个自变量的 m 个函数定义为：

$$\begin{cases} y_1 = f_1(x_1,\ x_2,\ \cdots,\ x_n) \\ y_2 = f_2(x_1,\ x_2,\ \cdots,\ x_n) \\ \cdots\cdots \\ y_m = f_m(x_1,\ x_2,\ \cdots,\ x_n) \end{cases}$$

将相应的 y_i 对 x_j 求偏导，则得出矩阵：

$$J = \begin{bmatrix} \partial y_1/\partial x_1 & \partial y_1/\partial x_2 & \cdots & \partial y_1/\partial x_n \\ \partial y_2/\partial x_1 & \partial y_2/\partial x_2 & \cdots & \partial y_2/\partial x_n \\ \vdots & \vdots & & \vdots \\ \partial y_m/\partial x_1 & \partial y_m/\partial x_2 & \cdots & \partial y_m/\partial x_n \end{bmatrix}$$

该矩阵又称为 Jacobian 矩阵，Jacobian 矩阵可以由符号工具箱中的 Jacobian 函数直接求得。该函数的调用格式为 J=jacobian(y, x)，其中，x 是自变量构成的向量，y 是由各个函数构成的向量。

【例 9.10】　假设有直角坐标和极坐标变换公式：$x = r\sin\theta\cos\varphi$，$y = r\sin\theta\sin\varphi$，$z = r\cos\theta$，试求其 Jacobian 矩阵。

```
>>syms r theta phi; x=r*sin(theta)*cos(phi); y=r*sin(theta)*sin(phi);
z=r*cos(theta); J=jacobian([x, y, z], [r, theta, phi])
J=[cos(phi)*sin(theta),     r*cos(phi)*cos(theta),     -r*sin(phi)*sin(theta)]
  [sin(phi)*sin(theta),     r*cos(theta)*sin(phi),      r*cos(phi)*sin(theta)]
  [      cos(theta),             -r*sin(theta),                 0            ]
```

9.2.3　Hessian 偏导数矩阵

对于一个给定的 n 元函数 $f(x_1,\ x_2,\ \cdots,\ x_n)$，其 Hessian 偏导数矩阵定义为：

$$H = \begin{bmatrix} \partial^2 f/\partial x_1^2 & \partial^2 f/\partial x_1 \partial x_2 & \cdots & \partial^2 f/\partial x_1 \partial x_n \\ \partial^2 f/\partial x_2 \partial x_1 & \partial^2 f/\partial x_2^2 & \cdots & \partial^2 f/\partial x_2 \partial x_n \\ \vdots & \vdots & & \vdots \\ \partial^2 f/\partial x_n \partial x_1 & \partial^2 f/\partial x_n \partial x_2 & \cdots & \partial^2 f/\partial x_n^2 \end{bmatrix}$$

可见，该 Hessian 偏导数矩阵实际就是 $f(\cdot)$ 函数的二阶偏导数矩阵。虽然 MATLAB 没有提供直接的 Hessian 偏导数矩阵的求取函数，但是该矩阵可以由两次嵌套调用 Jacobian 函数的方式直接获得，即 H=Jacobian(Jacobian(f, x), x)，其中向量 $\boldsymbol{x} = (x_1,\ x_2,\ \cdots,\ x_n)$。

【例 9.11】　试求出二元函数 $z = f(x,\ y) = (x^2 - 2x)e^{-x^2 - y^2 - xy}$ 的 Hessian 偏导数矩阵。

```
>> syms x y; f=(x^2-2*x)*exp(-x^2-y^2-x*y); H=jacobian(jacobian(f, [x, y]), [x, y])
```

H=［2/exp(x^2+x＊y+y^2)+(2＊(2＊x-x^2))/exp(x^2+x＊y+y^2)-((2＊x-x^2)＊(2＊x+y)^2)/exp(x^2+x＊y+y^2)-(2＊(2＊x-2)＊(2＊x+y))/exp(x^2+x＊y+y^2)，(2＊x-x^2)/exp(x^2+x＊y+y^2)-((2＊x-2)＊(x+2＊y))/exp(x^2+x＊y+y^2)-((2＊x-x^2)＊(x+2＊y)＊(2＊x+y))/exp(x^2+x＊y+y^2)］

［(2＊x-x^2)/exp(x^2+x＊y+y^2)-((2＊x-2)＊(x+2＊y))/exp(x^2+x＊y+y^2)-((2＊x-x^2)＊(x+2＊y)＊(2＊x+y))/exp(x^2+x＊y+y^2)，(2＊(2＊x-x^2))/exp(x^2+x＊y+y^2)-((2＊x-x^2)＊(x+2＊y)^2)/exp(x^2+x＊y+y^2)］

9.2.4　隐函数的偏导数

已知隐函数的数学表达式为 $f(x_1, x_2, \cdots, x_n)=0$，则可以通过隐函数对它们的偏导数求出自变量之间的偏导数。具体可以用下面的公式求出：

$$\frac{\partial x_i}{\partial x_j}=-\frac{\dfrac{\partial}{\partial x_j}f(x_1, x_2, \cdots, x_n)}{\dfrac{\partial}{\partial x_i}f(x_1, x_2, \cdots, x_n)}$$

由于 f 对 x_i 和 x_j 的偏导数可以分别由 diff 函数求得，故整个偏导数可以由它们的除法获得，即由 F=-diff(f, x_j)/diff(f, x_i) 直接得出。

【例 9.12】　求由方程 $e^{xy}+x+y=0$ 确定的隐函数 y 的导数 $\dfrac{dy}{dx}$。

>>syms x y;
>>f=exp(x＊y)+x+y;
>>F=-simple(diff(f, x)/diff(f, y))
回车可得：
F=-(y＊exp(x＊y) + 1)/(x＊exp(x＊y) + 1)

【例 9.13】　已知隐函数 $f(x, y)=(x^2-2x)e^{-x^2-y^2-xy}=0$，试求 $\dfrac{dy}{dx}$。

>> syms x y; f=(x^2-2＊x)＊exp(-x^2-y^2-x＊y); -simple(diff(f, x)/diff(f, y))
ans=(-3＊x^3+6＊x^2+4＊x-4)/(2＊x＊(x+2＊y)＊(x-2))-1/2

9.2.5　参数方程的导数

如果已知参数方程 $y=f(t)$；$x=g(t)$；则 $\dfrac{d^n y}{dx^n}$ 可以由递推公式求出：

$$\frac{dy}{dx}=\frac{f'(t)}{g'(t)};$$
$$\frac{d^2y}{dx^2}=\frac{d}{dt}\left(\frac{f'(t)}{g'(t)}\right)\frac{1}{g'(t)}=\frac{d}{dt}\left(\frac{dy}{dx}\right)\frac{1}{g'(t)};$$
$$\cdots\cdots$$
$$\frac{d^n y}{dx^n}=\frac{d}{dt}\left(\frac{d^{n-1}y}{dx^{n-1}}\right)\frac{1}{g'(t)}$$

由前面给出的算法，可以编写如下递归调用函数来求解参数方程的高阶导数：

```
function result = paradiff(y, x, t, n)
if mod(n, 1) ~ = 0
error('n should positive integer, please correct')
elseif n = = 1
result = diff(y, t)/diff(x, t);
else
result = diff(paradiff(y, x, t, n-1), t)/diff(x, t);
end
end
```

注意：要把以上函数保存在搜索路径之下，文件名及函数名均为 paradiff. m。

【例 9.14】　设参数方程 $\begin{cases} x=\sqrt{1+t} \\ y=\sqrt{1-t} \end{cases}$，求 $\dfrac{dy}{dx}$，$\dfrac{d^2y}{dx^2}$。

编程如下：

```
syms t;
y = sqrt(1-t); x = sqrt(1+t);
f1 = paradiff(y, x, t, 1);
[n, d] = numden(f1);
F1 = simple(n)/simple(d)
f2 = paradiff(y, x, t, 2);
[n, d] = numden(f2);
F2 = simple(n)/simple(d)
```

将以上程序保存为 mm. m 文件于搜索路径之下，在命令窗口输入：mm，回车后得：

F1 = -(t + 1)^(1/2)/(1-t)^(1/2)

F2 = -2/(1-t)^(3/2)　　　% 即 $\dfrac{dy}{dx}=-\dfrac{\sqrt{1+t}}{\sqrt{1-t}}$，$\dfrac{d^2y}{dx^2}=-\dfrac{2}{(1-t)^{\frac{3}{2}}}$。

【例 9.15】　已知参数方程 $y=\dfrac{\sin t}{(t+1)^3}$，$x=\dfrac{\cos t}{(t+1)^3}$，试求 $\dfrac{d^3y}{dx^3}$。

```
>> syms t; y = sin(t)/(t+1)^3; x = cos(t)/(t+1)^3; f = paradiff(y, x, t, 3); [n, d]
= numden(f);
F = simple(n)/simple(d)
```

回车后得：

F = (3 * (t + 1)^7 * (23 * cos(t) + 24 * sin(t)-6 * t^2 * cos(t)-4 * t^3 * cos(t)-t^4 * cos(t) + 12 * t^2 * sin(t) + 4 * t^3 * sin(t)-4 * t * cos(t) + 32 * t * sin(t)))/(3 * cos(t) + sin(t) + t * sin(t))^5

9.2.6　数值微分

在实际的数值计算中，当给出的函数 $f(x)$ 是以离散点列给出时，或当函数的表达式过于复杂时，通常用数值微分近似计算 $f(x)$ 的导数 $f'(x)$。在微积分中，导数表示函数在某点上的瞬时变化率，它是平均变化率的极限；在几何上可解释为曲线的斜率；在物理上可解释为物体变化的速率。在微积分中，用差商的极限定义导数；在数值计算中，导数用差商(平均变化率)作为近似值。以下介绍几种数值微分的 MATLAB 程序(这几个程序都应事先保存在搜索路径之下)：

1. 中点差商的 MATLAB 实现

```
function df=midpoint(func, x0, h)
%f 是所要求解的函数。
%x0 为求导点。
%h 为离散步长。
%df 为导数值。
if nargin==2
h=0.1;
elseif (nargin==3&h==0)
disp('h 不能等于 0!');
return;
end
end
y1=subs(sym(func), findsym(sym(func)), x0+h);
y2=subs(sym(func), findsym(sym(func)), x0-h);
df=(y1-y2)/(2*h);
```

【例 9.16】　用中点公式求函数 $f=\sqrt{x}$ 在 $x=4$ 处的导数。

在命令窗口直接输入：

```
>>df=midpoint('sqrt(x)', 4)
```

回车后得到：

df=0.2500

在实际计算中，函数 $f=\sqrt{x}$ 在 $x=4$ 处的导数为 $\frac{1}{2\sqrt{4}}=0.25$。

【例 9.17】　用中点公式求函数 $y_1=\sin x$，$y_2=\cos x$ 在 $x=\frac{\pi}{2}$ 处的导数。

在命令窗口直接输入：

```
>> df=midpoint('sin(x)', pi/2)
df=0
>>df=midpoint('cos(x)', pi/2)
df=-0.9983
```

2. 三点公式的 MATLAB 实现

```
function df＝threepoint(func，x0，type，h)
%f 是所要求解的函数。
%x0 为求导点。
%type 为三点公式的 3 种形式。
%h 为离散步长。
%df 为导数值。
if nargin＝＝3
h＝0.1；
elseif (nargin＝＝4&h＝＝0)
disp('h 不能等于 0!')；
return；
end
end
y0＝subs(sym(func)，findsym(sym(func))，x0)；
y1＝subs(sym(func)，findsym(sym(func))，x0+h)；
y2＝subs(sym(func)，findsym(sym(func))，x0+2 * h)；
y_ 1＝subs(sym(func)，findsym(sym(func))，x0-h)；
y_ 2＝subs(sym(func)，findsym(sym(func))，x0-2 * h)；
switch type
%用第一个公式求导。
case 1
df＝(-3 * y0+4 * y1-y2)/(2 * h)；
%用第二个公式求导。
case 2
df＝(3 * y0-4 * y_ 1+y_ 2)/(2 * h)；
%用第三个公式求导。
case 3
df＝(y1-y_ 1)/(2 * h)；
end
```

【例 9.18】　用三点公式法求函数 $f=\sin x$ 在 $x=2$ 处的导数。

在命令窗口直接输入：

Df1＝threepoint('sin(x)'，2，1)

Df2＝threepoint('sin(x)'，2，2)

Df3＝threepoint('sin(x)'，2，3)

回车后，可得：

Df1＝-0.4178；Df2＝-0.4173；Df3＝-0.4155

在实际计算中，函数 $f=\sin x$ 在 $x=2$ 处的导数为 $\cos(2)=-0.4161$。

3. 理查森外推加速法的实现

命令程序格式如下：

```
function df=richason(func, x0, n, h)
%f 是所要求解的函数。
%x0 为求导点。
%n 为已知函数离散的数据点数。
%h 为离散步长。
%df 为导数值。
if nargin==3
h=1;
elseif ( nargin==4&h==0)
disp('h 不能等于0!');
return;
end
end
for (i=1:n)
y1=subs(sym(func), findsym(sym(func)), x0+h/(2^i));
y2=subs(sym(func), findsym(sym(func)), x0-h/(2^i));
%求得金字塔底层的值。
G(i)= 2^(i-1) * (y1-y2)/h;
end
G1=G;
for (i=1: n-1)
for(j=(i+1): n)
%求得金字塔每层的值。
G1(j)= (G(j)-(0.5)^(2*i) * G(j-1))/(1-(0.5)^(2*i));
end
G=G1;
end
%顶层值就是所需得的导数值。
df=G(n);
```

【例 9.19】　用理查森外推加速法求函数 $f = 2^x$ 在 $x = 1$ 处的导数值。

在命令窗口直接输入：

```
Df=richason('2^x', 1, 8)
Df=1.3863
```

在实际计算中，函数 $f = 2^x$ 在 $x = 1$ 处的导数的准确值为 $2 * \ln(2) = 1.3863$。

习　题

1. 求以下一元函数的极限：

（1）$\lim\limits_{x\to1}(2x-1)$　　　（2）求 $\lim\limits_{x\to\infty}\dfrac{3x^3+4x^2+2}{7x^3+5x^2-3}$

（3）求 $\lim\limits_{x\to0}\dfrac{1-\cos x}{x^2}$　　　（4）求 $\lim\limits_{x\to\infty}\left(1-\dfrac{1}{x}\right)^x$

2. 计算以下多元函数的极限：

（1）求 $\lim\limits_{(x,y)\to(0,2)}\dfrac{\sin(xy)}{x}$　　　（2）求 $\lim\limits_{(x,y)\to(1,2)}\dfrac{x+y}{xy}$

3. 计算以下函数一阶导：

（1）$y=2x^3-5x^2+3x-7$，求 y'。

（2）$f(x)=x^3+4\cos x-\sin\dfrac{\pi}{2}$，求 $f'(x)$ 及 $f'\left(\dfrac{\pi}{2}\right)$。

（3）$y=\mathrm{e}^{\sin\frac{1}{x}}$，求 y'。

（4）$y=\sin nx\cdot\sin^n x$，n 为常数，求 y'。

4. 计算以下函数的高阶导数：

（1）$y=ax+b$，求 y''。

（2）$y=x^2\mathrm{e}^{2x}$，求 $y^{(20)}$。

参考答案

1.（1）>>syms x；

>>limit(2*x-1, x, 1)

ans = 1

即 $\lim\limits_{x\to1}(2x-1)=1$

（2）>> syms x；

>> f=(3*x^3+4*x^2+2)/(7*x^3+5*x^2-3)；

>> L=limit(f, x, inf)

L=3/7

>> syms x；

>> f=(3*x^3+4*x^2+2)/(7*x^3+5*x^2-3)；

>> L=limit(f, x, -inf)

L=3/7

即 $\lim\limits_{x\to\infty}\dfrac{3x^3+4x^2+2}{7x^3+5x^2-3}=\dfrac{3}{7}$

说明：函数趋于负无穷和正无穷时的极限都为 3/7，所以函数趋于无穷时极限为 3/7。

（3）>> syms x;

>> f=(1−cos(x))/x^2;

>> L=limit(f, x, 0)

L=1/2

（4）>> syms x;

>> f=(1−1/x)^x;

>> L=limit(f, x, inf)

L= exp(−1)

>> syms x;

>> f=(1−1/x)^x;

>> L=limit(f, x, −inf)

L= exp(−1)

即 $\lim\limits_{x\to\infty}\left(1-\dfrac{1}{x}\right)^{x}=\dfrac{1}{e}$。

2.（1）>> syms x y;

>> f=sin(x * y)/x;

>> L=limit(limit(f, x, 0), y, 2)

L= 2

或：

>> syms x y;

>> f=sin(x * y)/x;

>> L=limit(limit(f, y, 2), x, 0)

L= 2

即 $\lim\limits_{(x,y)\to(0,2)}\dfrac{\sin(xy)}{x}=2$

（2）>> syms x y;

>> f=(x+y)/(x * y);

>> L=limit(limit(f, x, 1), y, 2)

L=3/2

即 $\lim\limits_{(x,y)\to(1,2)}\dfrac{x+y}{xy}=\dfrac{3}{2}$

3.（1）>> syms x;

>> D=diff(2 * x^3−5 * x^2+3 * x−7)

D=6 * x^2−10 * x+3

即 $y'=6x^{2}-10x+3$

（2）>> syms x ;

>> D=diff(x^3+4 * cos(x)−sin(pi/2)), x=pi/2;

D= 3 * x^2−4 * sin(x)

\>> eval(D)

ans = 3. 4022

即 $f'(x) = 3x^2 - 4\sin x$, $f'\left(\dfrac{\pi}{2}\right) = 3.4022$

(3)>> syms x ;

\>> D = diff(exp(sin(1/x)))

D = −cos(1/x) /x^2 * exp(sin(1/x))

即 $y' = -\dfrac{1}{x^2}\mathrm{e}^{\sin\frac{1}{x}} \cdot \cos\dfrac{1}{x}$

(4)>> syms x n;

\>> D = diff(sin(n * x) * sin(x)^n)

D = cos(n * x) * n * sin(x)^n+sin(n * x) * sin(x)^n * n * cos(x) /sin(x)

\>> simple(D)

ans = sin(n * x+x) * sin(x)^(n−1) * n

即 $y' = n\sin^{n-1}x \cdot \sin(nx+x) = n\sin^{n-1}x \cdot \sin(n+1)x$

4. (1)>> syms x a b;

\>> D1 = diff(a * x+b)

D1 = a

\>> D2 = diff(a * x+b, 2)

D2 = 0

即 $y' = a$, $y'' = 0$

(2)>> syms x ;

\>> D = diff(x^2 * exp(2 * x) , 20)

D = 99614720 * exp(2 * x) +20971520 * x * exp(2 * x) +1048576 * x^2 * exp(2 * x)

\>> D1 = simple(D)

D1 = 1048576 * exp(2 * x) * (95+20 * x+x^2)

即 $y^{(20)} = 1048576\mathrm{e}^{2x}(x^2+20x+95) = 2^{20}\mathrm{e}^{2x}(x^2+20x+95)$

第 10 章　函数积分

函数的积分包括一元函数定积分、多元函数的二重积分、三重积分，在积分学中占有重要的地位，其计算常常十分繁琐，利用 MATLAB 求解，可以较方便地解决这一问题，其求解分为数值求解和符号求解，以下将分别进行介绍。

10.1　符号积分

使用 MATLAB 的符号计算功能，可以计算出许多积分的解析解和精确解，只是有些精确解显得冗长繁杂，这时可以用 vpa 或 eval 函数把它转换成位数有限的数字，有效数字的长度可按需选取。符号法计算积分非常方便，常常用它得到的结果跟近似计算的结果进行比较，所以先予介绍。

10.1.1　定积分

函数：int　（integral）

格式：R = int(S, v)　　%对符号表达式 S 中指定的符号变量 v 计算不定积分。注意：表达式 R 只是函数 S 的一个原函数，后面没有带任意常数 C。

R = int(S)　　%对符号表达式 S 中的符号变量 v 计算不定积分，其中 v = findsym(S)。

R = int(S, v, a, b)　　%对表达式 S 中指定的符号变量 v 计算从 a 到 b 的定积分。

R = int(S, a, b)　　%对符号表达式 S 中的符号变量 v 计算从 a 到 b 的定积分，其中 v = findsym(S)。

【例 10.1】　用函数 int 分别计算 $\int x\sin x\,dx$，$\int y\sin x\,dx$，$\int 4\,dx$。

在命令窗口输入：

```
>>I1 = int('x * sin(x)')
>>I2 = int('y * sin(x)', x)
>>I3 = int('4')
```

回车得到：

I1 = sin(x) - x * cos(x)，I2 = -y * cos(x)，I3 = 4 * x

【例 10.2】　计算以下定积分和不定积分：$\int_{\sin t}^{1} 2x\,dx$，$\int e^{t}\,dt$，$\int e^{\alpha t}\,dt$。

```
>>syms xt alpha
>>INT1 = int(2 * x, sin(t), 1)
>>INT2 = int([exp(t), exp(alpha * t)])
```

124

计算结果为：

INT1 = 1−sin(t)^2

INT2 = [exp(t), 1/alpha * exp(alpha * t)]

【例 10.3】　计算定积分：(1) $\int_0^a \sqrt{a^2-x^2}\,\mathrm{d}x$，(2) $\int_0^4 \dfrac{x+2}{\sqrt{2x+1}}\,\mathrm{d}x$。

在命令窗口输入：

>>syms x　a

>>INT1 = int(sqrt(a^2-x^2), 0, a)

>>INT2 = int((x+2)/sqrt(2*x+1), 0, 4)

回车可得：

INT1 = (pi * a^2)/4

INT2 = 22/3

【例 10.4】　计算 $\int_1^{10} \mathrm{e}^{-y^2+\ln y}\,\mathrm{d}y$。

在命令窗口输入：

I = int('exp(-y^2)+log(y)', 1, 10)

回车得到：

I = −1/2 * pi^(1/2) * erf(1)−9+1/2 * pi^(1/2) * erf(10)+10 * log(2)+10 * log(5)

从输出的结果可以看出，结果很复杂，下面是用两种方式进行转换的输出结果，试比较它们的差别。

输入：eval('−1/2 * pi^(1/2) * erf(1)−9+1/2 * pi^(1/2) * erf(10)+10 * log(2)+10 * log(5)')

结果：ans = 14.1653

输入：vpa(−1/2 * pi^(1/2) * erf(1)−9+1/2 * pi^(1/2) * erf(10)+10 * log(2)+10 * log(5))

结果：ans = 14.16525372258078974141 4264426567

10.1.2　多元函数的积分

【例 10.5】　求以下积分：(1) $\int_0^1\int_y^{\sqrt{y}} x\sin x\,\mathrm{d}x\,\mathrm{d}y$，(2) $\int_0^1\mathrm{d}y\int_0^{\sqrt{y}} x\mathrm{e}^{-y^2}\,\mathrm{d}x$。

在命令窗口输入：

>>syms x　y

>>INT1 = int(int(x * sin(x), x, y, sqrt(y)), y, 0, 1)

>>INT2 = int(int(x * exp(-y^2), x, 0, sqrt(y)), y, 0, 1)

回车可得：

INT1 = 5 * sin(1)−4 * cos(1)−2

INT2 = 1/4−1/(4 * exp(1))

另外，对 $\int_0^1\mathrm{d}y\int_0^{\sqrt{y}} x\mathrm{e}^{-y^2}\,\mathrm{d}x$ 改变积分顺序后变成 $\int_0^1\mathrm{d}x\int_{x^2}^1 x\mathrm{e}^{-y^2}\,\mathrm{d}y$，按此积分顺序编程积分得：

INT2 = int(int(x * exp(-y^2), y, x^2, 1), x, 0, 1)

回车可得：

INT2 = 1/4-1/(4 * exp(1))

可见，结果相同。

【例 10.6】 计算 $\int_1^4 \left[\int_{\sqrt{y}}^2 (x^2 + y^2)\,dx \right] dy$ 。

在命令窗口输入：

>>syms x y

>>I = int(int('x^2+y^2', x, sqrt(y), 2), y, 1, 4)

>>vpa(I, 6)

回车后可得：

I = 1006/105 , ans = 9.58095

【例 10.7】 计算单位圆域上的积分 $I = \iint\limits_{x^2+y^2} e^{-\frac{x^2}{2}} \sin(x^2 + y)\,dxdy$。

先把二重积分转化为二次积分的形式：

$$I = \int_{-1}^1 dy \int_{-\sqrt{1-y^2}}^{\sqrt{1-y^2}} e^{-\frac{x^2}{2}} \sin(x^2 + y)\,dx$$

在命令窗口输入：

>>syms x y

>>I = int(int('exp(-x^2/2) * sin(x^2+y)', x, -sqrt(1-y^2), sqrt(1-y^2)), y, -1, 1)

>>vpa(I, 6)

回车后可得：

ans = .536860+.562957e-8 * i

【例 10.8】 计算积分 $\iint\limits_{D} e^{-x^2-y^2}dxdy$，其中 D 为 $x^2 + y^2 \leqslant a^2$。

先把二重积分转化为二次积分极坐标的形式 $\int_0^{2\pi} d\theta \int_0^a e^{-r^2}rdr$

在命令窗口输入：

>>syms theta r a

>>I = int(int(exp(-r^2) * r, r, 0, a), theta, 0, 2 * pi)

回车可得：

I = -pi * (1/exp(a^2)-1)

【例 10.9】 计算三重积分 $\iiint\limits_{\Omega} xdxdydz$，其中 Ω 为三个坐标面及平面 $x+2y+z=1$ 所围成的闭区域。

将三重积分化为累次积分得：$\iiint\limits_{\Omega} xdxdydz = \int_0^1 dx \int_0^{\frac{1-x}{2}} dy \int_0^{1-x-2y} xdz$

在窗口输入如下程序：

>>syms x y z

>>I＝int(int(int('x', z, 0, 1-x-2*y), y, 0, (1-x)/2), x, 0, 1)

回车得：

I＝1/48

【例 10.10】　计算三重积分 $\iiint\limits_{\Omega} z\mathrm{d}x\mathrm{d}y\mathrm{d}z$，其中 Ω 是由曲面 $z＝x^2＋y^2$ 及平面 $z＝4$ 所围成的闭区域。

将三重积分化为累次积分得：$\iiint\limits_{\Omega} z\mathrm{d}x\mathrm{d}y\mathrm{d}z＝\int_0^{2\pi}\mathrm{d}\theta\int_0^2\rho\mathrm{d}\rho\int_{\rho^2}^4 z\mathrm{d}z$

在窗口输入如下程序：

>>syms theta p z

>>I＝int(int(int('p*z', z, p^2, 4), p, 0, 2), theta, 0, 2*pi)

回车得：

I＝64/3*pi

10.2　数值积分

实际问题中常常需要计算积分。设 $F(x)$ 为 $f(x)$ 的原函数，由牛顿-莱布尼兹公式知，对定义在区间 $[a, b]$ 上的定积分，有 $\int_a^b f(x)\mathrm{d}x＝F(b)－F(a)$，但是并不是区间 $[a, b]$ 上所有可积函数的积分值的计算都可由牛顿-莱布尼兹公式解决，比如有的原函数不能用初等函数表示，或者有的原函数十分复杂难以求出或计算，如 e^{-x^2}、$\sin x/x$ 等函数的积分都无法解决；或者当被积函数为一组离散的数据时，对其积分更是无能为力。但是在理论上，定积分是一个客观存在的确定的数值，要解决的问题就是能否找到其他途径来解决定积分的近似计算。该类问题有多种解决方法。

10.2.1　自编函数求数值积分

1. 复合梯形积分法程序

程序名称：Trapezd.m

调用格式：I＝Trapezd('f_ name', a, b, n)

程序功能：用复化梯形公式求定积分值。

输入变量：f_ name 为用户自己编写给定函数 $y＝f(x)$ 的 M 函数而命名的程序文件名；a 为积分下限；b 为积分上限；n 为积分区间 $[a, b]$ 划分成小区间的等份数。

输出变量：I 为定积分值。

程序：function I＝Trapezd(f_ name, a, b, n)

```
        h＝(b-a)/n;
        x＝a+(0: n)*h;
        f＝feval(f_ name, x);
        I＝h*(sum(f)-(f(1)+f(length(f)))/2);
        hc＝(b-a)/100;
```

```
    xc=a+(0: 100) * hc;
    fc=feval(f_ name, xc);
    plot(xc, fc,'r');
    hold on ;
    title('Trapezoidal Rule'); xlabel('x'); ylabel('y');
    plot(x, f);
    plot(x, zeros(size(x))) ;
    for i=1: n;
        plot([x(i), x(i)], [0, f(i)]);
    end
```

【例 10. 11】　求 $I = \int_0^\pi \sin x \mathrm{d}x$。

先编制 $y = \sin x$ 的 M 函数。程序文件命名为 sin_ x. m。

```
function      y=sin_ x(x)
              y=sin(x);
```

将区间 4 等分，调用格式为：

I=Trapezd('sin_ x', 0, pi, 4)

计算结果为：

I=1. 8961

将区间 20 等分，调用格式为：

I=Trapezd('sin_ x', 0, pi, 20)

计算结果为：

I= 1. 9959

图 10. 1 表示了复化梯形求积的过程。

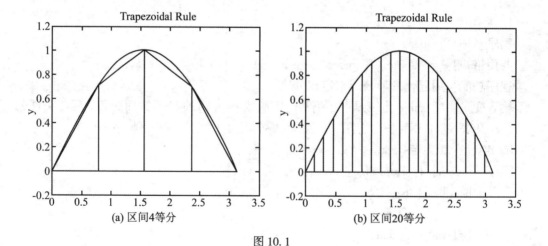

(a) 区间4等分　　　　　(b) 区间20等分

图 10. 1

【**例 10.12**】　求 $\int_0^1 e^x dx$。

先编写被积函数：

function y＝ex(x)

y＝exp(x)；

将区间 20，100 等分，调用格式分别为

I＝Trapezd('ex', 0, 1, 20)

I＝1.7186

I＝Trapezd('ex', 0, 1, 100)

I＝1.7183

图 10.2 表示了复化梯形求积的过程，其中，$\int_0^1 e^x dx = e - 1 = 1.7183$。

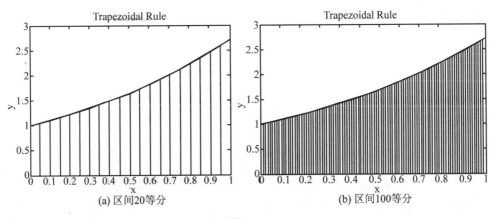

(a) 区间20等分　　　　　　　　　　(b) 区间100等分

图 10.2

2. 复合 simpson 积分法程序

　　程序名称：simpson. m

　　调用格式：I＝simpson('f_ name', a, b, n)

　　程序功能：用复化 Simpson 公式求定积分值。

　　输入变量：f_ name 为用户自己编写给定函数 $y=f(x)$ 的 M 函数而命名的程序文件名；a 为积分下限；b 为积分上限；n 为积分区间[a, b]划分成小区间的等份数。

　　输出变量：I 为定积分值。

　　程序：function I＝simpson(f_ name, a, b, n)

```
        h＝(b-a)/n；
        x＝a+(0: n)＊h；
        f＝feval(f_ name, x)；
        N＝length(f)-1；
        if N＝＝1
            fprintf('Data has only one interval')
```

```
        return;
    end
    if N==2
        I=h/3 * (f(1)+4 * f(2)+f(3));
        return;
    end
    if N==3
        I=3/8 * h * (f(1)+3 * f(2)+3 * f(3)+f(4));
        return;
    end
    I=0;
    if 2 * floor(N/2)==N
        I=h/3 * (2 * f(N-2)+2 * f(N-1)+4 * f(N)+f(N+1));
        m=N-3;
    else
        m=N;
    end
        I=I+(h/3) * (f(1)+4 * sum(f(2: 2: m))+2 * f(m+1));
    if m>2
        I=I+(h/3) * 2 * sum(f(3: 2: m));
    end
```

【例 10. 13】　求 $I = \int_0^\pi \sin x \mathrm{d}x$。

先编制 $y = \sin x$ 的 M 函数。程序文件命名为 sin_ x. m。

function y=sin_ x(x)

y=sin(x)

将区间 4 等分，调用格式为：

I=simpson('sin_ x', 0, pi, 4)

计算结果为：

y=0　　0. 7071　　1. 0000　　0. 7071　　0. 0000

I=2. 0046

将区间 20 等分，调用格式为

I=simpson('sin_ x', 0, pi, 20)

计算结果为：

y=0	0. 1564	0. 3090	0. 4540	0. 5878	0. 7071	0. 8090
0. 8910	0. 9511	0. 9877	1. 0000	0. 9877	0. 9511	0. 8910
0. 8090	0. 7071	0. 5878	0. 4540	0. 3090	0. 1564	0. 0000

I=2. 0000

【例 10. 14】　求 $\int_0^1 \mathrm{e}^x \mathrm{d}x$。

先编写被积函数：

function y = ex(x)

y = exp(x) ;

将区间 20、100 等分，调用格式分别为：

```
>> I = simpson('ex', 0, 1, 20)
I = 1. 7183
>> I = simpson('ex', 0, 1, 100)
I = 1. 7183
```

10. 2. 2　MATLAB 自带数值积分函数求数值积分

1. 函数 quad( )

函数 quad( )是采用自适应步长的 Simpson 求积法。函数 quad( )是低阶法数值积分函数，在要求的绝对误差范围内，用自适应递推复合抛物形法计算出数值积分，即自动变换、选择步长，以满足精度要求，实现变步长复合抛物形积分的数值计算。调用格式如下：

quad(fun, a, b)　　%从 a 到 b 计算函数 fun( )的数值积分，误差为 1e-006。若给 fun( )输入向量 x，应返回向量 y，即 fun( )是一单值函数。

quad(fun, a, b, tol)　　%参数 tol 用来控制积分计算结果绝对误差限，省略时默认为1e-006，命令是用指定的绝对误差 tol 代替默认误差。

[I, n] = quad(fun, a, b, tol, trace)　　%返回参数 I 即定积分值，n 为被积函数的调用次数。Trace 控制是否展现积分过程，若取非 0，则展现积分过程，若取 0，则不展现，默认取 trace = 0。

输入参量 fun 是被积函数，可用字符表达式、内联函数或 M-函数文件名三种形式。由于要进行数值积分计算，函数表达式中的乘、除和幂运算必须用数组算法符号。输入参数 a，b 是积分限。

【例 10. 15】　已 知 humps $(x) = \dfrac{1}{(x-0.3)^2+0.01} + \dfrac{1}{(x-0.9)^2+0.04} - 6$，计 算 $\int_{-1}^2$ humps $(x) \mathrm{d}x$。

由于被积函数可取 3 种形式，所以用 3 种方法积分。

方法 1：M-函数文件法。

在命令窗口输入下列命令，并存盘：

function y = humps(x)

y = 1. /((x-0. 3). ^2+0. 01) +1. /((x-0. 9). ^2+0. 04) -6;

存盘后，在命令窗口输入：

x = -1: 0. 01: 2;

plot(x, humps(x)), legend('humps(x)'), grid on;

　　按回车键后即可得函数 humps( )的图像，如图 10.3 所示。

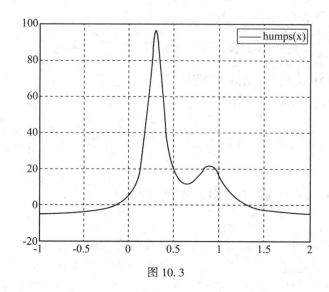

图 10.3

　　现在需要求 humps 从 0~1 积分，可使用下面的命令：

q=quad(@humps, 0, 1)或 q=quad('humps', 0, 1)

回车后可得：q=29.8583

方法 2：内联函数法。

在命令窗口中输入：

y2=inline('1./((x-0.3).^2+0.01)+1./((x-0.9).^2+0.04)-6');

p=quad(y2, 0, 1)

按回车键可得：

p=29.8583

方法 3：字符串方法。

在命令窗口中输入：

y3='1./((x-0.3).^2+0.01)+1./((x-0.9).^2+0.04)-6';

w=quad(y3, 0, 1)

按回车键可得：

w=29.8583

　　在以上三种方法中，方法 2、方法 3 较简洁，并且方法 2 的运行速度更快，所以一般建议采用方法 2，即内联函数法。

注：除了以上三种函数描述方法之外，在 MATLAB7.0 版以后，又引进了匿名函数方法。

方法 4：匿名函数法。

>> y4=@(x) 1./((x-0.3).^2+0.01)+1./((x-0.9).^2+0.04)-6;

w=quad(y4, 0, 1)

w=29.8583

这种方法的特点是可以动态地描述需要求解的问题，而无需建立一个单独的文件，所以这样的方法更实用。

【例 10. 16】　计算广义积分 $\dfrac{1}{\sqrt{2\pi}}\displaystyle\int_{-\infty}^{\infty}\mathrm{e}^{\frac{-x^2}{2}}\mathrm{d}x$

该函数的图像生成方法如下：

x＝－5：0. 1：5；ff＝1/sqrt(2 * pi) * exp(-x. ^2/2) ；

plot(x，ff，′linewidth′，2) ；grid on；

图形如图 10. 4 所示。

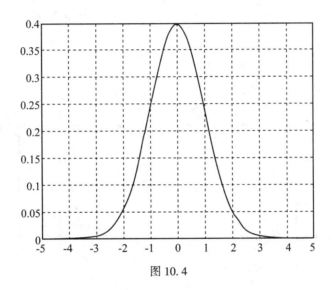

图 10. 4

在命令窗口输入：

f＝inline(′1/sqrt(2 * pi) * exp(-x. ^2/2) ′，′x′)

［y，kk］＝quad(f，－8，8)

按回车键得到：

y＝1. 0000；kk＝81

【例 10. 17】　求 $\displaystyle\int_{0}^{1}\mathrm{e}^{x}\mathrm{d}x$。

在命令窗口直接输入：

>> quad(′exp(x) ′，0，1)

ans＝1. 7183

2. 函数 quadl( )

MATLAB 提供了函数 quadl( )来计算数值积分，也可以用来进行信号的频谱分析，在要求的绝对误差范围内，用自适应递推步长复合 Lobato 数值积分法，与它相应的是高阶数值积分的函数，其使用方法、要求、输入参数和函数 quad( )相同，具体如下：

quadl(fun，a，b) 　　　%从 a 到 b 计算函数 fun( )的数值积分，误差为 1e-006。若给

fun( )输入向量 x，应返回向量 y，即 fun( )是一单值函数。

quadl(fun，a，b，tol)　　%参数 tol 用来控制积分计算结果绝对误差限，省略时默认为 1e–006，命令是用指定的绝对误差 tol 代替默认误差。

[I，n]=quad(fun，a，b，tol，trace)　　%返回参数 I 即定积分值，n 为被积函数的调用次数。Trace 控制是否展现积分过程，若取非 0，则展现积分过程，若取 0，则不展现，默认取 trace=0。

【例 10.18】 用 quadl 函数计算积分 $\int_0^{\frac{\pi}{4}} \sqrt{4 - \sin^2 x}\,\mathrm{d}x$，结果显示 15 位。

该函数的图像生成命令如下：

x=0：0.1：2*pi；

ff=sqrt(4–(sin(x)).^2)；

plot(x，ff，'linewidth'，2)；grid on；

生成图形如图 10.5 所示。

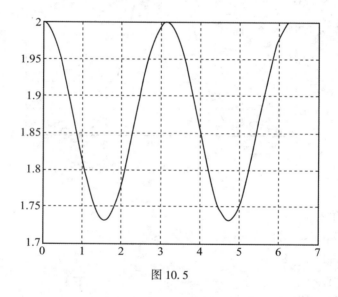

图 10.5

在命令窗口输入：

f=inline('sqrt(4–(sin(x)).^2)')；

format long；[y，kk]=quadl(f，0，pi/4)

回车后得：y=1.534391971426708；kk=18

【例 10.19】 用 quadl 函数计算积分 $\int_0^1 \mathrm{e}^{\sqrt{x}}\,\mathrm{d}x$，结果显示 15 位。

在命令窗口输入：f=inline('exp(sqrt(x))')；

format long；[y，kk]=quadl(f，0，1)

回车后得：

y=1.999998679172176

kk = 78

其中 $\int_0^1 e^{\sqrt{x}}\,\mathrm{d}x = 2$。

3. 函数 dblquad( )

这是在矩形区域上求二重积分的函数,其应用格式如下:

q=dblquad(fun,a,b,c,d)　　　%调用函数 dblquad 对函数 fun(x,y)进行二重积分运算,积分区间为[a,b,c,d],其中,a,b 为 x 的上下限,c,d 为变量 y 的上下限。

q=dblquad(fun,a,b,c,d,tol)　　　%用指定的精度 tol 代替默认的 1e-006,再进行计算。

q=dblquad(fun,a,b,c,d,tol,method)　　　%参数 method 为积分方法,有两种,一种是@ quad;另一种是@ quadl,默认为@ quad。

【例 10.20】　用 dblquad( )命令计算二重积分 $\iint_D\left(\dfrac{y}{\sin x}+xe^{-y}\right)\mathrm{d}x\mathrm{d}y$,其中,$D = \{(x,y)\mid 1 \leqslant x \leqslant 3,5 \leqslant x \leqslant 7\}$,精度要求为 1e - 006。

该函数的图形的生成方法:

ezplot('y. /sin(x)+x. * exp(y)')

图形如图 10.6 所示。

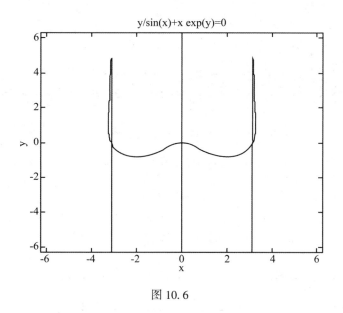

图 10.6

在命令窗口中输入:

fun = inline('y. /sin(x)+x. * exp(y)'); Q=dblquad(fun,1,3,5,7)

回车后可得:

Q = 3.8319e+003。

对于非矩形积分区域,也可以用矩形积分区域来处理,但需要令超出边界部分函数值为 0。

135

【例 10.21】 用 dblquad( ) 命令计算二重积分 $\iint\limits_{D}\sqrt{1-x^2-y^2}\,\mathrm{d}x\mathrm{d}y$，其中，$D=\{(x,y)\mid$ $x^2+y^2\leqslant 1\}$。

在命令窗口输入：

fun = inline('sqrt(max(1-(x.^2+y.^2), 0))')

Q = dblquad(fun, -1, 1, -1, 1)

回车后可得：

Q = 2.0944

还可能用另一种方法构造函数 fun(x, y)，在命令窗口输入：

fun = inline('sqrt(1-(x.^2+y.^2)). * (x.^2+y.^2<=1)')

Q = dblquad(fun, -1, 1, -1, 1)

回车后可得：

Q = 2.0944

对于非矩形积分区域，在低版本的 MATLAB 中，没有提供求解的一般方法，基于此，美国学者 Howard Wilson 与 Bryce Gardner 开发了数值积分工具箱（Numerical Integration Toolbox，NIT）可以解决这样的问题，该工具箱需要在 mathworks 网站上下载，并调用函数 quad2dggen( )。现在，在较高的版本中，MATLAB 自带了函数 quad2d( ) 可以实现这一功能。

4. 函数 Quad2d( )

Q = Quad2d(FUN, A, B, C, D)　　%近似计算函数 FUN(X, Y) 在平面区域 A<=X <=B and C(X)<=Y<=D(X) 上的二重数值积分。

【例 10.22】 计算函数 $f(x,y)=y\sin x+x\cos y$ 在 $\pi\leqslant x\leqslant 2\pi$，$0\leqslant y\leqslant\pi$ 上的积分。

>> Q = quad2d(@ (x, y) y.* sin(x)+x.* cos(y), pi, 2*pi, 0, pi)　　%匿名函数法。

Q = -9.8696　　%The true value of the integral is-pi^2。

【例 10.23】 计算函数 $\dfrac{1}{\sqrt{x+y}}\cdot(1+x+y)^2$ 在三角区域 $0\leqslant x\leqslant 1$，$0\leqslant y<=1-x$ 上的积分。

>>fun = @ (x, y) 1./(sqrt(x + y). * (1 + x + y).^2);　　ymax = @ (x) 1 - x;

Q = quad2d(fun, 0, 1, 0, ymax)　　%匿名函数法。

Q = 0.2854　　% The true value of the integral is pi/4-1/2。

【例 10.24】 试计算二重积分 $J=\int_{\frac{-1}{2}}^{1}\int_{-\sqrt{1-\frac{x^2}{2}}}^{\sqrt{1-\frac{x^2}{2}}}\mathrm{e}^{-\frac{x^2}{2}}\sin(x^2+y)\mathrm{d}y\mathrm{d}x$。

>> f1 = @ (x) sqrt(1-x.^2/2); f2 = @ (x) -sqrt(1-x.^2/2);

f = @ (x, y) exp(-x.^2/2). * sin(x.^2+y);　　%匿名函数法。

y = quad2d(f, -1/2, 1, f2, f1)

y = 0.4119

【例 10.25】 用 quad2d( ) 命令再次计算二重积分 $\iint\limits_{D}\sqrt{1-x^2-y^2}\,\mathrm{d}x\mathrm{d}y$，其中，$D=\{(x,$ $y)\mid x^2+y^2\leqslant 1\}$。

```
>> f=@(theta, r)sqrt(1-r.^2).*r        %匿名函数法。
y=quad2d(f, 0, 2*pi, 0, 1)
y=2.0944
```

5. 函数 triplequad( )

函数 triplequad( ) 用于积分限均为常数的三重积分。函数 triplequad( ) 是在立体区域求三重积分的函数，其应用格式如下：

q=triplequad(fun, xmin, xmax, ymin, ymax, zmin, zmax)   %调用函数 triplequad 对函数 fun(x, y, z)进行三重积分运算，积分区间为 [xmin, xmax, ymin, ymax, zmin, zmax]。

q=triplequad(fun, xmin, xmax, ymin, ymax, zmin, zmax, tol)   %用指定的精度 tol 代替默认的 1e-006，再进行计算。

q=triplequad(fun, xmin, xmax, ymin, ymax, zmin, zmax, tol, method)   %参数 method 为积分方法，有两种，一种是@quad；另一种是@quadl，默认为@quad。

【例 10.26】　计算三重积分 $\iiint\limits_{\Omega} (y\sin x + z\cos x)\mathrm{d}v$，$\Omega = \{(x, y, z) \mid 0 \leq x \leq \pi, 0 \leq y \leq 1, -1 \leq z \leq 1\}$。

在命令窗口输入：

```
fun=inline('y.*sin(x)+z.*cos(x)'); I=triplequad(fun, 0, pi, 0, 1, -1, 1)
```

回车后可得：

I=2.0000

对于非立体的积分区域，也可以采用类似于二重积分的方法来处理。

【例 10.27】　计算三重积分 $\iiint\limits_{\Omega} \mid \sqrt{x^2 + y^2 + z^2 - 1} \mid \mathrm{d}v$，$\Omega = \{(x, y, z) \mid z \geq \sqrt{x^2 + y^2}, z \leq 1\}$。

在命令窗口输入：

```
f=inline('abs(sqrt(x.^2+y.^2+z.^2)-1).*(z<=1&z>=sqrt(x.^2+y.^2))')
I=triplequad(f, -1, 1, -1, 1, 0, 1)
```

回车后可得：

I=0.2169

习　　题

1. 计算以下定积分：

(1) $\int \dfrac{-2x}{(1+x^2)^2}\mathrm{d}x$ 　　　　(2) $\int \dfrac{x}{(1+z)^2}\mathrm{d}x$

(3) $\int \dfrac{x}{(1+z)^2}\mathrm{d}z$ 　　　　(4) $\int_0^1 x\log(1+x)\mathrm{d}x$

2. 计算以下重积分：

（1）$\int_0^1\int_y^{\sqrt{y}} x\sin x\,dx\,dy$　　（2）$\int_{-1}^1 dx\int_0^1 |\,y-x^2\,|\,dy$　　（3）$\int_0^1\int_0^x\int_0^{xy} xyz\,dy\,dz\,dx$

参考答案

1.（1）syms x；
f=-2*x/（1+x^2）^2；
int（f）
ans= 1/（x^2 + 1）
（2）syms x z；
f=x/（1+z）^2；
int（f）
ans= x^2/（2*（z + 1）^2）
（3）syms x z；
f=x/（1+z）^2；
int（f,'z'）
ans=-x/（z + 1）
（4）syms x；
f=x*log（1+x）；
int（f, 0, 1）
ans=1/4
2.（1）syms x y；
f=x.*sin（x）；
int（int（f, x, y, sqrt（y））, y, 0, 1）
ans= 5*sin（1）-4*cos（1） - 2
即 $\int_0^1\int_y^{\sqrt{y}} x\sin x\,dx\,dy = 5\sin1 - 4\cos1 - 2$。
（2）syms x y；
f=abs（y-x^2）；
int（int（f, y, 0, 1）, x, 0-1, 1）
ans= 11/15
或者输入如下命令：
clear
syms x y；
f='abs（y-x.^2）'；
dblquad（f, -1, 1, 0, 1）
ans=0.7333
（3）clear
syms x y z；

138

```
f = x * y * z;
int( int( int( f, z, 0, x * y), y, 0, x), x, 0, 1)
ans = 1/64
```

第 11 章　函数零值问题

利用 MATLAB 提供的函数，可以求解一些简单的函数的零值问题。

11.1　代数多项式方程的求根

对于多项式方程，可用多项式求根指令求解，使用格式为：roots(p)。

每次只能求出一个一元多项式的根，该命令不能用于求方程组的解；必须把多项式方程变成 $Pn(x)=0$ 的形式，参数 p 是多项式的系数向量，该向量的分量由多项式的系数构成，排序是从高次幂系数到低次幂系数，缺少的幂次数用零填补；其结果将输出多项式方程的所有实数根和复数根。

【例 11.1】　用代数方程的求根函数 roots( ) 求方程 $x^4+5x^2+3x=20$ 的根。

首先，在命令窗口输入：

fplot($'[$ x^4+5 * x^2+3 * x−20, 0$]'$, $[$ −2.5, 2.5$]$); grid;

按回车键后得到如图 11.1 所示图形，从中可知函数与 x 轴有交点，也就是有根，并且从图中能够大致估算到根的位置。

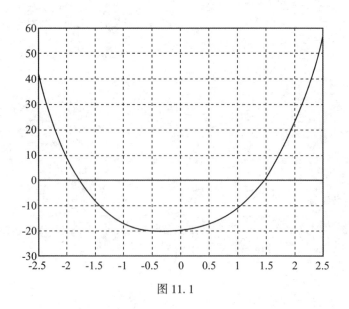

图 11.1

然后，再在命令窗口输入：

roots（［1 0 5 3－20］），按回车键后得到

ans＝　0.1458　　　＋2.7687i

　　　　0.1458　　　－2.7687i

　　　－1.7654

　　　　1.4738

由结果可知，非线性方程在区间［－2.5，2.5］内有两个实根。

11.2　函数零点值求解

求解方程 $f(x)=0$ 的实数根也就是求函数 $f(x)$ 的零点。MATLAB 求函数零点的函数为 fzero( )，具体调用格式如下：

fzero(fun，x0)　　%求函数 f 在 x0 附近的根。参数 fun 为函数 f(x) 的字符表达式、内联函数名或 M-函数文件名；x0 为函数某个点的大致位置(不能取零)或存在的区间［xi，xj］，要求函数在该区间变号，即 f(xi)f(xj)<0。

fzero(fun，x0，options)　　%参数 options 可有多种选择，若用 optimset('disp'，'iter') 代替 options 时，将输出寻找零点的中间数据。

［x，fval］＝fzero(fun，x0，options)　　%返回值中的 fval＝f(x)。

［x，fval，exitflag］＝fzero(fun，x0，options)　　%参数 exitflag 为标志求解状态。

fzero 命令无论对多项式还是对超越函数都可以使用，但每次只能求出函数的一个零点，因此，在使用前需要摸清函数零点数目和存在的大致范围。为此，常用绘图命令 plot，fplot，ezpolt 画出函数的曲线，从图上估计出函数的零点位置。

【例 11.2】　求方程 $x^2-7\sin x=30$ 的实数根（$-2\pi<x<2\pi$）。

首先在命令窗口输入：

clf；ezplot x-x；grid on；hold on；

ezplot('x^2-7 * sin(x)-30')

按回车键后，得到如图 11.2 所示图形。

从图中大致可以看出，方程实根的位置大致在 $x_1=-5$ 和 $x_2=6$ 附近。

然后，使用命令 fzero 求出方程在-5 附近的根。

（1）在命令窗口输入：

x1＝fzero('x^2+7 * sin(x)-30'，-5)

回车得到：

x1＝-4.7985

若再在命令窗口输入：

x1＝fzero('x^2+7 * sin(x)-30'，-5，optimset('disp'，'iter'))

按回车键后得到：

Search for an interval around-5 containing a sign change:

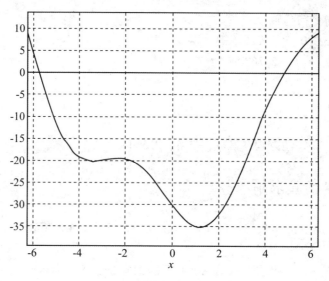

图 11.2

Func-count	a	f(a)	b	f(b)	Procedure
1	−5	1. 71247	−5	1. 71247	initial interval
3	−4. 85858	0. 53112	−5. 14142	2. 79979	search
5	−4. 8	0. 0131523	−5. 2	3. 22418	search
6	−4. 71716	−0. 748507	−5. 2	3. 22418	search

Search for a zero in the interval $[-4.71716, -5.2]$:

Func-count	x	f(x)	Procedure
6	−4. 71716	−0. 748507	initial
7	−4. 80813	0. 0860669	interpolation
8	−4. 79875	0. 00190796	interpolation
9	−4. 79854	−2. 08984e−007	interpolation
10	−4. 79854	1. 22569e−011	interpolation
11	−4. 79854	3. 55271e−015	interpolation
12	−4. 79854	3. 55271e−015	interpolation

Zero found in the interval $[-4.71716, -5.2]$

x1 = −4. 7985

（2）在命令窗口输入：

x2 = fzero('x^2+7 * sin(x)−30', [0, 6]),

回车得到：

x2 = 5. 7781

要注意的是，用 fzero 求解函数在某区间内的一根时，此函数在区间的两端点处的值的符号必须相反。

另外，也可以用内联函数作为输入参数，在命令窗口输入：

142

f = inline('x^2+7 * sin(x)-30');

x1 = fzero(f, -5), x2 = fzero(f, 6)

回车后，得到同样结果：

x1 = -4.7985；x2 = 5.7781

11.3　方程组数值求解

fsolve 是用最小二乘法解非线性方程组 $f(x)=0$，变量 x 可以是向量或矩阵，方程组可以由代数或超越方程构成，具体格式如下：

X = fsolve('fun', x0)　　%参数 fun 是编辑并存盘的 M 函数文件的名称，可以用@ 代替单引号对它进行识别。M 函数文件的主要内容是方程 $f(x)=0$ 中的函数 $f(x)$，即方程左边的函数。参数 x0 是向量或矩阵，为探索方程的起点。求解将从 x0 出发，逐渐趋向，最终得到满足精度要求，最接近 x0 的近似根 x。由于 x0 是向量或矩阵，无法用画图的方法进行估计，实际问题中常常是根据专业知识、物理意义等进行估计。

X = fsolve('fun', x0, options)　　%参数 options 为设置选项，用它可以设置过程显示与否、误差、算法等，具体内容可用 help 查阅。通常可以省略该项内容。

[X, fval, exitflag, output, jacobian] = fsolve('fun', x0, options)　　%fval 为函数向量，即 fval = f(x)，exitflag 用于标志求解状态，output 包含着优化后的结果信息，jacobian 为解 x 处的 jacobian 矩阵。

【例 11.3】　解非线性方程组 $2x_1-x_2=e^{-x_1}$；$-x_1+2x_2=e^{-x_2}$ 在 $x_1=-5$，$x_2=-5$ 附近的数值解。

首先，把方程组变成 f(x)= 0 的形式，在编辑窗口编写 M 函数。

function f = li11_ 3(x)

f(1) = 2 * x(1)-x(2)-exp(-x(1));

f(2) = -x(1)+2 * x(2)-exp(-x(2));

将 M 函数以 li11_ 3.m 存盘，退出编辑窗口，在命令窗口输入如下命令：

x0 = [-5, -5];

options = optimset('disp','iter');

[x, fval] = fsolve(@li11_ 3, x0, options)

按回车键后，得如下结果：

Iteration	Func-count	f(x)	Norm of step	First-order optimality	Trust-region radius
0	3	47071.2		2.29e+004	1
1	6	12003.4	1	5.75e+003	1
2	9	3147.02	1	1.47e+003	1
3	12	854.452	1	388	1
4	15	239.527	1	107	1
5	18	67.0412	1	30.8	1
6	21	16.7042	1	9.05	1

7	24	2. 42788	1	2. 26	1
8	27	0. 032658	0. 759511	0. 206	2. 5
9	30	7. 03149e-006	0. 111927	0. 00294	2. 5
10	33	3. 29525e-013	0. 00169132	6. 36e-007	2. 5

Optimization terminated：first-order optimality is less than options. TolFun.

    x＝0. 5671

       0. 5671

    fval＝ 1. 0e-006 *

         －0. 4059 －0. 4059

从计算结果可以看出，经过 33 次迭代，得到一个零点：x1＝x2＝0. 5671。

【例 11. 4】 求解矩阵方程：$X^3 = \begin{bmatrix} 1 & 2 \\ 3 & 4 \end{bmatrix}$ 在 $\begin{bmatrix} 1 & 1 \\ 1 & 1 \end{bmatrix}$ 附近的数值解。

首先，在编辑窗口编写 M 函数文件：

function f＝li11_ 4(x)

f＝x * x * x-[1 2; 3 4];

将 M 函数以 li11_ 4. m 存盘，然后在命令窗口输入：

[x, fval, exitflag]＝fsolve(@ li11_ 4, [1 1; 1 1], optimset('display','off'))

按回车键后得到如下结果：

x＝-0. 1291 0. 8602

    1. 2903 1. 1612

fval＝ 1. 0e-009 *

     －0. 1619 0. 0777

      0. 1162 －0. 0466

exitflag＝1

>>sum(sum(fval. * fval))

ans＝4. 7935e-020

残余值几乎为零。

【例 11. 5】 求解非线性方程组：$3x = \cos yz + 0.5$；$2x^2 - 81(y+0.1)^2 + \sin z + 1.06 = 0$；$e^{-xy} + 20z + \frac{10}{3}\pi - 1 = 1$ 在 $x=0.1$，$y=0.1$，$z=-0.1$ 附近的数值解。

首先，把方程组变成 $f(x)=0$ 的形式，在编辑窗口编写 M 文件：

function f＝li11_ 5(x)

f(1)＝3 * x(1)-cos(x(2) * x(3))-0. 5;

f(2)＝2 * x(1)^2-81 * (x(2)+0. 1)^2+sin(x(3))+1. 06;

f(3)＝exp(-x(1) * x(2))+20 * x(3)+10/3 * pi-1;

将 M 函数以 li11_ 5. m 存盘，然后在命令窗口输入：

fsolve(@ li11_ 5, [0. 1, 0. 1, -0. 1])

回车后得如下结果：

ans = 0. 5000   0. 0144   −0. 5232

由计算结果可知，方程组在 $x=0.5$，$y=0.0144$，$z=−0.5232$ 处有一个根。

11. 4 代数方程的符号解析求解

函数：solve

格式：g= solve(eq)   %输入参量 eq 可以是符号表达式或字符串。若 eq 是一符号表达式 x^2-2 * x-1 或一没有等号的字符串"x^2-2 * x-1"，则 solve(eq) 对方程 eq 中的缺省变量(由命令 findsym(eq)确定的变量)求解方程 eq=0。

g= solve(eq, var)   %对符号表达式或没有等号的字符串 eq 中指定的变量 var 求解方程 eq(var)= 0。

g= solve(eq1, eq2, …, eqn)   %输入参量 eq1，eq2，…，eqn 可以是符号表达式或字符串。该命令对方程组 eq1，eq2，…，eqn 中由命令 findsym 确定的 n 个变量如 x1，x2，…，xn 求解。

g= solve(eq1, eq2, …, eqn, var1, var2, …, varn)   %对方程组 eq1，eq2，…，eqn 中指定的 n 个变量如 var1，var2，…，varn 求解。

注意：待解的方程可以是任意的线性、非线性或超越方程；当方程组不存在解析解或精确解时，该指令输出方程的数字形式符号量解；解析解表达式太冗长或含有不熟悉的特殊函数时，可用 vpa 命令转换成数值解。

【例 11. 6】

>>A = solve('a * x^2 + b * x + c')

>>B = solve('a * x^2 + b * x + c','b')

>>C = solve('x + y= 1','x−11 * y= 5')

>>D = solve('a * u^2 + v^2', 'u−v= 1', 'a^2−5 * a +6')

计算结果为：

A = [1/2/a * (−b+(b^2−4 * a * c)^(1/2))]

[1/2/a * (−b−(b^2−4 * a * c)^(1/2))]

B = −(a * x^2+c)/x

C = (要看其具体的值，鼠标双击工作空间中的变量名，打开符号矩阵编辑窗口，再双击其变量值即可)

x：[1x1 sym]

y：[1x1 sym]

D = a：[4x1 sym]

u：[4x1 sym]

v：[4x1 sym]

【例 11. 7】 用符号命令，求解方程组：

$x^2+\sqrt{5}x=−1$；$x+3z^2=4$；$yz+1=0$。

在 MATLAB 命令窗口输入命令：

a = ′x^2+sqrt(5) * x = -1′; b = ′x+3 * z^2 = 4′; c = ′y * z+1 = 0′;

[u, v, w] = solve(a, b, c)

结果为:

u = 1/2-1/2 * 5^(1/2)

　　1/2-1/2 * 5^(1/2)

　　-1/2-1/2 * 5^(1/2)

　　-1/2-1/2 * 5^(1/2)

v = 1/44 * (42+6 * 5^(1/2))^(1/2) * (-7+5^(1/2))

　　-1/44 * (42+6 * 5^(1/2))^(1/2) * (-7+5^(1/2))

　　1/76 * (54+6 * 5^(1/2))^(1/2) * (-9+5^(1/2))

　　-1/76 * (54+6 * 5^(1/2))^(1/2) * (-9+5^(1/2))

w = 1/6 * (42+6 * 5^(1/2))^(1/2)

　　-1/6 * (42+6 * 5^(1/2))^(1/2)

　　1/6 * (54+6 * 5^(1/2))^(1/2)

　　-1/6 * (54+6 * 5^(1/2))^(1/2)

然后再输入命令:

vpa(u, 6), vpa(v, 6), vpa(w, 6)

输出得到数值解:

ans = -.618040

　　　-.618040

　　　-1.61804

　　　-1.61804

ans = -.805994

　　　.805994

　　　-.730749

　　　.730749

ans = 1.24071

　　　-1.24071

　　　1.36846

　　　-1.36846

【例 11.8】　用符号命令, 求解方程组:

$$\begin{cases} x+y+z=2 \\ 2x+y+2x=2 \\ 2x+2y+z=5 \end{cases}$$

在命令窗口输入:

[x, y, z] = solve(′x+y+z-2′,′2 * x+y+2 * z-2′,′2 * x+2 * y+z=5′)

回车可得:

x = 1, y = 2, z = -1

习　题

1. 用代数方程的求根函数 roots( ) 求方程 $x^3 - 4x^2 + 2x = -10$ 的根。

2. 求方程 $x^2 - 6cosx = 20$ 的实数根 $(-2\pi < x < 2\pi)$。

参考答案

1. 首先，在命令窗口输入：

fplot($'[x^3-4 * x^2+2 * x+10, 0]'$,$[-5, 5]$);grid;

按回车键后得到下图所示图形，从中可知函数与 x 轴有交点，也就是有根，并且从图中能够大致估算到根的位置。

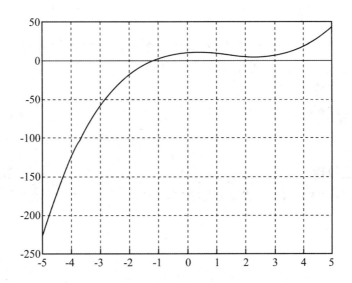

然后，再在命令窗口输入：

roots($[1-4\ 2\ 10]$)

按回车键后得到：

ans = 2.6035 + 1.2275i

2.6035 - 1.2275i

-1.2070

由结果可知，非线性方程在区间 $[-2, -1]$ 内有一个实根。

2. 首先在命令窗口输入：

clf; ezplot x-x; grid on; hold on;

ezplot($'x^2-6 * cos(x)-20'$)

按回车键后，得到如下图所示图形。

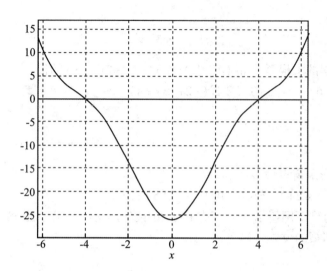

从图中大致可以看出，方程实根的位置大致在 $x_1 = -4$ 和 $x_2 = 4$ 附近。

然后，使用命令 fzero 求出方程在 -4 及 4 附近的根。

（1）在命令窗口输入：

x1 = fzero（′ x^2-6 * cos（x）-20′, -4），

回车得到：

x1 = -4.0227

（2）在命令窗口输入：

x2 = fzero（′ x^2-6 * cos（x）-20′, [0, 6]），

回车得到：

x2 = 4.0227

第12章 函数极值

MATLAB 提供了很多求极值(或最优值)的命令函数,既可以求无条件的极值,也可以求有条件的极值,其中,条件可以是不等式,也可以是等式,可以是线性的,也可以是非线性的,甚至可以是多个条件,目标函数可以是线性的,也可以是非线性的,总之,MATLAB 针对不同的类型,采用不同的函数命令去求解,以下将分类型来做些简单的介绍。

12.1 线性极值(线性规划)

12.1.1 线性规划模型

规划问题研究的对象大体可以分为两大类:一类是在现有的人、财、物等资源的条件下,研究如何合理的计划、安排,可使得某一目标达到最大,如产量、利润目标等;另一类是在任务确定后,如何计划、安排,使用最低限度的人、财等资源,去实现该任务,如使成本、费用最小等。这两类问题从本质上说是相同的,即都在一组约束条件下,去实现某一个目标的最优(最大或最小)。线性规划研究的问题要求目标与约束条件函数都是线性的,而目标函数只能是一个。在经济管理问题中,大量问题是线性的,有的也可以转化为线性的,从而使线性规划有极大的应用价值。线性规划模型包含 3 个要素:

(1)决策变量:问题中需要求解的那些未知量,一般用 n 维向量 $x = (x_1, x_2, \cdots, x_n)^T$ 表示。

(2)目标函数:通常是问题需要优化的那个目标的数学表达式,它是决策变量 x 的线性函数。

(3)约束条件:对决策变量的限制条件,即 x 的允许取值范围,它通常是 x 的一组线性不等式或线性等式。

线性规划问题的数学模型一般可表示为:

$\min(\max) \boldsymbol{f}^T \boldsymbol{X}$

s. t. $\boldsymbol{A}\,\boldsymbol{X} \leqslant b$

Aeq $\boldsymbol{X} =$ beq

lb $\leqslant \boldsymbol{X} \leqslant$ ub

其中 $\boldsymbol{X}$ 为 n 维未知向量,$\boldsymbol{f}^T = [f_1, f_2, \cdots, f_n]$ 为目标函数系数向量,小于等于约束系数矩阵 $\boldsymbol{A}$ 为 $m \times n$ 矩阵,b 为其右端 m 维列向量,Aeq 为等式约束系数矩阵,beq 为等式约束右端常数列向量。lb,ub 为自变量取值上界与下界约束的 n 维常数向量。

注意:当用 MATLAB 软件作优化问题时,所有求 maxf 的问题化为求 $\min(-f)$ 来做。约束 $g_i(x) \geqslant 0$,化为 $-g_i \leqslant 0$ 来做。

12.1.2 线性规划问题求最优解函数

调用格式：

x=linprog(f, A, b)

x=linprog(f, A, b, Aeq, beq)

x=linprog(f, A, b, Aeq, beq, lb, ub)

x=linprog(f, A, b, Aeq, beq, lb, ub, x0)

x=linprog(f, A, b, Aeq, beq, lb, ub, x0, options)

[x, fval]=linprog(…)

[x, fval, exitflag]=linprog(…)

[x, fval, exitflag, output]=linprog(…)

[x, fval, exitflag, output, lambda]=linprog(…)

说明：x=linprog(f, A, b)　%返回值 x 为最优解向量。

x=linprog(f, A, b, Aeq, beq)　%作有等式约束的问题。若没有不等式约束，则令 A=[ ]、b=[ ]。

x=linprog(f, A, b, Aeq, beq, lb, ub, x0, options)　%lb，ub 为变量 x 的下界和上界，x0 为初值点，options 为指定优化参数进行最小化。

[x, fval]=linprog(…)　%左端 fval 返回解 x 处的目标函数值。

[x, fval, exitflag, output, lambda]=linprog(f, A, b, Aeq, beq, lb, ub, x0)的输出部分：exitflag 描述函数计算的退出条件，若为正值，表示目标函数收敛于解 x 处；若为负值，表示目标函数不收敛；若为零值，则表示已经达到函数评价或迭代的最大次数。Output 为关于优化的一些信息。Lambda 为解 x 的 Lagrange 乘子。

【例 12.1】　求解线性规划问题：

$$\max f = 2x_1 + 5x_2$$

$$\text{s. t.} \begin{cases} x_1 & \leqslant 4 \\ x_2 & \leqslant 3 \\ x_1 + 2x_2 \leqslant 8 \\ x_1, \ x_2 \geqslant 0 \end{cases}$$

先将目标函数转化成最小值问题：$\min(-f) = -2x_1 - 5x_2$。

具体程序如下：

```
f=[-2  -5];
A=[1  0; 0  1; 1  2];
b=[4; 3; 8];
lb=[0 0];
[x, fval]=linprog(f, A, b, [ ], [ ], lb)
maxf=fval*(-1)
```

运行结果：

x=2　3

　　fval = -19.0000

　　maxf = 19

【例 12.2】　$\min f = 5x_1 - x_2 + 2x_3 + 3x_4 - 8x_5$

s. t.
$$\begin{cases} -2x_1 + x_2 - x_3 + x_4 - 3x_5 \leqslant 6 \\ 2x_1 + x_2 - x_3 + 4x_4 + x_5 \leqslant 7 \\ 0 \leqslant x_j \leqslant 15, \ j = 1, \ 2, \ 3, \ 4, \ 5 \end{cases}$$

编写以下程序：

```
f=[5-1 2 3-8];
A=[-2  1  -1  1  -3; 2  1  -1  4  1];
b=[6; 7];
lb=[0 0 0 0 0];
ub=[15 15 15 15 15];
[x, fval]=linprog(f, A, b, [ ], [ ], lb, ub)
```

运行结果：

x = 0.0000

　　0.0000

　　8.0000

　　0.0000

　　15.0000

　　fval = -104

【例 12.3】　假设某厂计划生产甲、乙两种产品，现库存主要材料有 A 类 3600 公斤，B 类 2000 公斤，C 类 3000 公斤。每件甲产品需用材料 A 类 9 公斤，B 类 4 公斤，C 类 3 公斤。每件乙产品，需用材料 A 类 4 公斤，B 类 5 公斤，C 类 10 公斤。甲单位产品的利润 70 元，乙单位产品的利润 120 元。问：如何安排生产，才能使该厂所获的利润最大？

建立数学模型：

设 x_1、x_2 分别为生产甲、乙产品的件数；f 为该厂所获总润。

$\max f = 70x_1 + 120x_2$

s. t.
$$\begin{cases} 9x_1 + 4x_2 \leqslant 3600 \\ 4x_1 + 5x_2 \leqslant 2000 \\ 3x_1 + 10x_2 \leqslant 3000 \\ x_1, \ x_2 \geqslant 0 \end{cases}$$

将其转换为标准形式：

$\min f = -70x_1 - 120x_2$

s. t.
$$\begin{cases} 9x_1 + 4x_2 \leqslant 3600 \\ 4x_1 + 5x_2 \leqslant 2000 \\ 3x_1 + 10x_2 \leqslant 3000 \\ x_1, \ x_2 \geqslant 0 \end{cases}$$

编写以下程序：

```
f = [ -70  -120 ];
A = [ 9 4 ;  4 5;  3 10 ];
b = [ 3600;  2000;  3000 ];
lb = [ 0 0 ];
[ x, fval, exitflag ] = linprog( f, A, b, [ ], [ ], lb );
x, exitflag, maxf = -fval
```

运行结果：

```
x = 200.0000
    240.0000
exitflag = 1
maxf = 4.2800e+004
```

【例 12.4】 某公司有一批资金用于 4 个工程项目的投资，其投资各项目时所得的净收益（投入资金百分比）如表 12.1 所示。

表 12.1　　　　　　　　　　　　　　　　工程项目收益表

工程项目	A	B	C	D
收益(%)	15	10	8	12

由于某种原因，决定用于项目 A 的投资不大于其他各项投资之和而用于项目 B 和 C 的投资要大于项目 D 的投资。试确定该公司收益最大的投资分配方案。

建立数学模型：

设 x_1、x_2、x_3、x_4 分别代表用于项目 A、B、C、D 的投资百分数。

$\max f = 0.15x_1 + 0.1x_2 + 0.08x_3 + 0.12x_4$

$$\text{s. t.} \begin{cases} x_1 - x_2 - x_3 - x_4 \leqslant 0 \\ x_2 + x_3 - x_4 \geqslant 0 \\ x_1 + x_2 + x_3 + x_4 = 1 \\ x_j \geqslant 0, \ j = 1, 2, 3, 4 \end{cases}$$

将其转换为标准形式：

$\min z = -0.15x_1 - 0.1x_2 - 0.08x_3 - 0.12x_4$

$$\text{s. t.} \begin{cases} x_1 - x_2 - x_3 - x_4 \leqslant 0 \\ -x_2 - x_3 + x_4 \leqslant 0 \\ x_1 + x_2 + x_3 + x_4 = 1 \\ x_j \geqslant 0, \ j = 1, 2, 3, 4 \end{cases}$$

编写程序：

```
f = [ -0.15;  -0.1;  -0.08;  -0.12 ];
A = [ 1  -1  -1  -1;  0  -1  -1  1 ];
b = [ 0; 0 ];
```

```
Aeq = [1 1 1 1];
beq = [1];
lb = zeros(4, 1);
[x, fval, exitflag] = linprog(f, A, b, Aeq, beq, lb)
fmax = -fval
```

运行结果：

```
x = 0.5000
    0.2500
    0.0000
    0.2500
fval = -0.1300
exitflag = 1
fmax = 0.1300
```

即 4 个项目的投资百分数分别为 50%，25%，0，25%时可使该公司获得最大的收益，其最大收益可到达 13%。过程正常收敛。

【例 12.5】 有 A、B、C 三个食品加工厂，负责供给甲、乙、丙、丁四个市场。三个厂每天生产食品箱数上限如表 12.2 所示。

表 12.2

工厂	A	B	C
生产数	60	40	50

四个市场每天的需求量如表 12.3 所示。

表 12.3

市场	甲	乙	丙	丁
需求量	20	35	33	34

从各厂运到各市场的运输费(元/每箱)如表 12.4 所示。

表 12.4

发点 \ 收点		市 场			
		甲	乙	丙	丁
工厂	A	2	1	3	2
	B	1	3	2	1
	C	3	4	1	1

求在基本满足供需平衡的约束条件下使总运输费用最小。

建立数学模型：

设 a_{ij} 为由工厂 i 运到市场 j 的费用，x_{ij} 是由工厂 i 运到市场 j 的箱数。b_i 是工厂 i 的产量，d_j 是市场 j 的需求量。

$$A = \begin{pmatrix} 2 & 1 & 3 & 2 \\ 1 & 3 & 2 & 1 \\ 3 & 4 & 1 & 1 \end{pmatrix} \qquad X = \begin{pmatrix} x_{11} & x_{12} & x_{13} & x_{14} \\ x_{21} & x_{22} & x_{23} & x_{24} \\ x_{31} & x_{32} & x_{33} & x_{34} \end{pmatrix}$$

$$\boldsymbol{b} = (60 \quad 40 \quad 50)^{\mathrm{T}} \qquad \boldsymbol{d} = (20 \quad 35 \quad 33 \quad 34)^{\mathrm{T}} \qquad \min f = \sum_{i=1}^{3} \sum_{j=1}^{4} a_{ij} x_{ij}$$

$$\mathrm{s.\,t.} \begin{cases} \sum_{j=1}^{4} x_{ij} \leq b_i & (i=1,\ 2,\ 3) \\ \sum_{i=1}^{3} x_{ij} = d_j & (j=1,\ 2,\ 3,\ 4) \\ x_{ij} \geq 0 \end{cases}$$

编写程序：

```
AA = [2 1 3 2; 1 3 2 1; 3 4 1 1];
    f = AA(:);
    A = [1 0 0 1 0 0 1 0 0 1 0 0
        0 1 0 0 1 0 0 1 0 0 1 0
        0 0 1 0 0 1 0 0 1 0 0 1];
Aeq = [1 1 1 0 0 0 0 0 0 0 0 0
    0 0 0 1 1 1 0 0 0 0 0 0
    0 0 0 0 0 0 1 1 1 0 0 0
    0 0 0 0 0 0 0 0 0 1 1 1];
b = [60; 40; 50];
beq = [20; 35; 33; 34];
lb = zeros(12, 1);
[x, fval, exitflag] = linprog(f, A, b, Aeq, beq, lb)
```

运行结果：

```
x =  0.0000
    20.0000
     0.0000
    35.0000
     0.0000
     0.0000
     0.0000
     0.0000
    33.0000
```

　　0.0000
　　18.4682
　　15.5318
fval=122.0000
exitflag=1

即运输方案为：甲市场的货由 B 厂送 20 箱；乙市场的货由 A 厂送 35 箱；丙商场的货由 C 厂送 33 箱；丁市场的货由 B 厂送 18 箱，再由 C 厂送 16 箱。最低总运费为：122元。

12.2　0-1 整数规划求极值

$\min \boldsymbol{f}^{\mathrm{T}} \boldsymbol{X}$

s.t. $\boldsymbol{A} \boldsymbol{X} \leqslant \boldsymbol{b}$

Aeq $\boldsymbol{X}$=beq

xi 为 0 或 1

其中 X 为 n 维未知向量，$\boldsymbol{f}^{\mathrm{T}}=[f_1, f_2, \cdots f_n]$ 为目标函数系数向量，小于等于约束系数矩阵 $\boldsymbol{A}$ 为 $m \times n$ 矩阵，b 为其右端 m 维列向量，Aeq 为等式约束系数矩阵，beq 为等式约束右端常数列向量。

12.2.1　分支定界法

在 MATLAB 中提供了 bintprog 函数实现 0-1 型线性规划，采用的是分支定界法原理，其调用格式如下：

x=bintprog(f, A, b)

x=bintprog(f, A, b, Aeq, beq)

[x, fval]=bintprog(…)

[x, fval, exitflag]=bintprog(…)

[x, fval, exitflag, output]=bintprog(…)

[x, fval, exitflag, output, lambda]=bintprog(…)

说明：

x=bintprog(f, A, b)　　　%返回值 x 为最优解向量。

x=bintprog(f, A, b, Aeq, beq)　　　%作有等式约束的问题。若没有不等式约束，则令 A=[ ]、b=[ ]。

[x, fval]=bintprog(…)　　　%左端 fval 返回解 x 处的目标函数值。

【例 12.6】　求解以下问题：

$\max z = x_1 + 1.2x_2 + 0.8x_3$

$$\text{s. t.} \begin{cases} 2.1x_1 + 2x_2 + 1.3x_3 \leqslant 5 \\ 0.8x_1 + x_2 \leqslant 5 \\ x_1 + 2.5x_2 + 2x_3 \leqslant 8 \\ 2x_2 \leqslant 8 \\ x_1, \ x_2, \ x_3 \text{ 为 0 或 1} \end{cases}$$

首先，将其改变成 0-1 整数规划函数 bintprog 要求的标准形式：

$$\min z = -x_1 - 1.2x_2 - 0.8x_3$$

$$\text{s. t.} \begin{cases} 2.1x_1 + 2x_2 + 1.3x_3 \leqslant 5 \\ 0.8x_1 + x_2 \leqslant 5 \\ x_1 + 2.5x_2 + 2x_3 \leqslant 8 \\ 2x_2 \leqslant 8 \\ x_1, \ x_2, \ x_3 \text{ 为 0 或 1} \end{cases}$$

MATLAB 求解：

```
c=[-1, -1.2, -0.8];
A=[2.1, 2, 1.3; 0.8, 1, 0; 1, 2.5, 2; 0, 2, 0];
b=[5; 5; 8; 8];
[x, fval]=bintprog(c, A, b);
x
fmax=-fval
```

运行结果可得：

```
x=1
  1
  0
fmax=2.2000
```

【例 12.7】 某快餐连锁经营公司有 7 个地点（A1，A2，…，A7）可以设立快餐店，由于地理位置因素，设立快餐店时必须满足以下要求：A1，A2，A3 三个地点最多可选两个，A1 和 A5 至少选取一个，A6 和 A7 至少选取一个。已知各个地点设立快餐店的投入和预计收益如表 12.5 所示。已知目前公司有 650 万元可以投资。问：怎样投资才能使公司预计收益最高？

表 12.5

地点	A1	A2	A3	A4	A5	A6	A7
利润（万元）	10	11	8	12	15	12	5
投资（万元）	103	140	95	150	193	160	80

这是一个选址问题。首先引入 0-1 变量 x_i。

$x_i = 1$，选择 Ai 地址；$x_i = 0$，不选择 Ai 地址。则该问题的数学模型可以表示如下：

$$\max z = 10x_1 + 11x_2 + 8x_3 + 12x_4 + 15x_5 + 12x_6 + 5x_7$$

$$\text{s. t.} \begin{cases} 103x_1 + 140x_2 + 95x_3 + 150x_4 + 193x_5 + 160x_6 + 80x_7 \leqslant 650 \\ x_1 + x_2 + x_3 \leqslant 2 \\ x_4 + x_5 \geqslant 1 \\ x_6 + x_7 \geqslant 1 \\ x_i = 0, \ 1 \end{cases}$$

MATLAB 求解程序如下：

```
c = [-10  -11  -8  -12  -15  -12  -5];
A = [103  140  95  150  193  160  80; 1  1  1  0  0  0  0;
     0  0  0  -1  -1  0  0; 0  0  0  0  0  -1  -1];
b = [650; 2; -1; -1];
[x, fval] = bintprog(c, A, b);
x
f = fval * (-1)
```

运行程序得：x = [1；1；0；1；0；1；1]，fval = 50

12. 2. 2　枚举法

除了采用分支定界法原理计算 0-1 整数规划外，还可以采用枚举法。

枚举法程序：bintLp_ E. m

```
function [x, f] = bintLp_ E(c, A, b, N)
%[x, f] = bintLp_ E(c, A, b, N)用枚举法求解下列 0-1 线性规划；
%min f = c' * x, s. t. A * x <= b, x 的分量全为 0 或 1；
%其中 N 表示约束条件 A * x <= b 中的前 N 个是等式，N = 0 时可以省略；
%返回结果 x 是最优解，f 是最优解处的函数值。
if nargin < 4
    N = 0;
end
c = c(:); b = b(:);
[m, n] = size(A);
x = []; f = abs(c') * ones(n, 1);
i = 1;
while i <= 2^n
    B = de2bi(i-1, n)';
    t = A * B - b;
    t11 = find(t(1: N,:) ~ = 0);
```

$$t12 = find(t(N+1: m,:)>0);$$
$$t1 = [t11; t12];$$
```
if isempty(t1)
    f = min([f, c' * B]);
    if c' * B = = f
        x = B;
    end
end
i = i+1;
end
```

注意：以上程序需保存至搜索路径之下才可以调用。

【例 12.8】　求解下列 0-1 型整数线性规划：

$$\max f = -3x_1 + 2x_2 - 5x_3$$

$$\text{s. t.} \begin{cases} x_1 + 2x_2 - x_3 \leqslant 2 \\ x_1 + 4x_2 - x_3 \leqslant 4 \\ x_1 + x_2 \leqslant 3 \\ 4x_2 + x_3 \leqslant 6 \\ x_1, \ x_2, \ x_3 \ 0 \ \text{或} \ 1 \end{cases}$$

分别采用两种算法计算如下：

```
c = [3-2 5];
a = [1  2  -1; 1  4  -1; 1  1  0; 0  4  1];
b = [2; 4; 3; 6];
[x, fval] = bintprog(c, a, b)
[xx, ffval] = bintLp_ E(c, a, b)
```

计算结果如下：

```
x = 0
    1
    0
fval = -2
xx = 0
     1
     0
ffval = -2
```

【例 12.9】　某公司有 A1，A2，A3 三项业务需要 B1，B2，B3 三位业务员处理，每个业务员处理业务的费用如表 12.6 所示，其中业务员 B2 不能处理业务 A1，问：应指派何人去完成何项业务，使所需总费用最少？

表 12.6

	B1	B2	B3
A1	1500	不能处理	800
A2	1200	900	750
A3	900	800	900

设 x_{ij} 表示第 i 项业务被第 j 位业务员处理，其中不能处理时可以认为费用非常高，比如 999999 元，则依题意可得如下模型：

$$\min z = 1500x_{11} + 999999x_{12} + 800x_{13} + 1200x_{21} + 900x_{22} + 750x_{23} + 900x_{31} + 800x_{32} + 900x_{33}$$

$$\text{s. t.} \begin{cases} x_{11} + x_{12} + x_{13} = 1 \\ x_{21} + x_{22} + x_{23} = 1 \\ x_{31} + x_{32} + x_{33} = 1 \\ x_{11} + x_{21} + x_{31} = 1 \\ x_{12} + x_{22} + x_{32} = 1 \\ x_{13} + x_{23} + x_{33} = 1 \\ x_{ij} = 0, \ 1 \end{cases}$$

编写 MATLAB 程序：

```
c = [1500 999999 800 1200 900 750 900 800 900];
Aeq = [1 1 1 0 0 0 0 0 0;
       0 0 0 1 1 1 0 0 0;
       0 0 0 0 0 0 1 1 1;
       1 0 0 1 0 0 1 0 0;
       0 1 0 0 1 0 0 1 0;
       0 0 1 0 0 1 0 0 1];
beq = ones(6, 1);
[x, fval] = bintprog(c, [], [], Aeq, beq)
[xx, ffval] = bintLp_E(c, Aeq, beq, 6)
```

运行程序可得：

x = xx = [0 0 1 0 1 0 1 0 0]；fval = ffval = 2600

（答案：A1 被 B3 处理，A2 被 B2 处理，A3 被 B1 处理时总费用最少，只需 2600 元。）

12.3　整数规划求极值

MATLAB 关于整数规划没有内带的函数，目前关于整数规划的自编程序已编好，以下是其中之一：

```
    function[x, val, status]=ip(f, A, b, Aeq, beq, lb, ub, M, e)
    options=optimset('display','off'); bound=inf;
    [x0, val0]=linprog(f, A, b, Aeq, beq, lb, ub, [ ], options);
    [x, val, status, b]=rec(f, A, b, Aeq, beq, lb, ub, x0, val0, M, e, bound);
function[xx, val, status, bb]=rec(f, A, b, Aeq, beq, lb, ub, x, v, M, e, bound)
    options=optimset('display','off');
    [x0, val0, status0]=linprog(f, A, b, Aeq, beq, lb, ub, [ ], options);
    if status0<=0 | val0>bound
        xx=x; val=v; status=status0; bb=bound;
        return;
    end
    ind=find(abs(x0(M)-round(x0(M)))>e);
    if isempty(ind)
        status=1;
        if val0<bound
            x0(M)=round(x0(M));
            xx=x0;
            val=val0;
            bb=val0;
    else
            xx=x;
            val=v;
            bb=bound;
    end
    return
    end
    [row col]=size(ind);
    br_ var=M(ind(1));
    br_ value=x(br_ var);
    for i=2: col
        tempbr_ var=M(ind(i));
        tempbr_ value=x(br_ var);
    if tempbr_ value>br_ value
            br_ var=tempbr_ var;
            br_ value=tempbr_ value;
        end
    end
    if isempty(A)
```

$$[r\ c] = size(Aeq);$$

else

$$[r\ c] = size(A);$$

end

$$A1 = [A;\ zeros(1,\ c)];$$

$$A1(end,\ br\_\ var) = 1;$$

$$b1 = [b;\ floor(br\_\ value)];$$

$$A2 = [A;\ zeros(1,\ c)];$$

$$A2(end,\ br\_\ var) = -1;$$

$$b2 = [b;\ -ceil(br\_\ value)];$$

$$[x1,\ val1,\ status1,\ bound1] = rec(f,\ A1,\ b1,\ Aeq,\ beq,\ lb,\ ub,\ x0,\ val0,\ M,\ e,$$
bound);

status = status1;

if status1>0&bound1<bound

xx = x1;

val = val1;

bound = bound1;

bb = bound1;

else

xx = x0;

val = val0;

bb = bound;

end

$$[x2,\ val2,\ status2,\ bound2] = rec(f,\ A2,\ b2,\ Aeq,\ beq,\ lb,\ ub,\ x0,\ val0,\ M,\ e,$$
bound);

if status2>0&bound2<bound

status = status2;

xx = x2;

val = val2;

bb = bound2;

end

end

注意：请先将以上程序保存至搜索路径之下，函数名为 ip. m。

函数调用规则如下：

$$[x,\ val,\ status] = ip(c,\ A,\ b,\ Aeq,\ beq,\ lb,\ ub,\ M,\ e)$$

该函数求解如下整数规划问题：

min c * x

Subject to

A * x<=b

Aeq * x = beq

lb<=x<=ub

M 是存放整数变量编号的向量。

e 是整数取值的容忍度,当一个变量同其取值之间差值小于 e 时,该变量被认为是已经为整数。一般 e = 5.96e-08。

该函数返回变量如下:

X:整数规划的解

Val:目标函数最优值

Status = 1:如果成功

= 0:如果迭代到线性规划的最大迭代次数

= -1:如果没有解

【例 12.10】 求解满足以下条件的极值:

$$\max z = 20x_1 + 10x_2$$

$$\text{s. t.} \begin{cases} 5x_1 + 4x_2 \leqslant 24 \\ 2x_1 + 5x_2 \leqslant 13 \\ x_1, \ x_2 \geqslant 0 \\ x_1, \ x_2 \ \text{取整数} \end{cases}$$

分析:由于是求函数极小值,故先变换成求负的最小值,然后变成正的最大值。具体如下:

c = [-20, -10];

A = [5 4; 2 5];

b = [24; 13];

lb = [0 0];

M = [1 2];

e = 5.96e-08;

[x, val, status] = ip(c, A, b, [], [], lb, [], M, e); x, maxf = -val, status

计算结果如下:

x = 4

    1

maxf = 90.0000

status = 1

【例 12.11】 现有一个容积为 36 立方米,最大载重 40 吨的集装箱,需装入两种产品,产品甲为箱式包装,每箱体积 0.3 立方米,重 0.7 吨,每箱价值 1.5 万元;产品乙为袋式包装,每袋体积为 0.5 立方米,重 0.2 吨,每袋价值 1 万元。问:箱子应当装入多少产品甲(不可拆开包装)以及多少产品乙(可以拆开包装)才能使集装箱载货价值最大?

模型求解:假设应装入 x_1 箱甲产品,x_2 袋乙产品,则问题变成如下数学模型:

$$\max z = 1.5x_1 + x_2$$

$$\text{s. t.} \begin{cases} 0.3x_1 + 0.5x_2 \leqslant 36 \\ 0.7x_1 + 0.2x_2 \leqslant 40 \\ x_1, \ x_2 \geqslant 0 \\ x_1 \text{ 取整数} \end{cases}$$

编程如下：

c = [-1.5, -1];
A = [0.3 0.5; 0.7 0.2];
b = [36; 40];
lb = [0 0];
M = [1];
e = 5.96e-08;
[x, val, status] = ip(c, A, b, [], [], lb, [], M, e);
x, fmax = -val, status

计算结果为：

x = 44.0000
　　45.6000
fmax = 111.6000
status = 1

12.4　非线性函数求极值(非线性规划)

非线性规划与线性规划的区别是：目标函数与约束条件至少有一处是非线性的。非线性规划问题可分为无约束问题和有约束问题。

12.4.1　无约束非线性规划问题

1. 有界单变量优化

函数：fminbnd

调用格式：[x, val] = fminbnd(f, x1, x2)　　%其中 f 是用来求极值的函数，可以是函数名，也可以是函数表达式，意思是求函数 f 在区间[x1, x2]上的极小值(不是最小值)。

【例 12.12】　求函数 $y = (x^2-1)^3+1$ 的极值。

为了能更方便的找出极值点，先用 plot 函数画出该函数的曲线图，输入如下命令：

x = -2: 0.1: 2; f = (x.^2-1).^3+1; plot(x, f)

从图 12.1 中可以看出函数有极小值，输入如下命令：

f1 = '(x.^2-1).^3+1'; [x, val] = fminbnd(f1, -2, 2)

回车后可得：

x = 4.4409e-016; val = 0

即可知极小值为 $f(0) = 0$。

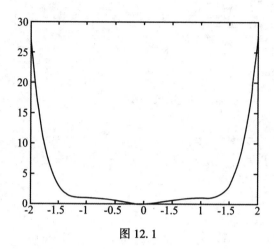

图 12.1

【例 12.13】　求解 $f(x) = x^2 - 2x - 1$ 的极值。

先作图 12.2。

x=-1：0.1：3；f=x. ^2-2 * x-1；plot(x, f)

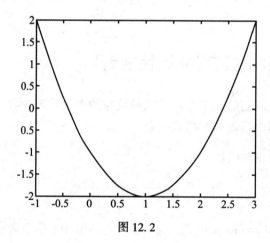

图 12.2

从图 12.2 中可以看出函数有极小值。输入如下命令：

f1 =′ x. ^2-2 * x-1′；[x, val] =fminbnd(f1, -1, 3)

回车后可得：

x=1；val=-2

即可知极小值为 $f(1) = -2$。

2. 求解多元无约束最优化问题

函数：fminunc

调用格式：

x＝fminunc(fun, x0)

x＝fminunc(fun, x0, options)

x＝fminunc(fun, x0, options, P1, P2)

[x, fval]＝fminunc(…)

[x, fval, exitflag]＝fminunc(…)

[x, fval, exitflag, output]＝fminunc(…)

[x, fval, exitflag, output, grad]＝fminunc(…)

[x, fval, exitflag, output, grad, hessian]＝fminunc(…)

说明：fun 为需最小化的目标函数，x0 为给定的搜索的初始点。options 指定优化参数。

返回的 x 为最优解向量；fval 为 x 处的目标函数值；exitflag 描述函数的输出条件；output 返回优化信息；grad 返回目标函数在 x 处的梯度。Hessian 返回在 x 处目标函数的 Hessian 矩阵信息。

【例 12.14】　求 $\min f = 8x - 4y + x^2 + 3y^2$。

通过绘图 12.3 确定一个初始点：

[x, y]＝meshgrid(-10：0.5：10); z＝8 * x-4 * y +x.^2+3 * y.^2;

surf(x, y, z)

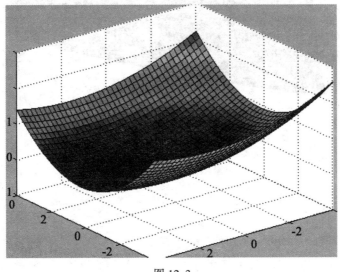

图 12.3

选初始点：x0＝(0, 0)

x0＝[0, 0];

编辑 ff1.m 文件

function f＝ff1(x)

f＝8 * x(1)-4 * x(2) +x(1)^2+3 * x(2)^2;

程序调用：

x0＝[0，0]；[x，fval，exitflag]＝fminunc(@ff1，x0)

结果：x＝-4.0000　　0.6667

fval＝-17.3333

exitflag＝1

【例 12.15】　求 $\min f = 4x^2 + 5xy + 2y^2$。

通过绘图 12.4 确定一个初始点：

[x，y]＝meshgrid(-10：0.5：10)；

z＝ 4 * x.^2+5 * x. * y +2 * y.^2；

surf(x，y，z)

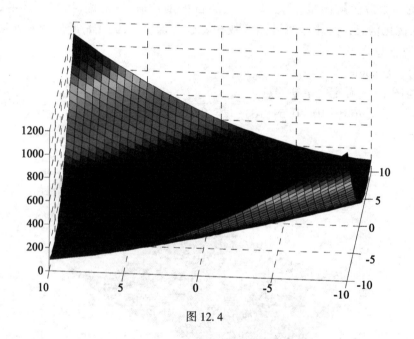

图 12.4

选初始点：x0＝(0，0)

x0＝[0，0]；

编辑 ff2.m 文件：

function f＝ff2(x)

f＝4 * x(1).^2+5 * x(1). * x(2) +2 * x(2).^2；

程序调用：

x0＝[0，0]；[x，fval，exitflag]＝fminunc(@ff2，x0)

结果：

x＝　0　0

fval＝0

exitflag＝1

【例 12.16】　计算 $z=x^3-y^3+3x^2+3y^2-9x$ 的极值。

（1）求极小值。

编写目标函数：

```
function f=li12_16(x)
f=x(1)^3-x(2)^3+3*x(1)^2+3*x(2)^2-9*x(1);
```

主程序窗口调用：

```
x0=[0 0];
[x,fval,exitflag]=fminunc(@li12_16,x0)
```

计算结果：

```
x=1.0000  -0.0000
fval=-5
exitflag=1
```

即 f(1, 0)=-5 为极小值。

（2）求极大值。可以变成求目标函数负的极小值，然后反号即可求出极大值。

编写目标函数：

```
function f=li12_161(x)
f=-x(1)^3+x(2)^3-3*x(1)^2-3*x(2)^2+9*x(1);
```

主程序窗口调用：

```
x0=[-1 1];
[x,fval,exitflag]=fminunc(@li12_161,x0),maxf=-fval
```

计算结果：

```
x=-3.0000    2.0000
fval=-31.0000
exitflag=1
maxf=31.0000
```

即 f(-3, 2)=31 为极大值。

12.4.2　有约束非线性规划问题

数学模型：$\min f(x)$

$$
\text{s.t.}\begin{cases}
Ax\leqslant b & \text{线性不等式约束}\\
\text{Aeq.}\,x=\text{beq} & \text{线性等式约束}\\
C(x)\leqslant 0 & \text{非线性不等式约束}\\
\text{Ceq}(x)=0 & \text{非线性等式约束}\\
lb\leqslant x\leqslant ub & \text{有界约束}
\end{cases}
$$

调用格式：　　　　x=fmincon(f, x0, A, b)

```
x=fmincon(f, x0, A, b, Aeq, beq)
x=fmincon(f, x0, A, b, Aeq, beq, lb, ub)
x=fmincon(f, x0, A, b, Aeq, beq, lb, ub, nonlcon)
```

x=fmincon(f, x0, A, b, Aeq, beq, lb, ub, nonlcon, options)

[x, fval]=fmincon(…)

[x, fval, exitflag]=fmincon(…)

[x, fval, exitflag, output]=fmincon(…)

[x, fval, exitflag, output, lambda]=fmincon(…)

说明：x=fmincon(f, x0, A, b)返回值 x 为最优解向量。其中，f 为目标函数，x0 为初始点。A，b 为不等式约束的系数矩阵和右端列向量。

x=fmincon(f, x0, A, b, Aeq, beq)作有等式约束的问题。若没有不等式约束，则令 A=[ ]、b=[ ]。

x=fmincon(f, x0, A, b, Aeq, beq, lb, ub, nonlcon , options)中 lb、ub 为变量 x 的下界和上界；options 为指定优化参数进行最小化。lambda 是 lagrange 乘子，它体现哪个约束有效。nonlcon=@ fun，由 M 文件 fun. m 给定非线性不等式约束 c(x)≤0 和等式约束 g(x)=0；非线性约束条件函数格式一般如下：

function[C, Ceq]=mycon(x)

C=…　　　%计算 x 处的非线性不等式约束 C(x)≤0 的函数值。

Ceq=…　　%计算 x 处的非线性等式约束 Ceq(x)=0 的函数值。

【例 12.17】　求解：$\min 100(x_2-x_1^2)^2+(1-x_1)^2$。

s. t. $\begin{cases} x_1 \leq 2 \\ x_2 \leq 2 \end{cases}$

程序：首先建立 ff3. m 文件：

```
function f=ff3(x)
f=100 * (x(2)-x(1)^2)^2+(1-x(1))^2;
```

然后在工作空间键入程序：

```
x0=[1.1, 1.1];
A=[1 0; 0 1];
b=[2; 2];
[x, fval]=fmincon(@ ff3, x0, A, b)
```

结果：

x=1.0000　　1.0000

fval=3.1936e-011

【例 12.18】　求解：$\min f(x)=-x_1x_2x_3$。

s. t.　$0 \leq x_1+2x_2+2x_3 \leq 72$

首先建立目标函数文件 ff4. m 文件：

```
function f=ff4(x)
f=-x(1) * x(2) * x(3)
```

然后将约束条件改写成如下不等式：

$-x_1-2x_2-2x_3 \leq 0$

$x_1+2x_2+2x_3 \leq 72$

在工作空间键入程序：

A＝[－1－2－2；1 2 2]；

b＝[0；72]；

x0＝[10；10；10]；

[x, fval]＝fmincon(@ff4, x0, A, b)

结果：

x＝24.0000

　　12.0000

　　12.0000

fval＝－3456

【例 12.19】　求解：$\min f = e^{x_1}(6x_1^2 + 3x_2^2 + 2x_1x_2 + 4x_2 + 1)$。

s. t. $\begin{cases} x_1x_2 - x_1 - x_2 + 1 \leqslant 0 \\ -2x_1x_2 - 5 \leqslant 0 \end{cases}$

程序：首先建立目标函数文件 ff5.m 文件：

```
function  f=ff5(x)
f=exp(x(1))*(6*x(1)^2+3*x(2)^2+2*x(1)*x(2)+4*x(2)+1);
```

再建立非线性的约束条件文件：ff5g.m

```
function [c, g]=ff5g(x)
c(1)=x(1)*x(2)-x(1)-x(2)+1;
c(2)=-2*x(1)*x(2)-5;
g=[];
```

然后在工作空间键入程序：

```
x0=[1, 1];
nonlcon=@ff5g
[x, fval]=fmincon(@ff5, x0, [], [], [], [], [], [], nonlcon)
```

结果：

x＝－2.5000　　1.0000

fval＝3.3244

exitflag＝1

当有等式约束时，要放在矩阵 g 的位置，如上例中加等式约束：

x(1)＋2*x(2)＝0

程序：首先建立 ff5g1.m 文件：

```
function[c, g]=ff5g1(x)
c(1)=x(1)*x(2)-x(1)-x(2)+1;
c(2)=-2*x(1)*x(2)-5;
g(1)=x(1)+2*x(2);
```

然后在工作空间键入程序：

```
x0=[-1, 1];
```

nonlcon＝@ ff5g1；

[x, fval, exitflag]＝fmincon(@ ff5, x0, [ ], [ ], [ ], [ ], [ ], [ ], nonlcon)

结果：

x＝-2. 2361　　1. 1180

fval＝3. 6576

exitflag＝ 1

当然，其等式约束由于是线性的，所以可以作为线性等式约束，故可进行如下编程：

首先建立目标函数文件 ff5. m 文件和建立非线性的约束条件文件：ff5g. m（程序同上）

然后在工作空间键入程序：

x0＝[1, 1]； aeq＝[1 2]； beq＝[0]；

[x, fval]＝fmincon(@ ff5, x0, [ ], [ ], aeq, beq, [ ], [ ], @ ff5g)

结果：

x＝-2. 2361　　1. 1180

fval＝3. 6576

说明：所得结果同上。

【例12. 20】　求表面积为 36 平方米的最大长方体的体积。

建立数学模型：

设 x、y、z 分别为长方体的三条棱长，f 为长方体体积。

max $f= x y (36-2 x y)/(2 (x+y))$

s. t.　　　$x>0$, $y>0$

MATLAB 求解：编写目标函数

function y＝li12_ 20(x)

y＝-(18 * x(1). * x(2)-x(1).^2. * x(2).^2). /(x(1)+x(2))；

编写主程序：

lb＝[0 0]；

x0＝[1, 1]；

[x, fval]＝fmincon(@ li12_ 20, x0, [ ], [ ], [ ], [ ], lb)；

x

fmax＝-fval

运行得：x＝2. 4495　　2. 4495

fmax＝14. 6969

也可调用 fminunc 函数：

编写目标函数：li12_ 20(x)（同上程序）

编写主程序：

x0＝[1, 1]；

[x, fval]＝fminunc(@ li12_ 20, x0)

运行结果为：

x＝2. 4495　　2. 4495

fval = -14. 6969

说明：结果同上。

当然，该题也可以建立如下模型：

设 x、y、z 分别为长方体的三条棱长，f 为长方体体积。

$$\max f = xyz$$

$$\text{s. t.} \begin{cases} 2xy+2xz+2yz-36=0 \\ x>0, \ y>0, \ z>0 \end{cases}$$

MATLAB 求解：

编写目标函数：

function y = li12_ 201(x)

y = -x(1) * x(2) * x(3) ;

编写约束条件函数：

function [c, g] = li12_ 201g(x)

c = [ ] ;

g = 2 * x(1) * x(2) + 2 * x(1) * x(3) + 2 * x(2) * x(3) -36;

编写主程序：

lb = [0 0 0] ;

x0 = [1, 1, 1] ;

[x, fval] = fmincon(@ li12_ 201, x0, [ ], [ ], [ ], [ ], lb, [ ], @ li12_ 201g) ,

maxf = -fval

x = 2. 4495　　2. 4495　　2. 4495

fval = -14. 6969

maxf = 14. 6969

说明：所得结果同上。

【例 12. 21】　某公司经营两种设备，第一种设备每件售价 30 元，第二种设备每件售价 450 元。根据统计售出一件第一种设备所需的营业时间平均为 0. 5 小时，第二种设备是 $2+0. 25x_2$ 小时，其中 x_2 是第二种设备的售出数量。已知该公司在这段时间内的总营业时间为 800 小时，试确定使营业额最大的营业计划。

建立数学模型：设该公司计划经营的第一种设备 x_1 件，第二种设备 x_2 件，建立如下模型：

$$\max f(x) = 30x_1 + 450x_2$$

$$\text{s. t.} \begin{cases} 0. 5x_1 + (2+0. 25x_2) x_2 \leqslant 800 \\ x_1, \ x_2 \geqslant 0 \end{cases}$$

MATLAB 求解：编写目标函数：

function y = shili2(x)

y = -30 * x(1) -450 * x(2) ;

其次，由于约束条件是非线性不等式约束，因此，需要编写一个约束条件的 M 文件：

function [c, ceq] = shili2g(x)

c = 0. 5 * x(1)+2 * x(2)+0. 25 * (x(2)). ^2-800;

ceq = [ ];

编写主程序：

lb = [0　0];

x0 = [0,　0];

[x,　fval] = fmincon(@ shili2,　x0,　[ ],　[ ],　[ ],　[ ],　lb,　[ ],　@ shili2g);

x

fmax = -fval

运行得：x = 1. 0e+003　*

1. 4955　　0. 0110

fmax = 4. 9815e+004

即该公司经营第一种设备 1496 件，经营第二种设备 11 件时，可使总营业额最大，为 49815 元。

【例 12. 22】　（效用理论）某同学计划用 50 元购买两种商品——软盘与录音磁带，假定购买 x 张软盘与 y 张磁带的效用函数为 $U(x,\ y)=3\ln x+\ln y$. 已知软盘的单价是 6 元，磁带的单价是 4 元，请你为这位同学做一安排，问：如何购买，才能使购买这两种商品的效用最大？

解：建立数学模型：

max $z=3\ln x+\ln y$

s. t. $6x+4y=50$

建立目标函数：

function f = ff6(x)

f = -3 * log(x(1))-log(x(2))

编写主程序：

x0 = [1　1];

aeq = [6　4];

beq = [50];

[x,　f,　ex] = fmincon(@ ff6,　x0,　[ ],　[ ],　aeq,　beq,　[ ],　[ ])

fmax = -f

结果：

x = 6. 2500　　3. 1250

习　　题

1. 求解线性规划问题：

$$\min f = 5x_1+x_2+2x_3+3x_4+x_5$$

$$\text{s. t.} \begin{cases} -2x_1+x_2-x_3+x_4-3x_5 \leqslant 1 \\ 2x_1+3x_2-x_3+2x_4+x_5 \leqslant -2 \\ 0 \leqslant x_j \leqslant 1, \ j=1,\ 2,\ 3,\ 4,\ 5 \end{cases}$$

2. 某设备由三个配件组成，分别记作 B1，B2，B3，现在有 A1，A2，A3 三人，他们加工 B1，B2，B3 配件的时间(小时)如下表所示。问：应指派何人去完成何工作，使所需总时间最少？

	B1	B2	B3
A1	3	5	4
A2	4	6	3
A3	5	4	5

3. (资金最优使用方案)设有 400 万元资金，要求在 4 年内使用完，若在一年内使用资金 x 万元，则可获得效益 $x^{0.5}$ 万元(设效益不再投资)，当年不用的资金存入银行，年利率为 0.1，试制定出这笔资金的使用方案，以使 4 年的经济效益总和最大。

4. 体积为 2 的封闭长方体，如何设计可使表面积最小？

参考答案

1. 编写以下程序：
```
f=[5 1 2 3 1];
A=[-2 1-1 1-3; 2 3-1 2 1];
b=[1; -2];
lb=[0 0 0 0 0];
ub=[1 1 1 1 1];
[x, fval, exitflag]=linprog(f, A, b, [ ], [ ], lb, ub)
```
运行结果：
x=0.0000
　0.0000
　1.1987
　0.0000
　0.0000
fval=2.3975
exitflag=-2
显示的信息表明该问题无可行解。所给出的是对约束破坏最小的解。

2. 设 x_{ij} 表示第 i 个人去完成第 j 项任务，则依题意可得：

$\min z = 3x_{11}+5x_{12}+4x_{13}+4x_{21}+6x_{22}+3x_{23}+5x_{31}+4x_{32}+5x_{33}$

$$\text{s. t.} \begin{cases} x_{11}+x_{12}+x_{13}=1 \\ x_{21}+x_{22}+x_{23}=1 \\ x_{31}+x_{32}+x_{33}=1 \\ x_{11}+x_{21}+x_{31}=1 \\ x_{12}+x_{22}+x_{32}=1 \\ x_{13}+x_{23}+x_{33}=1 \\ x_{ij}=0, \ 1 \end{cases}$$

编写 MATLAB 程序：

```
c=[3 5 4 4 6 3 5 4 5];
Aeq=[1 1 1 0 0 0 0 0 0;
     0 0 0 1 1 1 0 0 0;
     0 0 0 0 0 0 1 1 1;
     1 0 0 1 0 0 1 0 0;
     0 1 0 0 1 0 0 1 0;
     0 0 1 0 0 1 0 0 1];
beq=ones(6, 1);
[x, fval]=bintprog(c, [ ], [ ], Aeq, beq)
[xx, ffval]=bintLp_ E(c, Aeq, beq, 6)
```

运行程序可得：x=xx=[1 0 0 0 0 1 0 1 0]；fval=ffval=10

3. 建立模型：设 x_i 表示第 i 年所使用的资金数，T 表示 4 年的效益总和，则目标函数为：$\max T=\sqrt{x_1}+\sqrt{x_2}+\sqrt{x_3}+\sqrt{x_4}$

决策变量的约束条件：每一年所使用的资金数既不能为负数，也不能超过当年所拥有的资金数。即：

第一年使用的资金数 x_1，满足：$0 \leqslant x_1 \leqslant 400$

第二年使用的资金数 x_2，满足：$0 \leqslant x_2 \leqslant (400-x_1) \times 1.1$

（第一年未使用资金存入银行一年后的本息之和）

第三年使用的资金数 x_3，满足：$0 \leqslant x_3 \leqslant [(400-x_1) \times 1.1-x_2] \times 1.1$

第四年使用的资金数 x_4，满足：$0 \leqslant x_4 \leqslant \{[(400-x_1) \times 1.1-x_2] \times 1.1-x_3\} \times 1.1$

这样，资金使用问题的数学模型为：

$$\max T=\sqrt{x_1}+\sqrt{x_2}+\sqrt{x_3}+\sqrt{x_4}$$

$$\text{s. t.} \begin{cases} x_1 \leqslant 400 \\ 1.1x_1+x_2 \leqslant 440 \\ 1.21x_1+1.1x_2+x_3 \leqslant 484 \\ 1.331x_1+1.21x_2+1.1x_3+x_4 \leqslant 532.4 \\ x_1, \ x_2, \ x_3, \ x_4 \geqslant 0 \end{cases}$$

MATLAB 求解：

174

编写目标函数：

function y＝ff7(x)

y＝－sqrt(x(1))－sqrt(x(2))－sqrt(x(3))－sqrt(x(4));

编写主程序并保存为 mm.m 文件。

A＝[1 0 0 0; 1.1 1 0 0; 1.21 1.1 1 0; 1.331 1.21 1.1 1];

b＝[400; 440; 484; 532.4]; lb＝[0 0 0 0]′;

x0＝[100 100 100 100];

[x, fval]＝fmincon(@ff7, x0, A, b, [ ], [ ], lb);

x

fmax＝－fval

在命令窗口输入：mm，可得：

x＝84.2442　107.6353　128.9030　148.2390

fmax＝43.0821

4. 建立数学模型为：

$\min f = 2xy + 2xz + 2yz$

s. t.　$xyz - 2 = 0$

$x > 0$，$y > 0$，$z > 0$

编写目标函数：

function f＝lianxi5_ 4(x)

f＝2 * x(1) * x(2)＋2 * x(1) * x(3)＋2 * x(2) * x(3);

编写非线性约束条件：

function [c ceq]＝lx5_ 4g(x)

c＝[ ];

ceq＝x(1) * x(2) * x(3)－2;

主程序窗口调用：

x0＝[1 1 1]; lb＝[0 0 0];

[x, fmin]＝fmincon(@lianxi5_ 4, x0, [ ], [ ], [ ], [ ], lb, [ ], @lx5_ 4g)

x＝1.2599　　1.2599　　1.2599　　%$\sqrt[3]{2}$＝1.2599。

fmin＝9.5244

第 13 章 曲线与曲面积分

曲线积分分为第一类曲线积分和第二类曲线积分，曲面积分同样也分为第一类曲面积分和第二类曲面积分，不同类型的积分计算过程及原理不同，不过最终都会转换为定积分和重积分的计算，以下将分别进行介绍。

13.1 曲线积分

13.1.1 第一类曲线积分

第一类曲线积分问题起源于对不均匀分布的空间曲线总质量的求取。假设在空间曲线 l 上的密度函数为 $f(x, y, z)$，则其总质量，亦即第一类曲线积分的值可由下面的式子直接求出：

$$I_1 = \int_l f(x, y, z)\,\mathrm{d}s$$

其中，s 为曲线上某点的弧长，所以这类曲线积分又称为对弧长的曲线积分。如果 x，y，z 都可以由参数方程 $x=x(t)$，$y=y(t)$，$z=z(t)$ 给出，则可以将这些量直接调入 $f(x, y, z)$ 函数，而弧长可以表示成 $\mathrm{d}s = \sqrt{\left(\dfrac{\mathrm{d}x}{\mathrm{d}t}\right)^2 + \left(\dfrac{\mathrm{d}y}{\mathrm{d}t}\right)^2 + \left(\dfrac{\mathrm{d}z}{\mathrm{d}t}\right)^2}\,\mathrm{d}t$，则这类曲线积分也可变换成对参数 t 的普通定积分问题：

$$I = \int_{t_l}^{t_u} f(x(t), y(t), z(t))\,\sqrt{x_t^2 + y_t^2 + z_t^2}\,\mathrm{d}t$$

【例 13.1】 试求 $\displaystyle\int_l \frac{z^2}{x^2+y^2}\mathrm{d}s$，其中 l 为螺旋线：$x=a\cos t$，$y=a\sin t$，$z=at$，$0 \leqslant t \leqslant 2\pi$，$a>0$。

```
>> syms t; syms a positive; x=a*cos(t); y=a*sin(t); z=a*t;
I=int(z^2/(x^2+y^2)*sqrt(diff(x, t)^2+diff(y, t)^2+diff(z, t)^2), t, 0, 2*pi)
I=(8*2^(1/2)*pi^3*a)/3
```

即 $I = \dfrac{8\sqrt{2}}{3}\pi^3 a$

【例 13.2】 试求 $\displaystyle\int_l xy\mathrm{d}s$，其中 l 是圆周 $x^2 + y^2 = a^2 (a > 0)$ 在第一象限内的部分。

l 的参数方程为：$x=a\cos t$，$y=a\sin t (0 \leqslant t \leqslant \pi/2)$

```
>> syms t; syms a positive; x=a*cos(t); y=a*sin(t);
I=int(x*y*sqrt(diff(x, t)^2+diff(y, t)^2), t, 0, pi/2)
```

I=a^3/2

【例 13.3】　计算曲线积分 $\int_{\tau}(x^2+y^2+z^2)\mathrm{d}s$，其中 τ 为螺旋线 $x=a\cos t$，$y=a\sin t$，$z=kt$ 上相应于 t 从 0 到 2π 的一段弧。

>>syms t a k ; x=a * cos(t) ; y=a * sin(t) ; z=k * t;

I=int((x^2+y^2+z^2) * sqrt(diff(x, t)^2+ diff(y, t)^2+ diff(z, t)^2) , t, 0, 2 * pi)

I= 2 * (k^2+a^2)^(1/2) * a^2 * pi+8/3 * (k^2+a^2)^(1/2) * k^2 * pi^3

即结果为 $\dfrac{2}{3}\pi\sqrt{a^2+k^2}\,(3a^2+4\pi^2k^2)$。

13.1.2　第二类曲线积分

第二类曲线积分又称为对坐标的曲线积分，它起源于变力 $f(x,\ y,\ z)$ 沿曲线 l 移动做功时的研究。这类曲线积分的数学表达式为：

$I_2=\int_{l}\boldsymbol{f}(x,\ y,\ z)\mathrm{d}\boldsymbol{s}$，其中 $\boldsymbol{f}(x,\ y,\ z)$ 为向量，可以写成 $\boldsymbol{f}[P(x,\ y,\ z),\ Q(x,\ y,\ z),\ R(x,\ y,\ z)]$

曲线 $\mathrm{d}\boldsymbol{s}$ 也为向量，若曲线可以由参数方程表示成 t 的函数，记作：$x(t),\ y(t),\ z(t)$，则可以将 $\mathrm{d}\boldsymbol{f}$ 表示成：$\mathrm{d}\boldsymbol{s}=\left[\dfrac{\mathrm{d}x}{\mathrm{d}t},\ \dfrac{\mathrm{d}y}{\mathrm{d}t},\ \dfrac{\mathrm{d}z}{\mathrm{d}t}\right]^{\mathrm{T}}\mathrm{d}t$，则两个向量的点乘可以由这两个向量直接得出，这样就转化为定积分的计算，从而可以方便的使用 MATLAB。

【例 13.4】　试求曲线积分 $\int \dfrac{x+y}{x^2+y^2}\mathrm{d}x-\dfrac{x-y}{x^2+y^2}\mathrm{d}y$，$l$ 为顺时针圆周 $x^2+y^2=a^2$。

l 的参数方程为：$x=a\cos t$，$y=a\sin t$，t 从 2π 到 0。

>> syms t; syms a positive; x=a * cos(t) ; y=a * sin(t) ;

F=[(x+y)/(x^2+y^2) , -(x-y)/(x^2+y^2)] ; ds=[diff(x, t) ; diff(y, t)] ;

I=int(F * ds, t, 2 * pi, 0)

I=2 * pi

【例 13.5】　在力场 $F=y\mathbf{i}-x\mathbf{j}+(x+y+z)\mathbf{k}$ 的作用下，求质点沿圆柱螺线 L：$x=a\cos t$，$y=a\sin t$，$z=bt$ 从点 $A(a,\ 0,\ 0)$ 移动到点 $B(0,\ a,\ \pi b/2)$ 所做的功。

在 L 上，当 $t=0$ 时对应着 A 点，当 $t=\pi/2$ 时对应着 B 点。所以可用如下命令：

>> syms t; syms a positive; syms b positive; x=a * cos(t) ; y=a * sin(t) ; z=b * t;

F=[y, -x, (x+y+z)] ; ds=[diff(x, t) ; diff(y, t) ; diff(z, t)] ;

I=int(F * ds, t, 0, pi/2)

I=-(pi * a^2)/2 + 2 * a * b + (pi^2 * b^2)/8

即力场所做的功为：$2ab-\dfrac{1}{2}\pi a^2+\dfrac{1}{8}(\pi b)^2$。

【例 13.6】　计算 $\int_{\Gamma}x^3\mathrm{d}x+3zy^2\mathrm{d}y-x^2y\mathrm{d}z$，其中 Γ 是从点 $A(3,\ 2,\ 1)$ 到点 $B(0,\ 0,\ 0)$ 的直线段 AB。

直线段 AB 的方程为 $\dfrac{x}{3}=\dfrac{y}{2}=\dfrac{z}{1}$，化为参数方程为：$x=3t$，$y=2t$，$z=t$，$t$ 从 1 变到 0。

```
>>syms t x y z; x=3*t; y=2*t; z=t;
F=[x^3, 3*z*y^2, -x^2*y]; ds=[diff(x, t); diff(y, t); diff(z, t)];
I=int(F*ds, t, 1, 0)
I=-87/4
```

13.2　曲面积分

13.2.1　第一类曲面积分

第一类曲面积分的数学定义为：

$$I = \iint_{\sigma_{xy}} \varphi(x, y, f(x, y)) \sqrt{1 + f_x^2 + f_y^2}\,\mathrm{d}x\mathrm{d}y$$

其中，σ_{xy} 为积分区域。

【例 13.7】　计算 $\iint_s xyz\mathrm{d}s$，其中积分曲面 S 为平面：$x+y+z=a$ 围成的外侧面，且 $a>0$。

平面在 xOy 面上的投影为三角区域：$0 \leqslant x \leqslant a$，$0 \leqslant y \leqslant a-x$

```
>> syms x y; syms a positive; z=a-x-y;
I=int(int(x*y*z*sqrt(1+diff(z, x)^2+diff(z, x)^2), y, 0, a-x), x, 0, a)
I=(3^(1/2)*a^5)/120
```

即 $I = \dfrac{\sqrt{3}\,a^5}{120}$

【例 13.8】　求 $I = \iint_s z^2\mathrm{d}s$，$s$ 是锥面 $z^2 = x^2 + y^2$ 介于平面 $z = 1$ 与 $z = 2$ 之间的部分。

s 在 xOy 面上的投影是圆环域 D_{xy}：$1 \leqslant x^2+y^2 \leqslant 4$。

先求 $\mathrm{d}s$：

```
syms x y dx dy; z=sqrt(x^2+y^2); ds=simple(sqrt(1+diff(z, x)^2+diff(z, y)^2))*dx*dy
ds=2^(1/2)*dx*dy
```

即 $\mathrm{d}s = \sqrt{2}\,\mathrm{d}x\mathrm{d}y$

则 $I = \iint_{D_{xy}} (x^2 + y^2)\sqrt{2}\,\mathrm{d}x\mathrm{d}y$

用极坐标计算，有：

$$I = \sqrt{2} \int_0^{2\pi} \mathrm{d}\theta \int_1^2 r^3 \mathrm{d}r$$

采用定积分的符号积分，有：

```
>>syms r theta; I=sqrt(2)*int(int(r^3, r, 1, 2), theta, 0, 2*pi)
I=(15*pi*2^(1/2))/2
```

即 $I = \dfrac{15\sqrt{2}\pi}{2} \approx 33.3216$

采用数值积分，有：

```
>> f=@(theta, r)sqrt(2)*r.^3;
y=quad2d(f, 0, 2*pi, 1, 2)
y=33.3216
```

可见，两者计算结果一致。

【例 13.9】　计算曲面积分 $\displaystyle\iint\limits_{\Sigma}\dfrac{\mathrm{d}s}{z}$，其中 Σ 是球面 $x^2 + y^2 + z^2 = 2^2$ 被平面 $z=1$ 截出的顶部。

Σ 的方程为：$z = \sqrt{2^2 - x^2 - y^2}$，在 xOy 面上的投影区域 D_{xy} 为圆形闭区域 $\{(x, y) \mid x^2 + y^2 \leqslant 3\}$。

先求 $\mathrm{d}s$：

```
syms x y dx
dy; z=sqrt(2^2-x^2-y^2); ds=simple(sqrt(1+diff(z, x)^2+diff(z, y)^2))*dx*dy
ds=2/(2^2-x^2-y^2)^(1/2)*dx*dy
```

即 $\mathrm{d}s = \dfrac{2}{\sqrt{2^2 - x^2 - y^2}}\mathrm{d}x\mathrm{d}y$

则 $I = \displaystyle\iint\limits_{D_{xy}} \dfrac{2}{2^2 - x^2 - y^2}\mathrm{d}x\mathrm{d}y$

用极坐标计算，有：

$$\iint\limits_{\Sigma}\dfrac{\mathrm{d}s}{z} = 2\int_0^{2\pi}\mathrm{d}\theta\int_0^{\sqrt{3}}\dfrac{\rho}{2^2 - \rho^2}\mathrm{d}\rho$$

采用定积分的符号积分，有：

```
syms r theta;
I=2*int(int(r/(2^2-r^2), r, 0, sqrt(3)), theta, 0, 2*pi)
I=4*pi*log(2)
```

若曲面由参数方程：

$x=x(u, v)$，$y=y(u, v)$，$z=z(u, v)$

给出，则曲面积分可以由下面的公式给出：

$$I = \iint\varphi(x(u, v), y(u, v), z(u, v))\sqrt{EG - F^2}\,\mathrm{d}u\mathrm{d}v$$

其中，$E = x_u^2 + y_u^2 + z_u^2$，$F = x_u x_v + y_u y_v + z_u z_v$，$G = x_v^2 + y_v^2 + z_v^2$

【例 13.10】　试求出曲面积分 $\displaystyle\iint(x^2 y + z y^2)\mathrm{d}s$，其中 s 为螺旋曲面 $x = u\cos v$，$y = u\sin v$，$z = v$ 的 $0 \leqslant u \leqslant a$，$0 \leqslant v \leqslant 2\pi$ 部分。

```
>> syms u v; syms a positive; x=u*cos(v); y=u*sin(v); z=v; f=x^2*y+z*y^2;
E=simple(diff(x, u)^2 +diff(y, u)^2+diff(z, u)^2);
F=simple(diff(x, u)*diff(x, v)+ diff(y, u)*diff(y, v)+ diff(z, u)*diff(z, v));
```

G=simple(diff(x，v)^2 +diff(y，v)^2+diff(z，v)^2)；

I=int(int(f * sqrt(E * G-F^2)，u，0，a)，v，0，2 * pi)

I=(pi^2 * (a * (a^2 + 1)^(1/2)-asinh(a) + 2 * a^3 * (a^2 + 1)^(1/2)))/8

即 $I = \dfrac{\pi^2}{8}(a\sqrt{a^2+1} - a\sinh a + 2a^3\sqrt{a^2+1})$

13. 2. 2　第二类曲面积分

第二类曲面积分又称对坐标的曲面积分。其计算公式可为：

$$\iint_s F(x，y，z) \cdot n^0 \mathrm{d}s = \iint_s M(x，y，z)\mathrm{d}y\mathrm{d}z + N(x，y，z)\mathrm{d}x\mathrm{d}z + P(x，y，z)\mathrm{d}y\mathrm{d}x$$

$$= \iint_s M(x，y，z)\mathrm{d}y\mathrm{d}z + \iint_s N(x，y，z)\mathrm{d}x\mathrm{d}z + \iint_s P(x，y，z)\mathrm{d}y\mathrm{d}x$$

计算第二型曲面积分的最基本方法是化为二重积分。

(1) $\iint P(x，y，z)\mathrm{d}x\mathrm{d}y = \pm \iint_{D_{xy}} P(x，y，z(x，y))\mathrm{d}x\mathrm{d}y$，当 S 取上侧时，等式右边要取"+"；当 S 取下侧时，等式右边要取"-"。

(2) $\iint M(x，y，z)\mathrm{d}z\mathrm{d}y = \pm \iint_{D_{yz}} M(x(y，z)，y，z)\mathrm{d}z\mathrm{d}y$，当 S 取前侧时，等式右边要取"+"；当 S 取后侧时，等式右边要取"-"。

(3) $\iint N(x，y，z)\mathrm{d}x\mathrm{d}z = \pm \iint_{D_{xz}} N(x，y(x，z)，z)\mathrm{d}x\mathrm{d}z$，当 S 取右侧时，等式右边要取"+"；当 S 取左侧时，等式右边要取"-"。

【例 13. 11】　计算 $\iint_s xyz\mathrm{d}x\mathrm{d}y$，其中 s 是四分之一球面 $x^2+y^2+z^2 = 1(x \geq 0，y \geq 0)$ 的外侧。

把 S 分为两部分：

S_1： $z = \sqrt{1-x^2-y^2}(x \geq 0，y \geq 0)$ 上侧；

S_2： $z = -\sqrt{1-x^2-y^2}(x \geq 0，y \geq 0)$ 下侧。

它们在 xOy 平面上的投影区域都是 D_{xy}： $x^2+y^2 \leq 1(x \geq 0，y \geq 0)$，所以：

$$\iint_s xyz\mathrm{d}x\mathrm{d}y = \iint_{s_1} xyz\mathrm{d}x\mathrm{d}y + \iint_{s_2} xyz\mathrm{d}x\mathrm{d}y$$

$$= \iint_{D_{xy}} xy\sqrt{1 - x^2 - y^2}\mathrm{d}x\mathrm{d}y - \iint_{D_{xy}} xy(-\sqrt{1 - x^2 - y^2})\mathrm{d}x\mathrm{d}y = 2\iint_{D_{xy}} xy\sqrt{1 - x^2 - y^2}\mathrm{d}x\mathrm{d}y$$

$$= 2\int_0^{\frac{\pi}{2}} \mathrm{d}\theta \int_0^1 r^2\sin\theta\cos\theta\sqrt{1 - r^2}\,r\mathrm{d}r$$

采用定积分的符号积分，有：

>> syms r theta；I= 2 * int(int(r^3 * sqrt(1-r^2) * sin(theta) * cos(theta)，r，0，1)，theta，0，pi/2)

I=2/15≈0. 1333

采用数值积分，有：

```
>> f = @ (theta, r)2 * r.^3. * sqrt(1-r.^2). * sin(theta). * cos(theta)
y = quad2d(f, 0, pi/2, 0, 1)
y = 0.1333
```

可见，两者计算结果一致。

习　　题

1. 求 $\int_L (x^2 + y^2)\mathrm{d}s$，其中 L 曲线为 $y = x$ 与 $y = x^2$ 围成的正向曲线。

2. 求 $\int_L \dfrac{z^2}{x^2 + y^2}\mathrm{d}s$，其中 L 为螺线：$x = a\cos t$，$y = a\sin t$，$z = at(0 \leqslant t \leqslant 2\pi,\ a > 0)$。

3. 求曲线积分得值 $\int_L (x^2 - 2xy)\mathrm{d}x + (y^2 - 2xy)\mathrm{d}y$，其中 L 为抛物线 $y = x^2(-1 \leqslant x \leqslant 1)$。

4. 求 $\oint_L (x + y)^2 \mathrm{d}y$，其中 L 为圆周 $x^2 + y^2 = 2ax$（按逆时针方向）。

5. 求 $\iint_S xyz\,\mathrm{d}s$，其中积分曲面 S 由 $x + y + z = a$ 与三个坐标面围成，且 $a > 0$。

6. 计算曲面积分 $\iint_\Sigma xz^2 \mathrm{d}y\mathrm{d}z$，其中 Σ 是上半球面 $z = \sqrt{a^2 - x^2 - y^2}$ 的上侧。

参考答案

1. 显然，这是两条曲线，利用可加性，应该分别求积分后相加。编程如下：

```
clear
syms x;
y1 = x; y2 = x^2;
f1 = int((x^2+y2^2) * sqrt(1+diff(y2, x)^2), x, 0, 1);
f2 = int((x^2+y1^2) * sqrt(1+diff(y1, x)^2), x, 0, 1);
f = f1+f2
vpa(f, 6)
f = (2 * 2^(1/2))/3-(7 * log(5^(1/2) + 2))/512 + (349 * 5^(1/2))/768
ans = 1.9392
```

2. 编程如下：

```
clear
syms t; syms a postive;
x = a * cos(t); y = a * sin(t); z = a * t;
I = int(z^2/(x^2+y^2) * sqrt(diff(x, t)^2+diff(y, t)^2+diff(z, t)^2), t, 0, 2 * pi)
```

回车后可得：

I = (8 * 2^(1/2) * pi^3 * (a^2)^(1/2))/3

即 $\displaystyle\int_L \frac{z^2}{x^2+y^2}\mathrm{d}s = \frac{8\sqrt{2}}{3}\pi^3 a$

3. 编程如下：

```
clear
syms x;
y=x^2;
f=[x^2-2*x*y, y^2-2*x*y];
ds=[1; diff(y, x)];
I=int(f*ds, x, -1, 1)
```

计算后可得：

I = -14/15

4. 可写出曲线的参数方程：$x=a+a\cos t$，$y=a\sin t$，$0 \leqslant t \leqslant 2\pi$。编程如下：

```
clear
syms t; syms a postive;
x=a+a*cos(t); y=a*sin(t);
f=[0, (x+y)^2];
ds=[diff(x, t); diff(y, t)];
I=int(f*ds, t, 0, 2*pi)
```

回车后可得：

I = 2 * pi * a^3

5. 由于在三个坐标面上，被积函数 xyz 值为 0，因此只需考虑在 $x+y+z=a$ 上的积分。该平面在 xOy 面上的投影可写出 x-区域：$0 \leqslant x \leqslant a$，$0 \leqslant y \leqslant a-x$。编程如下：

```
clear
syms x y; syms a postive;
z=a-x-y;
I=int(int(x*y*z*sqrt(1+diff(z, x)^2+diff(z, y)^2), y, 0, a-x), x, 0, a)
```

回车可得：

I = (3^(1/2) * a^5)/120

即 $\displaystyle\iint_s xyz\mathrm{d}s = \frac{\sqrt{3}}{120}a^5$

6. 由第二型曲面积分可知：

$$\iint_{\Sigma} xz^2\mathrm{d}y\mathrm{d}z = 2\iint_{D_{yz}} z^2\sqrt{a^2-y^2-z^2}\mathrm{d}y\mathrm{d}z$$

$$= 2\int_0^{\pi}\mathrm{d}\theta\int_0^a r^2\sin^2\theta \cdot \sqrt{a^2-r^2}\,r\mathrm{d}r, \quad 其中\ D_{yz}: y^2+z^2 \leqslant a^2,\ z \geqslant 0$$

编程如下：

```
clear
syms x r; syms a postive;
I=2*int(int(r^3*(sin(x))^2*sqrt(a^2-r^2), r, 0, a), x, 0, pi)
```

回车可得：

I=（2*pi*a^5）/15

即 $\iint\limits_{\Sigma} xz^2 \mathrm{d}y\mathrm{d}z = \dfrac{2\pi}{15}a^5$

第14章 无 穷 级 数

无穷级数是高等数学的重要组成部分，其计算过程十分繁杂，而利用 MATLAB 将会使得其计算变得十分轻松，以下将介绍部分函数的使用。

14.1 符号函数的 Taylor 级数展开式

函数：taylor

格式：r= taylor(f, n, v)　　%返回符号表达式 f 中指定的符号自变量 v(若表达式 f 中有多个变量时)的 n-1 阶的 Maclaurin 多项式(即在零点附近 v=0)近似式，其中 v 可以是字符串或符号变量。

r= taylor(f)　　%返回符号表达式 f 中符号变量 v 的 6 阶的 Maclaurin 多项式(即在零点附近 v=0)近似式，其中 v=findsym(f)。

r= taylor(f, n, v, a)　　%返回符号表达式 f 中指定的符号自变量 v 的 n-1 阶的 Taylor 级数(在指定的 a 点附近 v=a)的展开式。其中 a 可以是一数值、符号、代表一数字值的字符串或未知变量。应该指出的是，用户可以以任意的次序输入参量 n、v 与 a，命令 taylor 能从它们的位置与类型确定它们的目的。解析函数 f(x)在点 x=a 的 Taylor 级数定义为 $f(x) = \sum_{n=0}^{\infty} \frac{f^{(n)}(a)}{n!} (x-a)^n$。

【例 14.1】 操作以下命令：

```
>>syms x y a pi m m1 m2
>>f= sin(x+pi/3);
>>T1 = taylor(f)
>>T2 = taylor(f, 9)
>>T3 = taylor(f, a)
>>T4 = taylor(f, m1, m2)      %等同于 taylor(f, m2)。
>>T5 = taylor(f, m, a)      %等同于 T3 = taylor(f, a)。
>>T6 = taylor(f, y)      %返回符号表达式 f 中在指定的 y 点附近 x=y 的展开式。
>>T7 = taylor(f, y, m)      %或 taylor(f, m, y)等同于 taylor(f, x, m)。
>>T8 = taylor(f, m, y, a)      %等同于 taylor(f, a)。
>>T9 = taylor(f, y, a)      %等同于 taylor(f, a)。
```

计算结果为：

T1 = 1/2 * 3^(1/2) +1/2 * x-1/4 * 3^(1/2) * x^2-1/12 * x^3+1/48 * 3^(1/2) * x^4+1/240 * x^5

T2 = 1/2 * 3^(1/2)+1/2 * x-1/4 * 3^(1/2) * x^2-1/12 * x^3+1/48 * 3^(1/2) * x^4+1/240 * x^5-1/1440 * 3^(1/2) * x^6-1/10080 * x^7+1/80640 * 3^(1/2) * x^8

T3 = sin(a+1/3 * pi)+cos(a+1/3 * pi) * (x-a)−1/2 * sin(a+1/3 * pi) * (x-a)^2−1/6 * cos(a+1/3 * pi) * (x-a)^3+1/24 * sin(a+1/3 * pi) * (x-a)^4+1/120 * cos(a+1/3 * pi) * (x-a)^5

T4 = sin(m2+1/3 * pi)+cos(m2+1/3 * pi) * (x-m2)−1/2 * sin(m2+1/3 * pi) * (x-m2)^2−1/6 * cos(m2+1/3 * pi) * (x-m2)^3+1/24 * sin(m2+1/3 * pi) * (x-m2)^4+1/120 * cos(m2+1/3 * pi) * (x-m2)^5

T5 = sin(a+1/3 * pi)+cos(a+1/3 * pi) * (x-a)−1/2 * sin(a+1/3 * pi) * (x-a)^2−1/6 * cos(a+1/3 * pi) * (x-a)^3+1/24 * sin(a+1/3 * pi) * (x-a)^4+1/120 * cos(a+1/3 * pi) * (x-a)^5

T6 = sin(y+1/3 * pi)+cos(y+1/3 * pi) * (x-y)−1/2 * sin(y+1/3 * pi) * (x-y)^2−1/6 * cos(y+1/3 * pi) * (x-y)^3+1/24 * sin(y+1/3 * pi) * (x-y)^4+1/120 * cos(y+1/3 * pi) * (x-y)^5

T7 = sin(m+1/3 * pi)+cos(m+1/3 * pi) * (x-m)−1/2 * sin(m+1/3 * pi) * (x-m)^2−1/6 * cos(m+1/3 * pi) * (x-m)^3+1/24 * sin(m+1/3 * pi) * (x-m)^4+1/120 * cos(m+1/3 * pi) * (x-m)^5

T8 = sin(a+1/3 * pi)+cos(a+1/3 * pi) * (x-a)−1/2 * sin(a+1/3 * pi) * (x-a)^2-1/6 * cos(a+1/3 * pi) * (x-a)^3+1/24 * sin(a+1/3 * pi) * (x-a)^4+1/120 * cos(a+1/3 * pi) * (x-a)^5

T9 = sin(a+1/3 * pi)+cos(a+1/3 * pi) * (x-a)−1/2 * sin(a+1/3 * pi) * (x-a)^2−1/6 * cos(a+1/3 * pi) * (x-a)^3+1/24 * sin(a+1/3 * pi) * (x-a)^4+1/120 * cos(a+1/3 * pi) * (x-a)^5

【例 14.2】 将函数 $f(x)=e^x$ 展开成 x 的幂级数。

编程如下：

syms x；

f = exp(x)；

T1 = taylor(f)

T2 = taylor(f, 10)

T3 = taylor(f, 10, 1)   %求 $f(x)=e^x$ 在 $x=1$ 处 9 阶 Taylor 展开式。

回车得：

T1 = 1+x+1/2 * x^2+1/6 * x^3+1/24 * x^4+1/120 * x^5

T2 = 1+x+1/2 * x^2+1/6 * x^3+1/24 * x^4+1/120 * x^5+1/720 * x^6+1/5040 * x^7+1/40320 * x^8+1/362880 * x^9

T3 = exp(1)+exp(1) * (x-1)+1/2 * exp(1) * (x-1)^2+1/6 * exp(1) * (x-1)^3+1/24 * exp(1) * (x-1)^4+1/120 * exp(1) * (x-1)^5+1/720 * exp(1) * (x-1)^6+1/5040 * exp(1) * (x-1)^7+1/40320 * exp(1) * (x-1)^8+1/362880 * exp(1) * (x-1)^9

【**例 14.3**】 将函数 $f(x)=(1-x)\ln(1+x)$ 展开成 x 的幂级数。

编程如下：

syms x;

f=(1-x)*log(1+x);

T=taylor(f, 10)

回车得：

T= x-3/2*x^2+5/6*x^3-7/12*x^4+9/20*x^5-11/30*x^6+13/42*x^7-15/56*x^8+17/72*x^9

【**例 14.4**】 将函数 $\sin x$ 展开成 $x-\dfrac{\pi}{4}$ 的幂级数。

编程如下：

syms x;

f= sin(x);

T=taylor(f, pi/4)

回车得：

T=1/2*2^(1/2)+1/2*2^(1/2)*(x-1/4*pi)-1/4*2^(1/2)*(x-1/4*pi)^2-1/12*2^(1/2)*(x-1/4*pi)^3+1/48*2^(1/2)*(x-1/4*pi)^4+1/240*2^(1/2)*(x-1/4*pi)^5

【**例 14.5**】 已知函数 $f(x)=\dfrac{\sin x}{x^2+4x+3}$，试求出该函数的 Taylor 幂级数展开的前 9 项，并关于 $x=2$，$x=a$ 分别进行原函数的 Taylor 幂级数展开。

>> syms x; f=sin(x)/(x^2+4*x+3); y1=taylor(f, x, 9)

y1=-(386459*x^8)/918540+(515273*x^7)/1224720-(3067*x^6)/7290+(4087*x^5)/9720-(34*x^4)/81 + (23*x^3)/54-(4*x^2)/9 + x/3

利用 MATLAB，我们可以看看展开的拟合效果如何(图 14.1、图 14.2)。

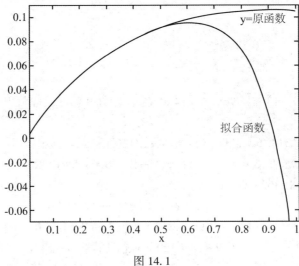

图 14.1

>>ezplot(f, [0, 1]); hold on; ezplot(y1, [0, 1]); gtext('y＝原函数'); gtext('拟合函数');

显然，在区间[0, 1]之间的拟合效果不理想；考虑更小的区间[0, 0.5]：

ezplot(f, [0, 0.5]); hold on; ezplot(y1, [0, 0.5]);

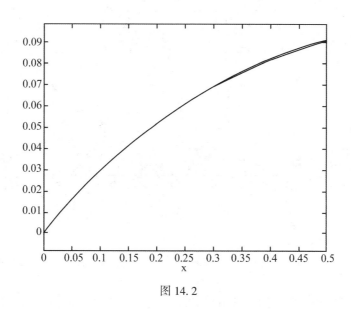

图 14.2

可以看出，拟合效果很好。

现在计算在 x＝2 处的 Taylor 幂级数的展开的前 9 项：

>> taylor(f, x, 9, 2)

ans＝ sin（2）/15－（（131623 * cos（2））/35880468750 ＋（875225059 * sin（2））/34445250000000）* （x-2）^8+⋯+（15697 * sin（2））/6075000）＋（x-2）^5 * （（203 * cos（2））/6075000 ＋（6277 * sin（2））/11390625）

若想得出关于 x＝a 处的 Taylor 幂级数展开，则可以用以下程序：

>>syms a; taylor(f, x, 3, a)

ans＝sin(a)/(a^2 ＋ 4 * a ＋ 3)－(cos(a)/(a^2 ＋ 4 * a ＋ 3)－(sin(a) * (2 * a ＋ 4))/(a^2 ＋ 4 * a ＋ 3)^2) * (a-x)－(a-x)^2 * (sin(a)/(2 * (a^2 ＋ 4 * a ＋ 3)) ＋ (cos(a) * (2 * a ＋ 4))/(a^2 ＋ 4 * a ＋ 3)^2－(sin(a) * ((2 * a ＋ 4)^2/(a^2 ＋ 4 * a ＋ 3)^2-1/(a^2 ＋ 4 * a ＋ 3)))/(a^2 ＋ 4 * a ＋ 3))

【例 14.6】 试对正弦函数 $y＝\sin x$ 进行 Taylor 级数展开，观察不同阶次下的近似效果。

>>x0＝-2 * pi：0.1：2 * pi; y0＝sin(x0); plot(x0, y0,'ro');

hold on; syms x; y＝sin(x);

for i＝2：2：16

f(i)＝taylor(y, x, i);

ezplot(f(i), [-2 * pi, 2 * pi]);

end

结果如图 14.3 所示。

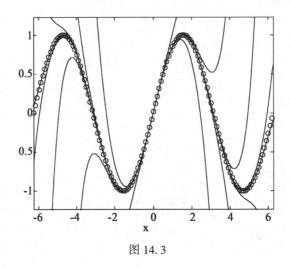

图 14.3

对本例来说，当 n＝16 时，拟合的效果最好。当 n＝16 时的拟合函数为：
>> f(16)
ans＝−x^15/1307674368000+x^13/6227020800−x^11/39916800+x^9/362880−x^7/5040+x^5/120−x^3/6+x

14.2　Taylor 级数计算器

函数：taylortool

格式：taylortool　　%该命令生成一图形用户界面，显示缺省函数 f＝x * cos(x)在区间[−2 * pi，2 * pi]内的图形，同时显示函数 f 的前 N＝7 项的 Taylor 多项式级数和(在 a＝0 附近的)图形，如图 14.4 所示。通过更改 f(x)项可得不同的函数图形。

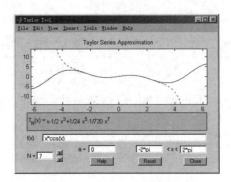

图 14.4　Taylor 级数计算器

taylortool('f')　　%对指定的函数 f，用图形用户界面显示出 Taylor 展开式。

【例 14.7】

>>taylortool('sin(x * sin(x))')

再通过改变相关的参量，可得图 14.5。

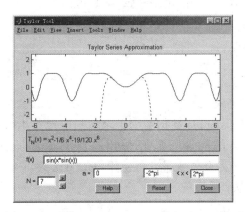

图 14.5　函数 sin(x * sin(x)) 的 taylortool 界面

【例 14.8】

>> taylortool('exp(x)')　　　　%通过增减阶数 N 可以很方便地看出拟合的优劣，如图 14.6 所示。

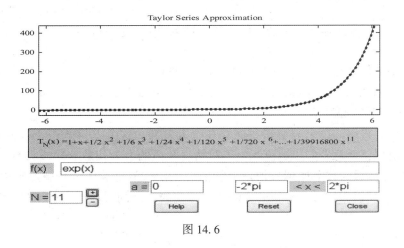

图 14.6

14.3　级数求和的计算

符号运算工具箱中提供的 symsum() 可以用于已知通项的有穷或无穷级数的求和。该函数的调用格式为：

$$S = \text{symsum}(f_k, k, k_0, k_n)$$

其中，f_k 为级数的通项，k 为级数的自变量，k_0 和 k_n 为级数求和的起始项与终止项，并可以将起始项与终止项设置成无穷量 inf，该函数可以得出：$S = \sum\limits_{k=k_0}^{k_n} f_k$。如果给出的 f_k 变量中只含有一个变量，则在函数调用时可以省略 k 量。

【例 14.9】 计算有限项级数求和 $S = 2^0 + 2^1 + 2^2 + \cdots + 2^{62} + 2^{63} = \sum\limits_{k=0}^{63} 2^k$。

（1）采用数值计算方法。

>> format long; sum(2.^[0: 63])

ans = 1.844674407370955e+019

由于数值计算中使用了 double 数据类型，至多只能保留 16 位有效数字，所以得出的结果不是很精确。对这样的问题，最好采用符号运算：一种是直接使用符号函数 symsum( )，另一种将 2 定义为符号变量，再使用 sum( ) 函数。

（2）采用符号计算方法。

>> sum(sym(2).^[0: 63])

ans = 18446744073709551615

或

>> syms k; symsum(2^k, 0, 63)

ans = 18446744073709551615

【例 14.10】 试求无穷级数的和 $S = \dfrac{1}{1\times4} + \dfrac{1}{4\times7} + \dfrac{1}{7\times10} + \cdots + \dfrac{1}{(3n-2)(3n+1)} + \cdots$。

>> syms n; s = symsum(1/((3*n-2)*(3*n+1)), n, 1, inf)

s = 1/3

如果采用数值计算，假设求前 10000000 项的和：

>> m = 1: 10000000; s = sum(1./((3*m-2).*(3*m+1))); format long; s

s = 0.333333322222158

可以看出，得出的结果与解析解间存在很大差异，这个差异就是 double 数据类型引起的，它不能保留任意多的小数位。由于双精度数值的有效位数有限，只有 16 位，所以计算通项时 16 位后的数字加到累加量上就消失了，这就是数值分析中经常说的"大数吃小数"的现象，所以采用数值分析的方法时，即使取再多的位数也不能精确地得出正确的结果。

【例 14.11】 试求含有变量的无穷级数的和 $S = 2\sum\limits_{n=0}^{\infty} \dfrac{1}{(2n+1)(2x+1)^{2n+1}}$。

>> syms n x; s = symsum(2/((2*n+1)*(2*x+1)^(2*n+1)), n, 0, inf); simple (s)

ans = log((x+1)/x)

【例 14.12】 试求级数与极限问题：$\lim\limits_{n\to\infty}\left[\left(1 + \dfrac{1}{2} + \dfrac{1}{3} + \dfrac{1}{4} + \cdots + \dfrac{1}{n}\right) - \ln n\right]$

>> syms m n；j＝limit(symsum(1/m，m，1，n)－log(n)，n，inf)

j＝eulergamma

该结果为 Euler 常数 γ，其值可以由 MATLAB 精确地表示出来：

>> vpa(j，30)

ans＝0.577215664901532860606512090082

【例 14.13】 试求级数与极限问题：$\lim\limits_{n\to\infty}\left(\dfrac{1}{1\cdot 2}+\dfrac{1}{2\cdot 3}+\cdots+\dfrac{1}{n(n+1)}\right)$。

在窗口输入：

symsm n；

j＝limit(symsum(1/(m*(m+1)))，m，1，n)，n，inf)

回车可得：

j＝1

或者输入：

syms n；s＝symsum(1/(n*(n+1)))，n，1，inf)

回车可得：

s＝1

14.4 Fourier 级数展开

给定周期性数学函数 $f(x)$，其中，$x\in[-L，L]$，且周期为 $T=2L$，可以人为地对该函数在其他区间进行周期延拓，使得 $f(x)=f(kT+x)$，k 为任意整数，这样可以根据需要将其写成下面的级数形式：

$$f(x)=\frac{a_0}{2}+\sum_{n=1}^{\infty}\left(a_n\cos\frac{n\pi}{L}x+b_n\sin\frac{n\pi}{L}x\right)$$

其中：$\begin{cases}a_n=\dfrac{1}{L}\displaystyle\int_{-L}^{L}f(x)\cos\dfrac{n\pi}{L}x\mathrm{d}x &，n=0，1，2，\cdots\\[2mm] b_n=\dfrac{1}{L}\displaystyle\int_{-L}^{L}f(x)\sin\dfrac{n\pi}{L}x\mathrm{d}x &，n=1，2，3，\cdots\end{cases}$

该级数称为 Fourier 级数，而 a_n，b_n 又称为 Fourier 系数。若 $x\in(a，b)$，则可以计算出 $L=(b-a)/2$，引入新变量 $\hat{x}$，使得 $x=\hat{x}+L+a$，则可以将 $f(x)$ 映射成 $(-L，L)$ 区间上的函数，可以对之进行 Fourier 级数展开，再将 $x=x-L-a$ 转换成 x 的函数即可。

MATLAB 没有提供求解 Fourier 级数的现成的函数，现有如下程序可以实现求解：

```
function [A，B，F]＝fseries(f，x，p，a，b)
if nargin＝＝3，a＝-pi；b＝pi；
end
L＝(b-a)/2；
if a+b
    f＝subs(f，x，x+L+a)；
```

```
end
A=int(f, x, -L, L)/L;
B=[ ];
F=A/2;
for n=1: p
    an=int(f*cos(n*pi*x/L), x, -L, L)/L;
    bn=int(f*sin(n*pi*x/L), x, -L, L)/L;
    A=[A, an]; B=[B, bn];
    F=F+an*cos(n*pi*x/L)+bn*sin(n*pi*x/L);
end
if a+b
    F=subs(F, x, x-L-a);
end
```

注意：以上程序需保存至搜索路径之下。

【例 14.14】　试求给定函数 $f(x)=x(x-\pi)(x-2\pi)$，$x\in(0, 2\pi)$ 的 Fourier 级数展开。

编写如下程序：

```
>> syms x; f=x*(x-pi)*(x-2*pi); [A, B, F]=fseries(f, x, 12, 0, 2*pi); F
F=(3*sin(2*x))/2 + (4*sin(3*x))/9 + (3*sin(4*x))/16 + (12*sin(5*
    x))/125 + sin(6*x)/18 + (12*sin(7*x))/343 + (3*sin(8*x))/128 + (4*sin
    (9*x))/243 + (3*sin(10*x))/250 + (12*sin(11*x))/1331 + sin(12*x)/
    144 + 12*sin(x)
```

其实，该函数的解析表达式为：$f(x) = \sum_{n=1}^{\infty} \dfrac{12}{n^3}\sin nx$。

下面，可以看看前 12 项的 Fourier 级数对原函数的拟合效果（图 14.7）。

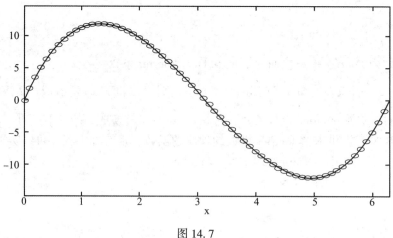

图 14.7

>> x=0：0.1：2*pi；f=x.*(x-pi).*(x-2*pi)；plot(x, f,'ro')；hold on；ezplot (F, [0, 2*pi])；

从效果图可以看出，拟合效果很好。如果想比较更大的区间，比如 $x \in (-\pi, 3\pi)$，则(图 14.8)：

>>x=-pi：0.1：3*pi；f=x.*(x-pi).*(x-2*pi)；plot(x, f,'ro')；hold on；ezplot(F, [-pi, 3*pi])；

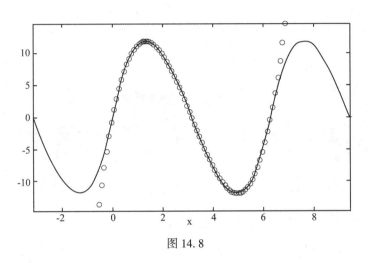

图 14.8

这时，可以看出，在更大的区间则效果不理想，其原因就是 Fourier 级数是定义在周期延拓基础上的，所以和原函数会完全不同。

【例 14.15】　已知函数 $f(x) = \begin{cases} 1 & x \geq 0 \\ -1 & x < 0 \end{cases}$，试对该方形波在区间 $(-\pi, \pi)$ 进行 Fourier 拟合。

在命令窗口输入如下：

syms x；f=abs(x)/x；[A, B, F]=fseries(f, x, 12, -pi, pi)；F

回车可得：

F=4/pi*sin(x)+4/3/pi*sin(3*x)+4/5/pi*sin(5*x)+4/7/pi*sin(7*x)+4/9/pi*sin(9*x)+4/11/pi*sin(11*x)

其实，该函数的解析表达式为：$f(x) = \dfrac{4}{\pi} \sum\limits_{n=1}^{\infty} \dfrac{1}{2n-1} \sin(2n-1)x$

【例 14.16】　已知函数 $f(x) = \begin{cases} 1 & x \geq 0 \\ -1 & x < 0 \end{cases}$，试对该方形波在区间 $(-\pi, \pi)$ 进行 Fourier 拟合的同时，画出不同阶数的拟合效果图。

输入程序：

syms x；f=abs(x)/x；

xx=[-pi：pi/200：pi]；xx=xx(xx~=0)；

xx=sort([xx, -eps, eps])；

```
yy = subs(f, x, xx);
plot(xx, yy); hold on;
for n = 1: 20
    [a, b, f1] = fseries(f, x, n);
    y1 = subs(f1, x, xx);
    plot(xx, y1);
end
```

所得图形如图 14.9 所示。

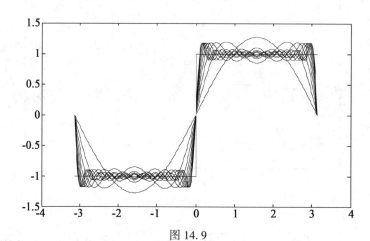

图 14.9

以下分别是当 $n = 10$，$n = 20$ 时的图像拟合（图 14.10、图 14.11）。

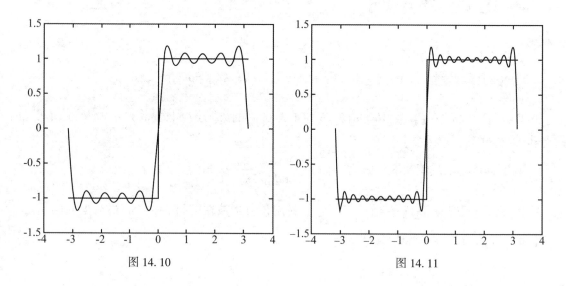

图 14.10　　　　　　　　　　　　　　　图 14.11

从以上可以看出，当 $n = 10$ 拟合效果就可以，再增加阶数也不会有明显的改善。

习　　题

1. 将函数 $f = \dfrac{1}{5+\cos x}$ 展开成 x 的幂级数(要求展开到 9 阶)。

2. 计算函数 $f = e^{x\sin x}$ 的 5 阶及 20 阶 Taylor 级数展开式。

参考答案

1. 编程如下：

```
clear
syms x;
f=1/(5+cos(x));
r=taylor(f, 10)
```

回车得：

r=-x^8/435456-x^6/17280 + x^2/72 + 1/6

2. 编程如下：

```
clear
syms x ;
f=exp(x*sin(x));;
r1=taylor(f)
r2=taylor(f, 13)
```

计算可得：

r1= x^4/3 + x^2 + 1

r2=(4699*x^12)/7983360-(1079*x^10)/362880-(11*x^8)/560 + x^6/120 + x^4/3
　　+ x^2 + 1

第 15 章　微 分 方 程

微分方程的求解是高等数学中的一个难点，而能够求出符号解析解的类型十分有限，利用 MATLAB 的数值求解，可以得到满足一定精度要求的数值解，从而能更好地解决实际应用的问题，以下将分别进行介绍。

15.1　常微分方程符号求解

函数：dsolve

格式：r= dsolve('eq1, eq2, …','cond1, cond2, …','v')

说明：对给定的常微分方程(组)eq1, eq2, …中指定的符号自变量 v，与给定的边界条件和初始条件 cond1, cond2, …。求符号解(即解析解)r；若没有指定变量 v，则缺省变量为 t；在微分方程(组)的表达式 eq 中，大写字母 D 表示对自变量(设为 x)的微分算子：D=d/dx, D2=d2/dx2, …。微分算子 D 后面的字母则表示为因变量，即待求解的未知函数。初始和边界条件由字符串表示：y(a)=b, Dy(c)=d, D2y(e)=f, 等等，分别表示 $y(x)\big|_{x=a}$=b, $y'(x)\big|_{x=c}$=d, $y''(x)\big|_{x=e}$=f；若边界条件少于方程(组)的阶数，则返回的结果 r 中会出现任意常数 C1, C2, …；dsolve 命令最多可以接受 12 个输入参量(包括方程组与定解条件个数，当然我们可以做到输入的方程个数多于 12 个，只要将多个方程置于一字符串内即可)。若没有给定输出变量，则在命令窗口显示解列表。若该命令找不到解析解，则返回一警告信息，同时返回一空的 sym 对象。这时，用户可以用命令 ode23 或 ode45 求解方程组的数值解。

【例 15.1】　试运行以下命令：

>> D1 =dsolve('D2y−Dy=exp(x)')

计算结果为：

D1 =−exp(x) * t+C1+C2 * exp(t)　　　%以 t 作为自变量。

>>D2=dsolve('D2y−Dy=exp(x)','x')

计算结果为：

D2 = (−1+C1+x) * exp(x)+C2　　　%以 x 作为自变量。

>>D3=dsolve('(Dy)^2 + y^2 = 1','s')

计算结果为：

D3 =1

　　−1

　　sin(s−C1)

196

$-\sin(s-C1)$　%以 s 作为自变量。

>>D4=dsolve('Dy= a*y','y(0)= b')　　%带一个定解条件。

计算结果为：

D4=b*exp(a*t)　　%以 t 作为自变量。

>>D5=dsolve('D2y=-a^2*y','y(0)= 1','Dy(pi/a)= 0')　　%带两个定解条件。

计算结果为：

D5=cos(a*t)　　%以 t 作为自变量。

>>[x,y]=dsolve('Dx= y','Dy=-x')　　%求解线性微分方程组。

计算结果为：

x=-C1*cos(t)+C2*sin(t)

y=C1*sin(t)+C2*cos(t)

>>[u, v]= dsolve('Du=u+v, Dv=u-v')

计算结果为：

u=C1*2^(1/2)*exp(2^(1/2)*t)-C2*2^(1/2)*exp(-2^(1/2)*t)+C1*exp(2^(1/2)*t)+C2*exp(-2^(1/2)*t)

v= C1*exp(2^(1/2)*t)+C2*exp(-2^(1/2)*t)

【例 15.2】 求微分方程$\dfrac{\mathrm{d}y}{\mathrm{d}x}=2xy$ 的通解。

在命令窗口输入：

D=dsolve('Dy=2*x*y','x')

回车后可得：

D= C1*exp(x^2)

【例 15.3】 求方程$\dfrac{\mathrm{d}y}{\mathrm{d}x}-\dfrac{2y}{x+1}=(x+1)^{\frac{5}{2}}$的通解。

在命令窗口输入：

D=dsolve('Dy-2*y/(x+1)=(x+1)^(5/2)','x')

回车后可得：

D= 1/3*(2*(x+1)^(3/2)+3*C1)*(x+1)^2

即 $y=(x+1)^2\left[\dfrac{2}{3}(x+1)^{\frac{3}{2}}+C\right]$

【例 15.4】 求微分方程$(1+x^2)y''=2xy'$满足初始条件 $y(0)=1$，$y'(0)=3$ 的特解。

在命令窗口输入：

D=dsolve('D2y-2*x/(x^2+1)*Dy=0','y(0)=1','Dy(0)=3','x')

回车后可得：

D=1+x^3+3*x

【例 15.5】 求微分方程$y^{(4)}-2y'''+5y''=0$ 的通解。

在命令窗口输入：

D=dsolve('D4y-2*D3y+5*D2y=0','x')

回车后可得：

D = C1+C2 * x+C3 * exp(x) * sin(2 * x)+C4 * exp(x) * cos(2 * x)

【例 15.6】 求微分方程 $y''+y=x\cos2x$ 的通解。

在命令窗口输入：

D = dsolve('D2y+y=x * cos(2 * x)','x')

回车后可得：

D = sin(x) * C2+cos(x) * C1-1/3 * x * cos(2 * x)+4/9 * sin(2 * x)

【例 15.7】 求微分方程组 $\begin{cases} \dfrac{dy}{dx}=3y-2z \\[2mm] \dfrac{dz}{dx}=2y-z \end{cases}$ 满足初始条件 $y(0)=1$，$z(0)=0$ 的特解。

在命令窗口输入：

D = dsolve('Dy=3 * y-2 * z','Dz=2 * y-z','y(0)=1','z(0)=0','x')

回车后可得：

D = y：[1x1 sym]

z：[1x1 sym]

在工作空间中双击变量 D，出现 Array editor-D 窗口，双击 y，z 变量所属的 Value，即可得：

y = 1/2 * exp(x) * (2+4 * x)

z = 2 * exp(x) * x

15.2 常微分方程数值求解

15.2.1 MATLAB 已有求解常微分方程数值解函数

函数：ode45、ode23、ode113、ode15s、ode23s、ode23t、ode23tb

功能：常微分方程（ODE）组初值问题的数值解。

格式：[T，Y]=solver(odefun，tspan，y0，options，p1，p2，…)

说明：solver 为命令 ode45，ode23，ode113，ode15s，ode23s，ode23t，ode23tb 之一。odefun 为显式常微分方程 $y'=f(t, y)$，或为包含一混合矩阵的方程 $M(t, y) * y'=f'(t, y)$。命令 ode23 只能求解常数混合矩阵的问题；命令 ode23t 与 ode15s 可以求解奇异矩阵的问题。

tspan 积分区间（即求解区间）的向量 tspan=[t0，tf]。要获得问题在其他指定时间点 t0，t1，t2，…上的解，则令 tspan=[t0，t1，t2，…，tf]（要求是单调的）。

y0 包含初始条件的向量。

options 用命令 odeset 设置的可选积分参数。

p1，p2，…传递给函数 odefun 的可选参数。

格式：[T，Y] = solver(odefun，tspan，y0)   %在区间 tspan=[t0，tf]上，从 t0 到

tf，用初始条件 y0 求解显式微分方程 $y' = f(t, y)$。对于标量 t 与列向量 y，函数 f = odefun(t, y) 必须返回一 $f(t, y)$ 的列向量 f。解矩阵 Y 中的每一行对应于返回的时间列向量 T 中的一个时间点。要获得问题在其他指定时间点 t0，t1，t2，…上的解，则令 tspan = [t0, t1, t2, …, tf]（要求是单调的）。

　　[T, Y] = solver(odefun, tspan, y0, options)　　%用参数 options（用命令 odeset 生成）设置的属性（代替了缺省的积分参数），再进行操作。常用的属性包括相对误差值 RelTol（缺省值为 1e-3）与绝对误差向量 AbsTol（缺省值为每一元素为 1e-6）。

　　[T, Y] = solver(odefun, tspan, y0, options, p1, p2…)

　　将参数 p1，p2，p3，…等传递给函数 odefun，再进行计算。若没有参数设置，则令 options = [ ]。

　　求解具体 ODE 的基本过程：

　　(1)根据问题所属学科中的规律、定律、公式，用微分方程与初始条件进行描述。

　　$F(y, y', y'', \cdots, y^{(n)}, t) = 0$

　　$y(0) = y_0, y'(0) = y_1, \cdots, y^{(n-1)}(0) = y_{n-1}$

　　而 $y = [y; y(1); y(2); \cdots, y(m-1)]$，n 与 m 可以不等。

　　(2)运用数学中的变量替换：$y_n = y^{(n-1)}$，$y_{n-1} = y^{(n-2)}$，…，$y_2 = y_1 = y$，把高阶（大于 2 阶）的方程（组）写成一阶微分方程组：

$$y' = \begin{bmatrix} y_1' \\ y_2' \\ \vdots \\ y_n' \end{bmatrix} = \begin{bmatrix} f_1(t, y) \\ f_2(t, y) \\ \vdots \\ f_n(t, y) \end{bmatrix}, \quad y_0 = \begin{bmatrix} y_1(0) \\ y_2(0) \\ \vdots \\ y_n(0) \end{bmatrix} = \begin{bmatrix} y_0 \\ y_1 \\ \vdots \\ y_n \end{bmatrix}$$

　　(3)根据(1)与(2)的结果，编写能计算导数的 M 函数文件 odefile。

　　(4)将文件 odefile 与初始条件传递给求解器 solver 中的一个，运行后就可得到 ODE 的、在指定时间区间上的解列向量 y（其中包含 y 及不同阶的导数）。

　　注意：(1)求微分方程数值解的函数命令中，函数 odefun 必须以 dx/dt 为输出量，以 t，x 为输入量。

　　(2)用于解 n 个未知函数的方程组时，M 函数文件中的待解方程组应以 x 的向量形式写成。

【例 15.8】　解微分方程 $y' = \sin x$，其中 $x_0 = 0$，$y_0 = -1$。

　　首先，将导数表达式的右端编写成一个 li15_ 8. m：

　　function yy = li15_ 8(t, x)

　　yy = sin(t);

　　然后直接调用：

　　[t, x] = ode23('li15_ 8', [0, pi], -1)

　　plot(t, x)

【例 15.9】　微分方程的数值解法求解微分方程 $y'' + y = 1 - \dfrac{t^2}{2\pi}$，设自变量 t 的初始值为 0，终值为 3π，初始条件 $y(0) = 0$，$y'(0) = 0$。

将高阶微分方程化为一阶微分方程组，即用变量代换：

$$x = \begin{pmatrix} x_1 \\ x_2 \end{pmatrix} = \begin{pmatrix} y \\ y' \end{pmatrix}$$

$$x' = \begin{pmatrix} x_1' \\ x_2' \end{pmatrix} = \begin{pmatrix} y' \\ y'' \end{pmatrix} = \begin{pmatrix} x_2 \\ -x_1 + 1 - \dfrac{t^2}{2\pi} \end{pmatrix} = \begin{pmatrix} 0 & 1 \\ -1 & 0 \end{pmatrix} \begin{pmatrix} x_1 \\ x_2 \end{pmatrix} + \begin{pmatrix} 0 \\ 1 \end{pmatrix} \left(1 - \dfrac{t^2}{2\pi}\right)$$

这样，将导数表达式的右端编写成一个 li15_9. m 函数程序：

```
function xdot=li15_9(t, x)
u=1-(t.^2)/(2*pi);
xdot=[0 1; -1 0]*x+[0 1]'*u;
```

然后，在主程序中调用已有的数值积分函数进行积分：

```
clf; t0=0; tf=3*pi; x0=[0; 0]
[t, x]=ode23('li15_9', [t0, tf], x0)
y=x(:, 1)
```

【例 15.10】　求二阶微分方程 $x^2 y'' + xy' + \left(x^2 - \dfrac{1}{2}\right)y = 0$，$y\left(\dfrac{\pi}{2}\right) = 2$，$y'\left(\dfrac{\pi}{2}\right) = -\dfrac{2}{\pi}$ 的数值解

首先变量代换：$z = \begin{pmatrix} z_1 \\ z_2 \end{pmatrix} = \begin{pmatrix} y \\ y' \end{pmatrix}$

$$z' = \begin{pmatrix} z_1' \\ z_2' \end{pmatrix} = \begin{pmatrix} z_2 \\ -\dfrac{z_2}{x} + \left(\dfrac{1}{2x^2} - 1\right)z_1 \end{pmatrix}$$

这样，将导数表达式的右端编写成一个 li15_10. m 函数程序

```
function f=li15_10(x, z)
f=[0 1; 1/(2*x^2)-1-1/x]*z;
```

然后，在主程序中调用已有的数值积分函数进行积分：

```
[x, z]=ode23('li15_10', [pi/2, pi], [2; -2/pi])
plot(x, z(:, 1))
```

【例 15.11】　求解描述振荡器的经典的：Ver der Pol 微分方程：$\dfrac{d^2 y}{dt^2} - \mu(1 - y^2)\dfrac{dy}{dt} + y = 0$。

$y(0) = 1$，$y'(0) = 0$

令 $x_1 = y$，$x_2 = dy/dt$，则

$dx_1/dt = x_2$

$dx_2/dt = \mu(1 - x_1^2)x_2 - x_1$

编写函数文件 li15_11. m：

```
function xprime=li15_11(t, x)
global MU
xprime=[x(2); MU*(1-x(1)^2)*x(2)-x(1)];
```

再在命令窗口中执行：

```
>>global MU
>>MU = 7;
>>Y0=[1；0]
>>[t，x]= ode45（'li15_ 11'，0，40，Y0）;
>>x1=x（:，1）；x2=x（:，2）;
>>plot（t，x1，t，x2）
```
图形结果为图 15.1。

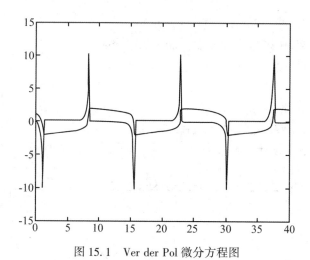

图 15.1　Ver der Pol 微分方程图

15.2.2　常微分方程数值解其他程序

1. 改进的 Euler 法程序

程序名称：Eulerpro. m

调用格式：[X，Y]=Eulerpro（'fxy'，x0，y0，xend ，h）

程序功能：解常微分方程。

输入变量：fxy 为用户编写给定函数 $y'=f(x，y)$ 的 M 函数文件名；x0，xend 为起点和终点；y0 为已知初始值；h 为步长。

输出变量：X 为离散的自变量；Y 为离散的函数值。

程序：

```
function[x，y]=Eulerpro（fxy，x0，y0，xend，h）
n=fix（（xend-x0）/h）;
y（1）=y0;
x（1）=x0;
for k=2：n
    x（k）=0;
    y（k）=0;
```

```
        end
    or i=1：（n-1）
        x(i+1)=x0+i*h；
        y1=y(i)+h*feval(fxy, x(i), y(i))；
        y2=y(i)+h*feval(fxy, x(i+1), y1)；
        y(i+1)=(y1+y2)/2；
    end
    plot(x, y)
```

【例 15.12】 解微分方程 $y'=\sin x$，其中 $x_0=0$，$y_0=-1$。

先编制 $y'=\sin x$ 的 M 函数。程序文件命名为 fxy. m。

function Z=fxy(x, y)

Z=sin(x)；

取步长 0.1，调用格式为：

[X, Y]=Eulerpro('fxy', 0, -1, pi , 0.1)

计算结果如图 15.2 所示。

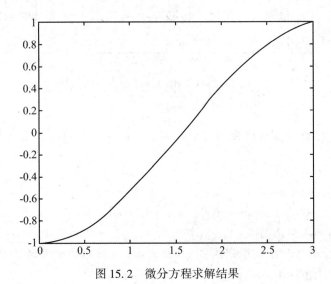

图 15.2 微分方程求解结果

```
x=0         0.1000   0.2000   0.3000   0.4000   0.5000   0.6000   0.7000
    0.8000  0.9000   1.0000   1.1000   1.2000   1.3000   1.4000   1.5000
    1.6000  1.7000   1.8000   1.9000   2.0000   2.1000   2.2000   2.3000
    2.4000  2.5000   2.6000   2.7000   2.8000   2.9000   3.0000
y=-1.0000   -0.9950  -0.9801  -0.9554  -0.9211  -0.8777  -0.8255  -0.7650
    -0.6970  -0.6219  -0.5407  -0.4541  -0.3629  -0.2681  -0.1707  -0.0715
    0.0283   0.1279   0.2262   0.3222   0.4150   0.5036   0.5872   0.6649
    0.7359   0.7996   0.8553   0.9025   0.9406   0.9693   0.9883
```

2. Runge-Kutta 法程序

程序名称：RungKt4. m

调用格式：[X，Y]＝RungKt4（'fxy'，x0，y0，xend，M）

程序功能：解常微分方程。

输入变量：fxy 为用户编写给定函数 $y'=f(x, y)$ 的 M 函数文件名；x0，xend 为起点和终点；y0 为已知初始值；M 为步长数。

输出变量：X 为离散的自变量，Y 为离散的函数值。

程序：

```
function [X，Y]＝Rungkt4（fxy，x0，y0，xend，M）
h=（xend−x0）/M；
X=zeros（1，M+1）；
Y=zeros（1，M+1）；
X=x0：h：xend；
Y（1）=y0；
for i=1：M
    k1=h * feval（fxy，X（i），Y（i））；
    k2=h * feval（fxy，X（i）+h/2，Y（i）+k1/2）；
    k3=h * feval（fxy，X（i）+h/2，Y（i）+k2/2）；
    k4=h * feval（fxy，X（i）+h，Y（i）+k3）；
    Y（i+1）=Y（i）+（k1+2 * k2+2 * k3+k4）/6；
end
plot（X，Y）
```

【例 15.13】 解微分方程 $y'=\sin x$，其中 $x_0=0$，$y_0=-1$。

先编制 $y'=\sin x$ 的 M 函数。文件名取为 fxy. m。

```
function Z=fxy（x，y）
Z=sin（x）；
```

取步长数为 30，调用格式为：

[X，Y]＝ Rungkt4（'fxy'，0，−1，pi，30）

计算结果如图 15.3 所示。

```
X=0        0.1047  0.2094  0.3142  0.4189  0.5236  0.6283  0.7330
    0.8378  0.9425  1.0472  1.1519  1.2566  1.3614  1.4661  1.5708
    1.6755  1.7802  1.8850  1.9897  2.0944  2.1991  2.3038  2.4086
    2.5133  2.6180  2.7227  2.8274  2.9322  3.0369  3.1416
Y=−1.0000  −0.9945  −0.9781  −0.9511  −0.9135  −0.8660  −0.8090  −0.7431
   −0.6691  −0.5878  −0.5000  −0.4067  −0.3090  −0.2079  −0.1045  0.0000
    0.1045   0.2079   0.3090   0.4067   0.5000   0.5878   0.6691  0.7431
    0.8090   0.8660   0.9135   0.9511   0.9781   0.9945   1.0000
```

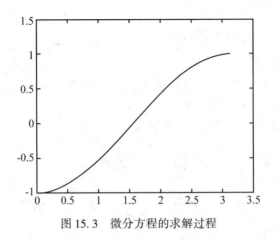

图 15.3 微分方程的求解过程

习   题

1. 求微分方程 $\dfrac{\mathrm{d}y}{\mathrm{d}t}=ay$ 的通解和当 $y(0)=b$ 的特解。

2. 求微分方程 $\dfrac{\mathrm{d}^2 y}{\mathrm{d}^2 t}=-a^2 y$ 的特解，其中初始条件为 $y(0)=1$，$\dfrac{\mathrm{d}y}{\mathrm{d}t}\left(\dfrac{\pi}{a}\right)=0$。

参考答案

1. 程序如下：
c1 = dsolve('Dy = a * y')
c2 = dsolve('Dy = a * y', 'y(0) = b')
回车后可得：
c1 = c2 * exp(a * t)
c2 = b * exp(a * t)
2. 程序如下：
>> c = dsolve('D2y = -a^2 * y', 'y(0) = 1', 'Dy(pi/a) = 0')
c = cos(a * t)

第三部分　MATLAB 在线性代数中的应用

第 16 章　矩阵的生成

16.1　数值矩阵的生成

16.1.1　一般矩阵的生成

当需要输入的矩阵维数比较小时，可以直接输入数据建立矩阵。矩阵数据(或矩阵元素)的输入格式如下：

(1)输入矩阵时要以"[　]"作为首尾符号，矩阵的数据应放在"[　]"内部，此时MATLAB才能将其识别为矩阵；

(2)要逐行输入矩阵的数据，同行数据之间可由空格或","分隔，空格的个数不限，行与行之间可用";"或回车符分隔；

(3)矩阵数据可为运算表达式；

(4)矩阵大小可不预先定义；

(5)如果不想显示输入的矩阵(作为中间结果)，可以在矩阵输入完成后以";"结束；

(6)无任何元素的空矩阵也合法。

【例 16.1】　a=[2 3 8]　和　a=[2，3，8]　为同一矩阵；

b=[3；2；4]　和　　b=$\begin{bmatrix} 3 \\ 2 \\ 4 \end{bmatrix}$为同一矩阵。

【例 16.2】　建立矩阵并显示结果。

```
>> X=[1, 2, 1+2; 4, 8-3, 6; 7, 16/2, 3*3]
X=1     2     3
   4     5     6
   7     8     9
```

16.1.2　特殊矩阵的生成

1. 零矩阵、幺矩阵及单位矩阵

零矩阵：所有元素都为零的矩阵。

调用函数为：zeros(n)　　　%生成 n×n 方阵。

zeros(m，n)　　%生成 m×n 矩阵。

幺矩阵：所有元素都为 1 的矩阵。

调用函数为：oness(n)　　%生成 n×n 方阵。

　　　　　　　　oness(m, n)　　%生成 m×n 矩阵。

单位矩阵：主对角元素均为 1，而其他元素全部为 0 的方阵；进一步扩展，也可使其为 m×n 矩阵。

调用函数为：eye(n)　　%生成 n×n 方阵。

　　　　　　　eye(m, n)　　%生成 m×n 矩阵。

【例 16.3】　特殊矩阵的生成。

```
>>zeros(2, 2);      %定义全为 0 的矩阵(2 ×2 的阵列)。
ans=0      0
    0      0
>>ones(3, 3);      %定义全为 1 的矩阵(3 ×3 的阵列)。
ans=1      1      1
    1      1      1
    1      1      1
```

函数 zeros()和 ones()还可用于多维数组的生成，例如，ones(2, 3, 4)将生成一个 2×3×4的三维数组，其元素全部为 1。

```
>> ones(2, 3, 4)
ans(:,:, 1)= 1      1      1
             1      1      1
ans(:,:, 2)= 1      1      1
             1      1      1
ans(:,:, 3)= 1      1      1
             1      1      1
ans(:,:, 4)= 1      1      1
             1      1      1
```

2. 空矩阵、随机矩阵

空矩阵：没有任何元素的矩阵；其输入格式为：给变量直接赋值一个中括号。

【例 16.4】　空矩阵的生成。

```
>> a=[ ]      %定义空矩阵，即 0×0 矩阵。
   a=[ ]
```

随机矩阵：各个元素是随机产生的。

调用函数为：

rand(n)　　%生成 n×n 阶标准均匀分布的伪随机数方阵。

rand(m, n)　　%生成 m×n 阶标准均匀分布的伪随机数矩阵。

randn(n)　　%生成 n×n 阶标准正态分布的伪随机数方阵。

randn(m, n)　　%生成 m×n 阶标准正态分布的伪随机数矩阵。

所谓伪随机数，就是通过某种数学公式生成的、满足某些随机指标的数据。这些随机数是可以重复的，与某些用电子方法获得的不可重复的随机数是不同的。

更一般的，如果想生成(a, b)区间上的均匀分布的随机数，则可以先用 A = rand(m,

n)命令生成一个(0,1)上的均匀分布的随机数矩阵 A,再用 B=a+(b-a)*A 语句则可以生成满足要求的矩阵 B。如果想生成满足 $N(\mu, \sigma^2)$ 的正态分布的随机数,则可以先用 A=randn(m, n)命令生成一个标准正态分布的随机数矩阵 A,再用 B=μ+σ·A 语句生成满足要求的矩阵 B。

【例 16.5】　生成[1, 3]区间上的均匀分布的随机数矩阵 $A_{2×4}$。

>> A1=rand(2, 4); A=1+(3-1)*A1
A=2.2647　　1.5570　　2.9150　　1.3152
　　1.1951　　2.0938　　2.9298　　2.9412

3. 对角矩阵

对角矩阵:主对角线上的元素可以为 0 也可以为非 0,而非对角线的元素都为 0。对角矩阵的数学描述为:diag($\alpha_1, \alpha_2, \cdots, \alpha_n$),其中对角矩阵的矩阵表示为:

$$\text{diag}(\alpha_1, \alpha_2, \cdots, \alpha_n)=\begin{bmatrix} \alpha_1 & & & \\ & \alpha_2 & & \\ & & \ddots & \\ & & & \alpha_n \end{bmatrix}$$

MATLAB 的对角矩阵的生成函数为:diag( ),具体调用格式如下:
A=diag(V)　　　%已知向量 V 生成对角矩阵 A。
V=diag(A)　　　%已知对角矩阵 A 提取其对角线上元素生成列向量。
A=diag(V, k)　　　%生成主对角线向上第 k 条对角线上元素为向量 V 的矩阵 A,若 k 为负值,则生成主对角线向下第 k 条对角线上元素为向量 V 的矩阵 A。

【例 16.6】

>> >> V=[1 3 5], A=diag(V), A1=diag(A), A2=diag(V, 2), A3=diag(V, -1),
V=1　　3　　5
A=1　　0　　0
　0　　3　　0
　0　　0　　5
A1=1
　　3
　　5
A2=0　　0　　1　　0　　0
　　0　　0　　0　　3　　0
　　0　　0　　0　　0　　5
　　0　　0　　0　　0　　0
　　0　　0　　0　　0　　0
A3=0　　0　　0　　0
　　1　　0　　0　　0
　　0　　3　　0　　0
　　0　　0　　5　　0

如果有若干个子矩阵 A_1，A_2，$\cdots$，A_n，可以编写一个 diagm( ) 函数，构造块对角矩阵。该函数的编辑内容如下：

function A = diagm(varargin)

A = [ ]；

for i = 1：length(varargin)，A1 = varargin{i}；

[n，m] = size(A)；[n1，m1] = size(A1)；A(n+1：n+n1，m+1：m+m1) = A1；

end

该函数的调用格式为：A = diagm(A_1，A_2，$\cdots$，A_n)，其中，子矩阵个数可以任意多，由该函数可以得出如下分块对角矩阵：

$$A = \begin{bmatrix} A_1 & & & \\ & A_2 & & \\ & & \ddots & \\ & & & A_n \end{bmatrix}$$

【例 16.7】 以 A1 = [1 2；3 4]，A2 = [1 1 1；2 2 2；3 3 3]为子矩阵，生成分块对角矩阵。

>> A1 = [1 2；3 4]；A2 = [1 1 1；2 2 2；3 3 3]；A = diagm(A1，A2)   % diagm 函数一定要事先保存在搜索路径之下。

```
A = 1    2    0    0    0
    3    4    0    0    0
    0    0    1    1    1
    0    0    2    2    2
    0    0    3    3    3
```

4. vandermonde 矩阵

如果已知一个向量 V，则可以由 MATLAB 提供的 A = vander(V) 函数来构造一个 vandermonde 矩阵。

【例 16.8】 以向量 V = [1 2 3 4]构造一个 vandermonde 矩阵。

>> V = [1 2 3 4]；A = vander(V)

```
A = 1     1    1    1
    8     4    2    1
    27    9    3    1
    64    16   4    1
```

16. 2 符号矩阵的生成

在 MATLAB 中输入符号向量或者矩阵的方法和输入数值类型的向量或者矩阵在形式上很相像，只不过要用到符号矩阵定义函数 sym，或者是用到符号定义函数 syms，先定义一些必要的符号变量，再像定义普通矩阵一样输入符号矩阵。

1. 用命令 sym 定义矩阵

这时的函数 sym 实际是在定义一个符号表达式，这时符号矩阵中的元素可以是任何的符号或者是表达式，而且长度没有限制，只是将方括号置于用于创建符号表达式的单引号中。如下例(注意标点符号的区别)：

【例 16.9】

```
>> A = sym('[1 b e; Jack, HelpMe!, NOWAY!]')
A = [1,        b,         e          ]
    [Jack,     HelpMe!,   NOWAY!      ]
>> B = sym('[1 2 3; e f g; sin(x) cos(x) cot(x)]')
B = [1,        2,         3          ]
    [e,        f,         g          ]
    [sin(x),   cos(x),    cot(x)      ]
```

2. 用命令 syms 定义矩阵

先定义矩阵中的每一个元素为一个符号变量，而后像普通矩阵一样输入符号矩阵。

【例 16.10】

```
>>syms  a  b  c;
>>M1 = sym('Classical');
>>M2 = sym(' Jazz');
>>M3 = sym('Blues');
>>syms_ matrix = [a  b  c; M1 M2 M3; 1 3 5]
syms_ matrix = [a          b          c          ]
               [ClassicalJazz         Blues      ]
               [1          3          5          ]
```

【例 16.11】

```
>> syms x
>> A = [cos(x) sin(x); -sin(x) cos(x)]
A = [ cos(x),    sin(x)    ]
    [-sin(x),    cos(x)    ]
```

3. 把数值矩阵转化成相应的符号矩阵

数值型和符号型在 MATLAB 中是不相同的，它们之间不能直接进行转化。MATLAB 提供了一个将数值型转化成符号型的命令，即 sym。

【例 16.12】

```
>> A = [1/3, sqrt(2), 3.42; exp(0), log10(100), 23^(-1)]
>>B = sym(A)
```

结果是：

```
A = 0.3333    1.4142    3.4200
    1.0000    2.0000    0.0435
B = [1/3, sqrt(2),    171/50]
    [1,        2,      1/23]
```

注意：不论矩阵是用分数形式还是浮点形式表示的，将矩阵转化成符号矩阵后，都将以最接近原值的有理数形式表示或者是函数形式表示。

习　　题

1. 请在窗口输入符号矩阵 $A = \begin{bmatrix} a & b \\ c & d \end{bmatrix}$。

2. 生成 $[2，5]$ 区间上的均匀分布的随机数矩阵 $A_{2\times4}$。

3. 以 $A_1 = [1\,1；2\,3]$，$A_2 = [2\,4；3\,6]$ 为子矩阵，生成分块对角矩阵。

参考答案

1. 在窗口输入：

$\gg A = \mathrm{sym}('[a\,b；c\,d]')$

回车得：

$A = [a，b]$

　　$[c，d]$

或者在窗口输入：

$\gg$ syms a b c d

$\gg A = [a\,b；c\,d]$

回车得：

$A = [a，b]$

　　$[c，d]$

2. 在窗口输入：$\gg A1 = \mathrm{rand}(2，4)；A = 2+(5-2)*A1$

A = 4. 4442　　2. 3810　　3. 8971　　2. 8355

　　4. 7174　　4. 7401　　2. 2926　　3. 6406

3. 在窗口输入：

$\gg A1 = [1\,1；2\,3]；A2 = [2\,4；3\,6]；A = \mathrm{diagm}(A1，A2)$　　%diagm 函数一定要事先保存在搜索路径之下。

A = 1　　1　　0　　0

　　2　　3　　0　　0

　　0　　0　　2　　4

　　0　　0　　3　　6

第 17 章　矩阵的基本计算

如今 MATLAB 的应用已经涉及各个学科领域，而其最早的、最基本的应用就是进行矩阵的运算。利用 MATLAB 可以十分方便地进行各种矩阵的运算，从而大大提高了计算速度，也节省了我们解决实际问题的时间。

17.1　算术运算

矩阵的算术运算是指矩阵之间的加、减、乘、除、幂等运算，表 17.1 给出了矩阵算术运算对应的运算符和 MATLAB 表达式。

表 17.1　　　　　　　　　　　　　　　经典的算术运算符

名称	运算符	MATLAB 表达式
加	+	a+b
减	−	a−b
乘	＊	a＊b
除	/或 \	a/b 或 a \ b
幂	^	a^n

矩阵进行加减运算时，相加减的矩阵必须是同阶的；矩阵进行乘法运算时，相乘的矩阵要有相邻公共维，即若 A 为 $i×j$ 阶，则 B 必须为 $j×k$ 阶，此时 A 和 B 才可以相乘。

常数与矩阵的运算，是常数同矩阵的各元素之间进行运算，例如，数加是指矩阵的每个元素都加上此常数，数乘是指矩阵的每个元素都与此常数相乘。需要注意的是，当进行数除时，常数通常只能做除数。

在线性代数中，矩阵没有除法运算，只有逆矩阵。矩阵除法运算是 MATLAB 从逆矩阵的概念引申而来，主要用于解线性方程组。

方程 A＊X＝B，设 X 为未知矩阵，在等式两边同时左乘 inv(A)，即

inv(A)＊A＊X＝ inv(A)＊B

X＝ inv(A)＊B＝A \ B

把 A 的逆矩阵左乘以 B，MATLAB 就记为"A \ "，称为"左除"。左除时，A、B 两矩阵的

行数必须相等。

如果方程的未知数矩阵在左，系数矩阵在右，即 X ∗ A = B，同样有

X = B ∗ inv(A) = B / A

把 A 的逆矩阵右乘以 B，MATLAB 就记为"/A"，称为"右除"。右除时，A、B 两矩阵的列数必须相等。

【例 17.1】设 $A = \begin{bmatrix} 2 & 1 & 4 \\ 0 & 1 & 2 \end{bmatrix}$; $B = \begin{bmatrix} -2 & 4 & 0 \\ 1 & 3 & 1 \end{bmatrix}$。求 $C = 2A - 3B$。

>> A = [2 1 4; 0 1 2]; B = [-2 4 0; 1 3 1]; C = 2 ∗ A - 3 ∗ B

C = 10   -10   8

  -3   -7   1

【例 17.2】 设矩阵 $A = \begin{bmatrix} 1 & 0 & -1 \\ 2 & 0 & 1 \end{bmatrix}$; $B = \begin{bmatrix} 1 & 2 \\ -1 & 1 \\ 0 & 0 \end{bmatrix}$。计算 AB，BA。

>> A = [1 0 -1; 2 0 1]; B = [1 2; -1 1; 0 0]; C1 = A ∗ B, C2 = B ∗ A

C1 = 1   2

   2   4

C2 = 5   0   1

   1   0   2

   0   0   0

【例 17.3】 已知 $A \cdot X = B$，$Y \cdot C = D$，$A = \begin{bmatrix} 1 & 2 \\ 3 & 4 \end{bmatrix}$，$B = \begin{bmatrix} 4 \\ 10 \end{bmatrix}$，$C = \begin{bmatrix} 1 & 3 \\ 2 & 4 \end{bmatrix}$，$D = [4 \quad 10]$，计算未知数矩阵 X 和 Y。

>> a = [1, 2; 3, 4]; b = [4; 10]; c = [1, 3; 2, 4]; d = [4, 10];

>> x = a \ b

x = 2.0000   1.0000

>> y = d / c

y = 2.0000   1.0000

在 MATLAB 中，进行矩阵的幂运算时，矩阵可以作为底数，指数是标量，矩阵必须是方阵；矩阵也可以作为指数，底数是标量，矩阵也必须是方阵；但矩阵和指数不能同时为矩阵，否则将显示错误信息。

【例 17.4】 矩阵的幂运算。

>> a

a = 1   2

  3   4

>> a^2   %n 为正整数，a^n 表示矩阵 a 自乘 n 次。

ans = 7   10

   15   22

>> a^(-2)   %n 为负整数，a^n 表示矩阵 a 自乘 n 次的逆。

```
ans =  5. 5000    -2. 5000
      -3. 7500     1. 7500
>> inv( a^2)
ans =  5. 5000    -2. 5000
      -3. 7500     1. 7500
>> 2^a
ans = 10. 4827    14. 1519
      21. 2278    31. 7106
>> 2.^a      %注意和上面的计算符号的区别，具体可看下一节点。
ans = 2      4
        8    16
```

17.2　MATLAB 的阵列运算

MATLAB 的运算是以阵列（array）运算和矩阵（matrix）运算两种方式进行的，而两者在 MATLAB 的基本运算性质上有所不同：阵列运算采用的是元素对元素的运算规则，而矩阵运算则是采用线性代数的运算规则。

17.2.1　阵列的基本运算

在 MATLAB 中，阵列的基本运算采用扩展的算术运算符(表 17.2)。

表 17.2　　　　　　　　　　　　扩展的算术运算符

名　　称	运　算　符	MATLAB 表达式
阵列乘	. *	a. * b
阵列除	./或 .\	a./b 或 a.\ b
阵列幂	.^	a.^b

关于常数和矩阵之间的运算，数加和数减运算可以在运算符前不加"."，但如果一定要在运算符前加"."，那么一定要把常数写在运算符前面，否则会出错。

【例 17.5】　>> a = 1：10；b = 11：20；
```
>> a+b
ans = 12    14    16    18    20    22    24    26    28    30
>> a. -b
??? a. -b
      Error：Unexpected MATLAB operator.
>> a-b
ans = -10    -10    -10    -10    -10    -10    -10    -10    -10    -10
```

```
>> a+50
ans=51    52    53    54    55    56    57    58    59    60
>> a. +50
??? a. +50
        Error：Unexpected MATLAB operator.
>> 50. +a
ans=51    52    53    54    55    56    57    58    59    60
```

常数和矩阵之间的数乘运算，即为矩阵元素分别与此常数进行相乘，常数在前在后、加不加"."都一样。常数和矩阵之间的除法运算，对矩阵运算而言，常数只能做除数；而对阵列运算而言，由于是"元素对元素"的运算，因此没有任何限制（但一定要加"."运算）。

【例 17.6】　a=ones(3，4)；

```
>> a * 8       %a * 8、8 * a、a. * 8 和 8. * a 结果一样。
ans=8     8     8     8
     8     8     8     8
     8     8     8     8
>> a/3       %a/3 和 3 \ a 都是矩阵除法，结果一样，但 3/a 和 a \ 3 不合法。
ans=0. 3333     0. 3333     0. 3333     0. 3333
    0. 3333     0. 3333     0. 3333     0. 3333
    0. 3333     0. 3333     0. 3333     0. 3333
>> 5. /a
ans=5     5     5     5
    5     5     5     5
    5     5     5     5
>> a. /5
ans=0. 2000     0. 2000     0. 2000     0. 2000
    0. 2000     0. 2000     0. 2000     0. 2000
    0. 2000     0. 2000     0. 2000     0. 2000
```

阵列的幂运算运算符为". ^"，它表示每个矩阵元素单独进行幂运算，这与矩阵的幂运算不同，矩阵的幂运算和阵列的幂运算所得的结果有很大的差别。

【例 17.7】　>> b=[2，2；2，2]；

```
>> b^2
ans=8     8
    8     8
>> b. ^2
ans=4     4
    4     4
```

17.2.2　阵列的函数运算

在 MATLAB 中，矩阵按照阵列运算规则进行指数运算、对数运算和开方运算的命令分别是 exp、log 和 sqrt。矩阵进行其他数学函数运算(如三角函数)时，都是按阵列运算规则进行的，矩阵可以是任意阶，其命令通用形式为 funname(A)，其中 funname 为常用数学函数名。

【例 17.8】　a＝ones(3, 4); b＝zeros(3, 4);

```
>> exp(a)
ans = 2.7183    2.7183    2.7183    2.7183
      2.7183    2.7183    2.7183    2.7183
      2.7183    2.7183    2.7183    2.7183
>> cos(b)
ans = 1    1    1    1
      1    1    1    1
      1    1    1    1
>> sin(a). * cos(b)
ans = 0.8415    0.8415    0.8415    0.8415
      0.8415    0.8415    0.8415    0.8415
      0.8415    0.8415    0.8415    0.8415
```

17.3　矩阵的其他重要运算

17.3.1　方阵的行列式

方阵的行列式的值由 det 函数计算得出;

【例 17.9】　计算矩阵 $A = \begin{bmatrix} 1 & 2 & 2 \\ 2 & 3 & 5 \\ 4 & 5 & 7 \end{bmatrix}$ 的行列式的值。

```
>> A＝[1 2 2; 2 3 5; 4 5 7]; det(A)
ans＝4
```

【例 17.10】　计算矩阵 $A = \begin{bmatrix} a & b \\ c & d \end{bmatrix}$ 的行列式的值。

```
>> syms a b c d; A＝[a b; c d], det(A)
A＝[a, b]
   [c, d]
ans＝ a * d－b * c
```

17.3.2　矩阵的秩

矩阵的秩由 rank 函数来计算。

【例 17.11】　计算矩阵 $A = \begin{bmatrix} 1 & 2 & 2 \\ 2 & 3 & 5 \\ 4 & 5 & 7 \end{bmatrix}$ 的秩。

```
>> rank(A)
ans = 3
```

17.3.3　矩阵的维数和长度

size( )：求矩阵的维数（columns & rows）。

length( )：求矩阵的长度，矩阵的长度用向量（或 columns）数定义。表示的是矩阵的列数和行数中的最大数。

【例 17.12】
```
>> a = [10, 20, 42; 34, 20, 4; 198, 34, 6; 10 20 30];
>> size(a)
ans = 4    3
>> length(a)
ans = 4
```
注意 size(a)与 length(a)两者之间的区别。

17.3.4　矩阵的迹

矩阵的迹定义为该矩阵对角线上的各元素之和，也等于该矩阵的特征值之和。MAT-LAB 调用格式为：

trace( )

【例 17.13】　求矩阵 $A = \begin{bmatrix} 1 & 2 & 30 \\ 2 & 20 & 3 \\ 3 & 2 & 11 \end{bmatrix}$ 的迹。

```
>> A = [1 2 30; 2 20 3; 3 2 11]; trace(A)
ans = 32
```

17.3.5　转置运算

在 MATLAB 中，矩阵转置运算的表达式和线性代数一样，即对于矩阵 A，其转置矩阵的 MATLAB 表达式为 A'或 transpose(A)。但应该注意，在 MATLAB 中，有几种类似于转置运算的矩阵元素变换运算是线性代数中没有的，它们是：

fliplr(A)：将 A 左右翻转；

flipud(A)：将 A 上下翻转；

rot90(A)：将 A 逆时针方向旋转 90°。

【例 17.14】 求矩阵 $A = \begin{bmatrix} 1 & 2 & 30 \\ 2 & 20 & 3 \\ 3 & 2 & 11 \end{bmatrix}$ 的转置矩阵。

```
>> A = [1 2 30; 2 20 3; 3 2 11], B = A'
A = 1      2      30
    2      20      3
    3      2      11
B = 1      2      3
    2      20     2
    30     3      11
>> transpose(A)
ans = 1     2      3
      2     20     2
      30    3      11
>> rot90(A)
ans = 30    3      11
      2     20     2
      1     2      3
```

17.3.6 逆矩阵运算

矩阵的逆运算是矩阵运算中很重要的一种运算。它在线性代数及计算方法中都有很多的论述，而在 MATLAB 中，众多的复杂理论只变成了一个简单的命令 inv()。

【例 17.15】 求矩阵 $A = \begin{bmatrix} 1 & 2 \\ 3 & 4 \end{bmatrix}$ 的逆矩阵。

```
>> A = [1 2; 3 4], invA = inv(A), A * invA
A = 1      2
    3      4
invA = -2.0000          1.0000
        1.5000         -0.5000
ans = 1.0000           0
      0.0000           1.0000
```

从 ans 变量的结果可以看出，A 的逆矩阵没有求错。

在线性代数教材中，通常采用初等行变换的方式来求解矩阵的逆，可以用以下方法实现：

```
>> A = [1 2; 3 4], n = size(A); A1 = [A, eye(n)]; A2 = rref(A1); invA = A2(:, 1+n(1): end)
A = 1      2
    3      4
```

invA = -2. 0000　　　　1. 0000

　　　　1. 5000　　　　-0. 5000

【例 17. 16】　求矩阵 $A = \begin{bmatrix} a & b \\ c & d \end{bmatrix}$ 的逆矩阵。

>> syms a b c d; A=[a b; c d]; invA=inv(A)

invA=[　d/(a*d-b*c), -b/(a*d-b*c)]

　　　[-c/(a*d-b*c), 　a/(a*d-b*c)]

17. 3. 7　广义逆矩阵

由线代知识可知，如果矩阵奇异，则逆矩阵不存在，另外，长方形的矩阵有时也会涉及求逆的问题，这样就需要定义一种新的"逆矩阵"。

对于矩阵 A，如果存在一个矩阵 N，满足 $ANA=A$，则 N 矩阵称为 A 的广义逆矩阵，记作 $N=A^-$，如果 A 是一个 $n×m$ 的长方形矩阵，则 N 为 $m×n$ 阶的矩阵。满足这样的广义逆矩阵有无穷多个。

可以证明，对于一个给定的矩阵 A，存在一个唯一的矩阵 M，使得下面的三个条件同时成立：

(1)$AMA=A$，(2)$MAM=M$，(3)AM 与 MA 均为对称矩阵。

这样的矩阵 M 称为矩阵 A 的 Moore-Penrose 广义逆矩阵，记作 $M=A^+$。

MATLAB 提供了求取矩阵 Moore-Penrose 广义逆矩阵的函数 pinv( )，其格式为：

M=pinv(A)　　　%按默认精度求取 Moore-Penrose 广义逆矩阵。

M=pinv(A, e)　　　%按指定精度 e 求取 Moore-Penrose 广义逆矩阵。

其中，e 为判 0 用误差限，如果省略此参数，则判 0 用误差限选用机器的精度 eps；如果 A 是非奇异方阵，则该函数得出的结果就是矩阵的逆矩阵，但这样求解的速度将明显慢于函数 inv( )。

【例 17. 17】　求奇异矩阵 $A = \begin{bmatrix} 1 & 2 \\ 3 & 6 \end{bmatrix}$ 的广义逆矩阵。

>> pinv(A); M=pinv(A), A*M*A, M*A*M, A*M, M*A

M=0. 0200　　0. 0600

　　0. 0400　　0. 1200

ans=1. 00002. 0000

　　3. 00006. 0000

ans=0. 02000. 0600

　　0. 04000. 1200

ans=0. 10000. 3000

　　0. 30000. 9000

ans=0. 20000. 4000

　　0. 40000. 8000

从结果可以看出，所求的广义逆矩阵满足前述三个条件。

【例 17.18】　求矩阵 $A = \begin{bmatrix} 1 & 2 \\ 3 & 4 \end{bmatrix}$ 的广义逆矩阵。

```
>> A = [1 2; 3 4]; invA = pinv(A)
invA = -2.0000    1.0000
        1.5000   -0.5000
```

17.3.8　伴随矩阵

MATLAB 中没有直接求矩阵的伴随矩阵的函数，引入伴随矩阵的概念，实际上是为了求逆阵，一般数学软件都有求逆阵的函数。如果 A 可逆，则 $A* = |A| A^{-1}$，伴随矩阵是容易求得的。

【例 17.19】　求矩阵 $A = \begin{bmatrix} 1 & 0 & 1 \\ 2 & 1 & 2 \\ 0 & 4 & 6 \end{bmatrix}$ 的伴随矩阵。

```
>> A = [1 0 1; 2 1 2; 0 4 6], bsjz = det(A) * inv(A)
A = 1    0    1
    2    1    2
    0    4    6
bsjz = -2     4    -1
      -12     6     0
        8    -4     1
```

下面是自编的函数 bansui( )，可以直接求得伴随矩阵，但注意一定要将该函数保存在搜索路径之下。

```
function B = bansui(A)
ce = poly(eig(A));
cesize = max(size(ce));
p = [0 ce(1: (cesize-1))];
s = (-1)^(max(size(A))+1);
B = s * polyvalm(p, A);
```

【例 17.20】　求矩阵 $A = \begin{bmatrix} 1 & 0 & 1 \\ 2 & 1 & 2 \\ 0 & 4 & 6 \end{bmatrix}$ 的伴随矩阵。

```
>> A = [1 0 1; 2 1 2; 0 4 6]; bsjz = bansui(A)
bsjz = -2.0000     4.0000    -1.0000
      -12.0000     6.0000     0
        8.0000    -4.0000     1.0000
>> det(A)
ans = 6
>> A * bsjz
```

ans = 6.0000　　　0　　　　0.0000

　　　0.0000　　6.0000　　0.0000

　　　0　　　　0.0000　　6.0000

从上面结果可以看出，$A * bsjz = det(A) * E$。

【例 17.21】　求奇异矩阵 $A = \begin{bmatrix} 1 & 2 \\ 3 & 6 \end{bmatrix}$ 的伴随矩阵。

>> A = [1 2; 3 6]; bsjz = bansui(A)

bsjz =　6　　−2

　　　　−3　　　1

习　　题

1. 设矩阵 $A = \begin{bmatrix} 1 & 1 & -1 \\ 2 & 3 & 4 \end{bmatrix}$；$B = \begin{bmatrix} 1 & 6 \\ -1 & 1 \\ 0 & 1 \end{bmatrix}$；计算 AB。

2. 已知矩阵 $A = \begin{bmatrix} 1 & 2 & 3 \\ 4 & 5 & 6 \\ 7 & 8 & 9 \end{bmatrix}$，试计算(1)行列式的值 $|A|$；(2)A 的二次幂 A^2；(3)A 的数组幂运算 $A.^2$。

3. 求矩阵 $A = \begin{bmatrix} 1 & 0 & 4 \\ 2 & 2 & 7 \\ 0 & 1 & -2 \end{bmatrix}$ 的逆矩阵 invA 及伴随矩阵 bansuiA。

参考答案

1. >> A = [1 1−1; 2 3 4]; B = [1 6; −1 1; 0 1]; A * B

ans =　0　　　6

　　　−1　　19

2. >> A = [1 2 3; 4 5 6; 7 8 9]; A1 = det(A), A2 = A.^2, A3 = A^2

A1 = 0

A2 =　1　　　4　　　9

　　　16　　25　　36

　　　49　　64　　81

A3 =　30　　36　　42

　　　66　　81　　96

　　　102　126　150

3. 在窗口输入：

A = [1 0 4; 2 2 7; 0 1−2];

invA = inv(A)

bansuiA = bansui(A)

det(A) * invA

回车可得：

invA = 3.6667　　　−1.3333　　　2.6667

　　　−1.3333　　　0.6667　　　−0.3333

　　　−0.6667　　　0.3333　　　−0.6667

bansuiA = −11.0000　　　4.0000　　−8.0000

　　　　　4.0000　　　−2.0000　　1.0000

　　　　　2.0000　　　−1.0000　　2.0000

ans = −11　　　4　　　−8

　　　4　　　−2　　　1

　　　2　　　−1　　　2

从以上结果可看出，以下公式成立：$A* = |A|A^{-1}$。

将 invA 符号化可得：

\>> sym(invA)

ans = [　11/3,　　　−4/3,　　　8/3　]

　　　[　−4/3,　　　2/3,　　　−1/3　]

　　　[　−2/3,　　　1/3,　　　−2/3　]

第18章　线性方程组求解

我们将线性方程的求解分为两类：一类是方程组求唯一解或求特解；另一类是方程组求无穷解即通解，可以通过系数矩阵的秩来判断：

若系数矩阵的秩和增广矩阵的秩相等且等于 n（n 为方程组中未知变量的个数），则有唯一解；

若系数矩阵的秩和增广矩阵的秩相等且 $r<n$，则有无穷解；

线性方程组的无穷解 = 对应齐次方程组的通解 + 非齐次方程组的一个特解，其特解的求法属于解的第一类问题，通解部分属第二类问题。

18.1　求线性方程组的唯一解或特解(第一类问题)

利用矩阵除法求线性方程组的特解(或一个解)

方程：$AX=b$

解法1：$X = A \setminus b$

【例18.1】　求方程组的解

$$\begin{cases} 5x_1+6x_2 & =1 \\ x_1+5x_2+6x_3 & =0 \\ x_2+5x_3+6x_4 & =0 \\ x_3+5x_4+6x_5 & =0 \\ x_4+5x_5 & =1 \end{cases}$$

解法1：

```
>>A=[5    6    0    0    0
     1    5    6    0    0
     0    1    5    6    0
     0    0    1    5    6
     0    0    0    1    5];
B=[1 0 0 0 1]';
R_ A=rank(A)      %求秩。
X=A \ B      %求解或 X=inv(A)*B。
```

运行后结果如下：

R_ A=5

X = 2.2662

　　 −1.7218

　　　1.0571

　　 −0.5940

　　　0.3188

这就是方程组的解。

解法 2：用函数 rref 求解。

>> C = [A，B]　　　%由系数矩阵和常数列构成增广矩阵 C。

>> R = rref(C)　　　%将 C 化成行最简行。

R = 1.0000	0	0	0	0	2.2662
0	1.0000	0	0	0	−1.7218
0	0	1.0000	0	0	1.0571
0	0	0	1.0000	0	−0.5940
0	0	0	0	1.0000	0.3188

则 R 的最后一列元素就是所求之解。

【例 18.2】　求方程组 $\begin{cases} x_1+x_2-3x_3-x_4=1 \\ 3x_1-x_2-3x_3+4x_4=4 \\ x_1+5x_2-9x_3-8x_4=0 \end{cases}$ 的一个特解。

>>A = [1 1−3−1；3−1−3 4；1 5−9−8]；

>>B = [1　4　0]′；

>>X = A \ B　　%由于系数矩阵不满秩，该解法可能存在误差。

X = [0　0　−0.5333　0.6000]′(一个特解近似值)。

此时，不能采用如下命令：x = inv(A) * B，因为 inv 要求矩阵为方阵，应用命令：x = pinv(A) * B

x = [0.3504　−0.0916　−0.3881　0.4232]，可用 A * x 验算。

注：如果矩阵 A 不是一个方阵，或者 A 是一个非满秩的方阵时，A 没有逆矩阵，但可以找到一个与 A 的转置同型的矩阵 B，使得 $A*B*A=A$，$B*A*B=B$，此时称 B 为 A 的伪逆，也称广义逆矩阵，使用：pinv(A)。

若使用 rref 求解，则比较精确：

>> A = [1 1−3−1；3−1−3 4；1 5−9−8]；

B = [1　4　0]′；

>> C = [A，B]；　　　%构成增广矩阵。

>> R = rref(C)

R = 1.0000	0	−1.5000	0.7500	1.2500
0	1.0000	−1.5000	−1.7500	−0.2500
0	0	0	0	0

由此得解向量 X = [1.2500　− 0.2500　0　0]′(一个特解)。

18.2 求线性齐次方程组的通解

在 MATLAB 中，函数 null( )用来求解零空间，即满足 $A \cdot X = 0$ 的解空间，实际上是求出解空间的一组基(基础解系)。

解齐次线性方程组 $Ax = 0$。

格式：z= null(A)   %z 的列向量为方程组的正交规范基，满足 z′×z=I。

z=null(A,′r′)   %z 的列向量是方程 AX=0 的有理基。

如果 A 为数值矩阵，调用 null(A,′r′)，或 调用 null(A)；

如果 A 为符号矩阵，只能调用 null(A)。

【例 18.3】 求解方程组的通解：$\begin{cases} x_1 + x_2 + x_3 - x_4 = 0 \\ x_1 - x_2 + x_3 - 3x_4 = 0 \\ x_1 + 3x_2 + x_3 + x_4 = 0 \end{cases}$

\>>A = [1 1 1−1；1−1 1−3；1 3 1 1]；

\>>format   rat   %指定有理式格式输出。

\>>B = null(A,′r′)   %求解空间的有理基。

运行后显示结果如下：

```
B = -1            2
     0           -1
     1            0
     0            1
```

即方程组的通解为：$k_1 (-1, 0, 1, 0)^T + k_2 (2, -1, 0, 1)^T$

若调用：c=null(A)，则：

\>> format short

\>> c=null(A)

得：

```
c = -0.5000        0.7071
    -0.1667       -0.4714
     0.8333        0.2357
     0.1667        0.4714
```

或通过行最简型得到基：

\>> B = rref(A)

```
B = 1    0    1    -2
    0    1    0     1
    0    0    0     0
```

18.3 求非齐次线性方程组的通解

非齐次线性方程组需要先判断方程组是否有解，若有解，再去求通解。因此，步骤为：

第一步：判断 $AX=b$ 是否有解，若有解则进行第二步；

第二步：求 $AX=b$ 的一个特解；

第三步：求 $AX=0$ 的通解；

第四步：$AX=b$ 的通解为 $AX=0$ 的通解加上 $AX=b$ 的一个特解。

【例 18.4】 求方程组的解

$$\begin{cases} x_1 \quad + x_3 - x_4 = 1 \\ \quad x_2 + x_3 + 3x_4 = -2 \\ \quad 2x_2 + x_3 + x_4 = -8 \\ x_1 + 4x_2 - 7x_3 + 6x_4 = 0 \end{cases}$$

>>A=[1 0 1 -1; 0 1 1 3; 0 2 1 1; 1 4 -7 6];

B=[1 -2 -8 0]';

R_ A=rank(A)   %求秩。

X=A \ B   %求解或 X=inv(A)∗B。

回车可得：

R_ A=4

X= 3.0000

    -4.0000

    -1.0000

     1.0000

或采用简化行阶梯形方法：

>> C=[A, B]; R=rref(C)

R=1   0   0   0   3

   0   1   0   0   -4

   0   0   1   0   -1

   0   0   0   1   1

则 R 的最后一列元素就是所求之解。

【例 18.5】 求解方程组的通解：$\begin{cases} x_1 + x_2 - 3x_3 - x_4 = 1 \\ 3x_1 - x_2 - 3x_3 + 4x_4 = 4 \\ x_1 + 5x_2 - 9x_3 - 8x_4 = 0 \end{cases}$

解法一：在 MATLAB 编辑器中建立 M 文件如下：

A=[1 1 -3 -1; 3 -1 -3 4; 1 5 -9 -8];

b=[1 4 0]';

B=[A b];

```
n＝4；
R_ A＝rank(A)
R_ B＝rank(B)
format rat
if R_ A＝＝R_ B&R_ A＝＝n
   X＝A \ b
elseif R_ A＝＝R_ B&R_ A＜n
   X＝A \ b
   C＝null(A,'r')
else
X＝'Equation has no solves'
end
```

运行后结果显示为：

```
R_ A＝2
R_ B＝2
Warning：Rank deficient, rank＝ 2   tol＝    8.8373e-015.
> In D： \ Matlab \ pujun \ lx0723. m at line 11
X＝0
   0
   −8/15
   3/5
C＝3/2        −3/4
  3/2         7/4
  1           0
  0           1
```

所以原方程组的通解为 $X=k_1\begin{pmatrix}3/2\\3/2\\1\\0\end{pmatrix}+k_2\begin{pmatrix}-3/4\\7/4\\0\\1\end{pmatrix}+\begin{pmatrix}0\\0\\-8/15\\3/5\end{pmatrix}$

解法二：用 rref 求解。

```
A＝[1  1  −3  −1; 3  −1  −3  4; 1  5  −9  −8];
b＝[1 4 0]';
B＝[A b];
C＝rref(B)     %求增广矩阵的行最简形，可得最简同解方程组。
```

运行后结果显示为：

```
C＝1        0        −3/2      3/4       5/4
   0        1        −3/2      −7/4      −1/4
   0        0        0         0         0
```

228

对应齐次方程组的基础解系为：$\xi_1 = \begin{pmatrix} 3/2 \\ 3/2 \\ 1 \\ 0 \end{pmatrix}$，$\xi_2 = \begin{pmatrix} -3/4 \\ 7/4 \\ 0 \\ 1 \end{pmatrix}$，非齐次方程组的特解为：

$\eta^* = \begin{pmatrix} 5/4 \\ -1/4 \\ 0 \\ 0 \end{pmatrix}$ 所以，原方程组的通解为：$X = k_1\xi_1 + k_2\xi_2 + \eta^*$。

【例 18.6】　编写程序，求解 $AX = b$，要求由人机交互模式输入矩阵 A，b，并根据判定定理给出各种情况的求解答案。

编写程序如下：

```
A = input('Please input matrix A:');
b = input('Please input matrix b:');
B = [A, b];
n = size(A);
R_A = rank(A);
R_B = rank(B);
format rat
if R_A == R_B & R_A == n(2)
   X = A \ b
elseif R_A == R_B & R_A < n(2)
   X = pinv(A) * b
   C = null(A,'r')
else
X = 'equition no solve'
end
```

编写完后，保存为 mm. m 文件，然后在窗口输入 mm，回车后按提示输入系数矩阵和常数列，即可自动判定方程组解的情况并求出方程组的解。

```
>> mm
Please input matrix A：[1 2; 3 4]
Please input matrix b：[1; 2]
X = 0
   1/2      %方程组有唯一解的情况。
>> mm
Please input matrix A：[1 2; 2 4]
Please input matrix b：[1; 2]
X = 1/5
   2/5      %方程组有无穷多解的情况。
```

C = -2

　1

>> mm

Please input matrix A：［1 2; 2 4］

Please input matrix b：［1; 3］

X = equition no solve　　%方程组无解的情况。

习　　题

1. 求解方程组 $\begin{cases} x_1 - 2x_2 + 3x_3 - x_4 = 1 \\ 3x_1 - x_2 + 5x_3 - 3x_4 = 2 \\ 2x_1 + x_2 + 2x_3 - 2x_4 = 3 \end{cases}$

2. 求解方程组的通解：$\begin{cases} x_1 + 2x_2 + 2x_3 + x_4 = 0 \\ 2x_1 + x_2 - 2x_3 - 2x_4 = 0 \\ x_1 - x_2 - 4x_3 - 3x_4 = 0 \end{cases}$

3. 求解方程组 $\begin{cases} x_1 + x_2 + x_3 + x_4 = 2 \\ 3x_1 + x_2 + x_3 - 3x_4 = 0 \\ 2x_1 + x_2 + x_3 + 3x_4 = 3 \\ 5x_1 + 3x_2 + 3x_3 - x_4 = 4 \end{cases}$

参考答案

1. 在 MATLAB 中建立 M 文件如下：

A = ［1　-2　3　-1; 3　-1　5　-3; 2　1　2　-2］;

b = ［1　2　3］';

B = ［A b］;

n = 4;

R_A = rank（A）

R_B = rank（B）

format rat

if R_A = = R_B&R_A = = n　　%判断有唯一解。

　　X = A \ b

elseif R_A = = R_B&R_A<n　　%判断有无穷解。

　　X = A \ b　　%求特解。

　C = null（A,'r'）　　%求 AX = 0 的基础解系。

else

X = 'equition no solve'　　%判断无解。

end

运行后结果显示：

R_A = 2

R_B = 3

X = equition no solve

说明该方程组无解。

2. 程序如下：

```
>>A=[1  2  2  1; 2  1  -2  -2; 1  -1  -4  -3];
>>format    rat        %指定有理式格式输出。
>>B=null(A,'r')        %求解空间的有理基。
```

运行后显示结果如下：

B = 2   5/3

    -2   -4/3

    1   0

    0   1

若调用：c = null(A)，得：

c = 0.7182   -0.0029

   -0.6178   0.2506

   0.1080   -0.6206

   0.3014   0.7430

或通过行最简型得到基：

```
>> B = rref(A)
```

B = 1.0000   0   -2.0000   -1.6667

   0   1.0000   2.0000   1.3333

   0   0   0   0

即可写出其基础解系（与上面结果一致）。

写出通解：

```
syms k1 k2
X=k1*B(:, 1)+k2*B(:, 2)            %写出方程组的通解。
pretty(X)        %让通解表达式更加精美。
```

运行后结果如下：

X = [2*k1+5/3*k2]

    [-2*k1-4/3*k2]

    [k1]

    [k2]

%下面是其简化形式。

    [2k1 + 5/3k2]

    [   ]

231

$$\begin{bmatrix} -2k1-4/3k2 \\ \\ k1 \\ \\ k2 \end{bmatrix}$$

3. 在 MATLAB 中建立 M 文件如下：

```
A=[1 1 1 1; 3 1 1-3; 2 1 1 3; 5 3 3-1];
b=[2 0 3 4]';
B=[A b];
n=4;
R_A=rank(A);
R_B=rank(B);
if R_A==R_B&R_A==n        %判断有唯一解。
   X=A\b
elseif R_A==R_B&R_A<n     %判断有无穷解。
   X=pinv(A)*b        %求特解
   C=null(A,'r')        %求 AX=0 的基础解系。
else
X='equition no solve'        %判断无解。
end
```

运行后结果显示：

```
X=-0.0000
    0.7500
    0.7500
    0.5000
C=  0
   -1
    1
    0
```

第 19 章　矩阵的初等变换及二次型

矩阵的初等变换的计算过程十分繁琐，而其结果又十分简洁明了，利用 MATLAB 将会十分方便地实现这一过程。

19.1　矩阵和向量组的秩以及向量组的线性相关性

矩阵 A 的秩是矩阵 A 中最高阶非零子式的阶数；向量组的秩通常由该向量组构成的矩阵来计算。

函数：rank

格式：k = rank(A)　　%返回矩阵 A 的行(或列)向量中线性无关个数。

k = rank(A, tol)　　%tol 为给定误差。

【例 19.1】　求向量组 $\boldsymbol{\alpha}_1 = (1\ -2\ 2\ 3)$，$\boldsymbol{\alpha}_2 = (-2\ 4\ -1\ 3)$，$\boldsymbol{\alpha}_3 = (-1\ 2\ 0\ 3)$，$\boldsymbol{\alpha}_4 = (0\ 6\ 2\ 3)$，$\boldsymbol{\alpha}_5 = (2\ -6\ 3\ 4)$ 的秩，并判断其线性相关性。

>>A = [1-2 2 3; -2 4-1 3; -1 2 0 3; 0 6 2 3; 2-6 3 4];

>>k = rank(A)

结果为

k = 3

由于秩为 3，小于向量个数(5)，因此向量组线性相关。

19.2　求行阶梯矩阵及向量组的基

行阶梯使用初等行变换，矩阵的初等行变换有三条：

(1)交换两行(第 i、第 j 两行交换)；

(2)第 i 行的乘 K 倍；

(3)第 i 行的 K 倍加到第 j 行上去。

通过这三条变换，可以将矩阵化成行最简形，从而找出列向量组的一个最大无关组，MATLAB 将矩阵化成行最简形的命令是 rref 或 rrefmovie。

函数：rref 或 rrefmovie

格式：R = rref(A)　　%用高斯-约当消元法和行主元法求 A 的行最简形矩阵 R。

[R, jb] = rref(A)　　%jb 是一个向量，其含义为：r = length(jb) 为 A 的秩；A(:, jb) 为 A 的列向量基；jb 中元素表示基向量所在的列。

[R, jb] = rref(A, tol)　　%tol 为指定的精度。

rrefmovie(A)　　　%给出每一步化简的过程。

【例 **19.2**】　用初等行变换将矩阵 $A=[2-1\,8\,1;\;1\,2\,-1\,3;\;1\,1\,1\,2]$ 化成行最简阶梯形。

>> A=[2-1 8 1; 1 2 −1 3; 1 1 1 2]; rref(A)

ans=1 0 3 1

　0 1 −2 1

　0 0 0 0

【例 **19.3**】　用初等行变换将矩阵 $A=[1\,-1\,-1\,1\,0;\;0\,1\,2\,-4\,1;\;2\,-2\,-4\,6\,-1;\;3\,-3\,-5\,7\,-1]$ 化成行最简阶梯形。

>> A=[1-1-1 1 0; 0 1 2-4 1; 2-2-4 6-1; 3-3-5 7-1]; rref(A)

ans = 1.0000　　　　0　　　　0　　　　−1.0000　　　　0.5000

　0　　　　1.0000　　0　　　　0　　　　0

　0　　　　0　　　　1.0000　　−2.0000　　0.5000

　0　　　　0　　　　0　　　　0　　　　0

【例 **19.4**】　求向量组 $a_1=(1,\,-2,\,2,\,3)$, $a_2=(-2,\,4,\,-1,\,3)$, $a_3=(-1,\,2,\,0,\,3)$, $a_4=(0,\,6,\,2,\,3)$, $a_5=(2,\,-6,\,3,\,4)$ 的一个最大无关组。

>> a1=[1　−2　2　3]′;

>>a2=[−2　4　−1　3]′;

>>a3=[−1　2　0　3]′;

>>a4=[0　6　2　3]′;

>>a5=[2　−6　3　4]′;

A=[a1　a2　a3　a4　a5]

A= 1　−2　−1　0　2

　−2　4　2　6　−6

　2　−1　0　2　3

　3　3　3　3　4

>> [R, jb]=rref(A)

R= 1.0000　　　0　　　0.3333　　　0　　　1.7778

　0　　　1.0000　　0.6667　　　0　　　−0.1111

　0　　　0　　　0　　　1.0000　　−0.3333

　0　　　0　　　0　　　0　　　0

jb= 1　2　4

>> A(:, jb)

ans= 1　−2　0

　−2　4　6

　2　−1　2

　3　3　3

即 a_1、a_2、a_4 为向量组的一个基，即为向量组的一个极大无关组。

19.3　特征值与特征向量的求法

设 A 为 n 阶方阵，如果数 λ 和 n 维列向量 x 使得关系式 $Ax=\lambda x$ 成立，则称 λ 为方阵 A 的特征值，非零向量 x 称为 A 对应于特征值 λ 的特征向量。

矩阵的特征值和特征向量由 MATLAB 提供的函数 eig( )可以很容易地求出，该函数的调用格式如下：

d＝eig(A)：只求解特征值。

[V，D]＝eig(A)：求解特征值和特征向量。

其中，d 为特征值构成的向量，D 为一个对角矩阵，其对角线上的元素为矩阵 A 的特征值，而每个特征值对应的 V 矩阵的列为该特征值的特征向量。MATLAB 的矩阵特征值矩阵满足 AV＝VD，且每个特征向量各元素的平方和均为 1。A 可以是符号矩阵或数值矩阵，当 A 为数值矩阵时，结果 V 为规范的(或单位化的)特征向量。

【例 19.5】　求矩阵 $a=[10, 2, 12; 34, 2, 4; 98, 34, 6]$ 的特征值和特征向量。

```
>> a=[10, 2, 12; 34, 2, 4; 98, 34, 6];
>> [v, d]=eig(a)        %产生矩阵 a 的特征值 d 和特征向量 v。
v=-0.2960      -0.3635       0.3600
   -0.2925       0.4128      -0.7886
   -0.9093       0.8352      -0.4985
d=48.8395              0                0
   0                -19.8451            0
   0                     0           -10.9943
```

【例 19.6】　求矩阵 $a=[1\ 2; 3\ 2]$ 的特征值和特征向量。

```
>> a=[1 2; 3 2]; [v, d]=eig(a)
v=-0.7071   -0.5547
   0.7071   -0.8321
d=-1      0
   0      4
>> a*v
ans=  0.7071   -2.2188
     -0.7071   -3.3282
>> v*d
ans=  0.7071   -2.2188
     -0.7071   -3.3282
```
由此可以看出 av＝vd
```
>> v(:, 1)'*v(:, 1), v(:, 2)'*v(:, 2)
ans=1.0000
ans=1.0000
```

由此可以看出 v 的各列的平方和为 1。

【例 19.7】 求矩阵 $A = [-2\ 1\ 1;\ 0\ 2\ 0;\ -4\ 1\ 3]$ 的特征值和特征向量。

　　>>A=[-2　1　1;　0　2　0;　-4　1　3];

　　>>[V，D]=eig(A)

　　结果显示：

　　V = -0.7071　　　　　-0.2425　　　　　0.3015

　　　　　0　　　　　　　　0　　　　　　0.9045

　　　　-0.7071　　　　　-0.9701　　　　　0.3015

　　D = -1　　0　　0

　　　　　0　　2　　0

　　　　　0　　0　　2

　　即特征值-1 对应特征向量 $(-0.7071\ 0\ -0.7071)'$。

　　特征值 2 对应特征向量 $(-0.2425\ 0\ -0.9701)'$ 和 $(-0.3015\ 0.9045\ -0.3015)'$。

【例 19.8】 求矩阵 $A = [-1\ 1\ 0;\ -4\ 3\ 0;\ 1\ 0\ 2]$ 的特征值和特征向量。

　　>>A=[-1 1 0;　-4 3 0;　1 0 2];

　　>>[V，D]=eig(A)

　　结果显示为：

　　V = 0　　　　　　0.4082　　　　-0.4082

　　　　　0　　　　　　0.8165　　　　-0.8165

　　　　　1.0000　　-0.4082　　　　　0.4082

　　D = 2　　0　　0

　　　　　0　　1　　0

　　　　　0　　0　　1

　　说明：当特征值为 1（二重根）时，对应特征向量都是 k (0.4082　0.8165 -0.4082)$'$，k 为任意非零常数。

19.4　正交基

　　如果矩阵 Q 满足：$QQ'=I$，$Q'Q=I$，则 Q 为正交矩阵。MATLAB 提供了求正交矩阵的函数 orth( )，其调用格式为：

　　Q=orth(A)

　　将矩阵 A 正交规范化，Q 的列与 A 的列具有相同的空间，Q 的列向量是正交向量，且满足：$Q' * Q = \text{eye}(\text{rank}(A))$。注意：正交化的方法不是 Schmidt 法。

　　若 A 为非奇异矩阵，则得出的正交基矩阵 Q 满足 $QQ'=I$，$Q'Q=I$，若 A 为奇异矩阵，则得出的矩阵 Q 的列数即为矩阵 A 的秩，且满足 $Q'Q=I$，而不满足 $QQ'=I$。

【例 19.9】 求矩阵 $a = [1\ 1;\ 1\ -1]$ 的正交矩阵

　　>> A=[1 1;　1-1];　B=orth(A)

　　B=-0.7071　　-0.7071

$$-0.7071\qquad 0.7071$$

【例 19.10】　将矩阵 $A=[4\ \ 0\ \ 0; 0\ \ 3\ \ 1; 0\ \ 1\ \ 3]$ 正交规范化。

>>A=[4　0　0; 0　3　1; 0　1　3];

>>B=orth(A)

>>Q=B′∗B

则显示结果为

P=1.0000　　　　　　0　　　　　　　0

　0　　　　　　0.7071　　−0.7071

　0　　　　　　0.7071　　　0.7071

Q=1.0000　　　　　0　　　　　0

　0　　　　　　1.0000　　　0

　0　　　　　　0　　　　1.0000

【例 19.11】　将下列向量 $(1, 1, 0, 0)$，$(1, 0, 0, -1)$，$(1, 1, 1, 1)$ 正交规范化。

在窗口输入如下命令：

A=[1 1 1; 1 0 1; 0 0 1; 0-1 1]

q=orth(A)

q′∗q

q(:, 1)′∗q(:, 2)

q(:, 1)′∗q(:, 3)

q(:, 1)′∗q(:, 1)

回车可得：

q=−0.6635　　　0.5230　　　0.1904

　−0.5925　　−0.0443　　−0.6301

　−0.3566　　−0.2473　　　0.7495

　−0.2856　　−0.8145　　−0.0710

ans=1.0000　　0.0000　　0.0000

　0.0000　　1.0000　　0.0000

　0.0000　　0.0000　　1.0000

ans=3.8858e-016

ans=1.1102e-016

ans=1

19.5　正定矩阵

正定矩阵是在对称矩阵的基础上建立起来的概念。如果一个对称矩阵所有的主子行列式均为正数，则称该矩阵为正定矩阵。如果所有的主子式均为非负的数值，则称为半正定矩阵。

MATLAB 的函数 chol( ) 可以判定矩阵的正定性，调用格式为：

[D, p]=chol(A)：若 p=0，则 A 为正定矩阵，若 p>0，则 A 为非正定矩阵，其中 D 矩阵为矩阵 A 的 cholesky 分解矩阵。

【例 19.12】 判别下列矩阵的正定性：$A=[1-1\ 0;\ -1\ 2\ 1;\ 0\ 1\ 3]$，$B=[2-2\ 0;\ -2\ 1-2;\ 0-2\ 0]$。

>> [D, p]=chol(A)

D = 1.0000	−1.0000	0
0	1.0000	1.0000
0	0	1.4142

p=0

由于 $p=0$，从而可知矩阵 A 为正定矩阵。

>> [D, p]=chol(B)

D=1.4142

p=2

由于 $p=2>0$，从而可知矩阵 B 为非正定矩阵。

19.6 特征值求根

利用矩阵的特征值可以方便的求出多项式的根。先用函数 compan(p) 求得多项式的友元阵 A，再用函数 eig(A) 来求得矩阵 A 的特征值，由线性代数理论可知，矩阵 A 的特征值就是其特征多项式的根，而多项式 p 恰是矩阵 A 的特征多项式。

【例 19.13】 求多项式 $x^4-6x^2+3x-8=0$ 的根。

>> p=[1 0 -6 3 -8]; A=compan(p), roots=eig(A)

A = 0	6	−3	8
1	0	0	0
0	1	0	0
0	0	1	0

roots = −2.8374

      2.4692

      0.1841   +1.0526i

      0.1841   −1.0526i

从结果变量 roots 可知，该多项式有 2 个实根 2 个复根。

>> roots(p)   %多项式求根的直接函数。

ans = −2.8374

      2.4692

      0.1841   +1.0526i

      0.1841   −1.0526i

其结果与特征值求根方法的结果一致。

【例 19.14】 求多项式 $x^2-4x+4=0$ 的根。

>> p=[1-4 4]；A=compan(p)，r1=eig(A)，r2=roots(p)

A=4　　-4

　　1　　　0

r1=2

　　2

r2=2

　　2

19.7　矩阵的对角化

19.7.1　矩阵对角化的判断

对于 $n×n$ 的矩阵，由线性代数的知识可知，它能够对角化的条件是 A 具有 n 个线性无关的特征向量；也就是对每一个特征值来说，它的几何重数要等于其代数重数，基于此，可以判断矩阵 A 是否可以对角化。编写如下程序 trigle( )：

```
function y=trigle(A)
y=1；c=size(A)；
if c(1)~=c(2)
    y=0；
    return；
end
e=eig(A)；        %求矩阵的特征值向量。
n=length(A)；
for i=1：n
    if isempty(e)
    return；
end
d=e(i)；
f=sum(abs(e-d)<0.0001)；       %找出与d相同的特征值个数。
g=n-rank(A-d*eye(n))；        %求 A-d*eye(n) 的零空间的秩。
if f~=g       %如果二者不相等，则矩阵不可对角化。
        y=0；return；
end
end
```

如果输出结果为 0，表示不可以对角化；输出结果为 1，则表示可以对角化。

【例 19.15】　判断矩阵 $A=[-2\ 1\ 1；0\ 2\ 0；-4\ 1\ 3]$，$B=[-3\ 1-1；-7\ 5-1；-6\ 6-2]$ 是否可以对角化。

>> A=[-2 1 1；0 2 0；-4 1 3]；B=[-3 1-1；-7 5-1；-6 6-2]；y1=trigle(A)，

y2 = trigle(B)

　　y1 = 1

　　y2 = 0

从结果可以看出,矩阵 A 能相似对角化,而矩阵 B 不能相似对角化。

>> [v1, d1] = eig(A), [v2, d2] = eig(B)

v1 = -0.7071　　　　-0.2425　　　　0.3015

　　　0　　　　　　　　0　　　　　0.9045

　　-0.7071　　　　-0.9701　　　　0.3015

d1 = -1　　0　　0

　　　0　　2　　0

　　　0　　0　　2

v2 = 0.0000　　　　0.7071　　　　-0.7071

　　0.7071　　　　0.7071　　　　-0.7071

　　0.7071　　　　0.0000　　　　0.0000

d2 = 4.0000　　　　0　　　　　0

　　　0　　　　-2.0000　　　　0

　　　0　　　　　0　　　　-2.0000

从特征向量 v_1, v_2 可以看出,矩阵 A 有 3 个线性无关的特征向量,而矩阵 B 只有 2 个线性无关的特征向量。

19.7.2　矩阵 $p^{-1}AP$ 对角化

由线代理论可知,对于任意可以对角化的矩阵 A,都存在一个可逆矩阵 P,使得 inv(P)AP 为对角阵,对角阵的对角线元素为矩阵 A 的特征值。MATLAB 中有可以直接求矩阵 P 的函数 [P, D] = eig(A),用此函数将矩阵 A 的特征向量矩阵 P 求出,此矩阵 P 是不唯一的,用上述方法求得的矩阵 P 的列向量长度都是 1,将矩阵 P 的任意列乘以任意非零的实数,所得的矩阵仍然符合条件。

【例 19.16】 将矩阵 A = [-2 1 1; 0 2 0; -4 1 3] 相似对角化。

>> A = [-2 1 1; 0 2 0; -4 1 3]; [v, d] = eig(A), inv(v) * A * v

v = -0.7071　　　-0.2425　　　0.3015

　　　0　　　　　　0　　　　0.9045

　　-0.7071　　　-0.9701　　　0.3015

d = -1　　0　　0

　　　0　　2　　0

　　　0　　0　　2

ans = -1.0000　　　0.0000　　　-0.0000

　　　0　　　　2.0000　　　0

　　　0　　　　0　　　　2.0000

从以上结果可以看出,矩阵 A 的相似对角于其特征值矩阵,可逆矩阵 P 正是其特征

向量所构成的矩阵 V。

19.8 二次型

实对称矩阵 A 都是可以对角化的,并且都存在正交矩阵 Q,使得 $\mathrm{inv}(Q)AQ$ 为对角阵,对角阵的对角线元素为矩阵 A 的特征值。对于实对称矩阵,特征值分解函数 $\mathrm{eig}(A)$ 返回的特征向量矩阵就是正交矩阵 Q。

【例 19.17】 设实对称矩阵 $A=[1\ 2\ 2;\ 2\ 1\ 2;\ 2\ 2\ 1]$,求正交矩阵 C,使 $\mathrm{inv}(C)AC$ 为对角矩阵。

```
>> A=[1 2 2; 2 1 2; 2 2 1]; [c, d]=eig(A)
c =  0.6206     0.5306     0.5774
     0.1492    -0.8027     0.5774
    -0.7698     0.2722     0.5774
d = -1.0000     0          0
     0         -1.0000     0
     0          0          5.0000
```

所求的 c 矩阵就是正交矩阵,将矩阵 A 正交变换为矩阵 d,验证如下:

```
>> c' * c
ans =  1.0000    -0.0000    -0.0000
      -0.0000     1.0000     0.0000
      -0.0000     0.0000     1.0000
>> c * c'
ans =  1.0000     0         -0.0000
       0          1.0000    -0.0000
      -0.0000    -0.0000     1.0000
>> inv(c) * A * c
ans = -1.0000    -0.0000     0.0000
       0.0000    -1.0000    -0.0000
      -0.0000     0.0000     5.0000
```

【例 19.18】 求一个正交变换 $X=PY$,把二次型 $f(x_1,\ x_2,\ x_3)=2x_1x_2+2x_2x_3-2x_1x_3$ 化成标准形。

先写出二次型的实对称矩阵

$$A = \begin{pmatrix} 0 & 1 & -1 \\ 1 & 0 & 1 \\ -1 & 1 & 0 \end{pmatrix}$$

在 MATLAB 编辑器中建立 M 文件如下:

```
A=[0 1-1; 1 0 1; -1 1 0];
[P, D]=eig(A)
```

syms y1　y2　y3

y=[y1; y2; y3];

X=vpa(P, 2) * y;　　　%vpa 表示可变精度计算，这里取 2 位精度。

f=[y1 y2 y3] * D * y

运行后结果显示如下：

P=−0. 5774　　0. 3938　　−0. 7152

　　0. 5774　　0. 8163　　−0. 0166

　　−0. 5774　　0. 4225　　0. 6987

D=−2. 0000　　　0　　　　0

　　0　　　　1. 0000　0

　　0　　　　0　　　　1. 0000

f=−2 * y1^2+y2^2+y3^2

即化 f 为标准形：$f=-2y_1^2+y_2^2+y_3^2$

习　　题

1. 求向量组 $\alpha_1=(1, -2, 3)^T$, $\alpha_2=(0, 2, -5)^T$, $\alpha_3=(-1, 0, 2)^T$ 的秩，并判断其线性相关性。

2. 求向量组 $a_1=(1, 2, 1, 0)$, $a_2=(4, 5, 0, 5)$, $a_3=(1, -1, -3, 5)$, $a_4=(0, 3, 1, 1)$的一个极大无关组。

3. 求矩阵 $a=[-3, 1, -1; -7, 5, -1; -6, 6, -2]$的特征值和特征向量。

4. 将矩阵 $A=[1 1 1 1; 1 1 1 0; 1 1 0 0; 1 0 0 0]$正交规范化。

5 判别矩阵 $A=[3 1 0; 1 3 1; 0 1 3]$的正定性。

6 判断矩阵 $A=[1 2; 0 1]$, $B=[3 2 4; 2 0 2; 4 2 3]$是否可以对角化。

7. 求一个正交变换 $X=PY$, 把二次型 $f(x_1, x_2, x_3)=2x_1x_2+2x_2x_3+2x_1x_3$ 化成标准形。

参考答案

1.

>>A=[1 0 -1; -2 2 0; 3 -5 2];

>>k=rank(A)

结果为

k=2

由于秩为 2, 小于向量个数(3), 因此向量组线性相关。

2. 在命令窗口输入：

a1=[1, 2, 1, 0]'; a2=[4, 5, 0, 5]'; a3=[1, -1, -3, 5]'; a4=[0, 3, 1, 1]';

A=[a1　a2　a3　a4], [R, jb]=rref(A)

回车可得：

```
A = 1    4    1    0
    2    5   -1    3
    1    0   -3    1
    0    5    5    1
R = 1    0   -3    0
    0    1    1    0
    0    0    0    1
    0    0    0    0
jb = 1    2    4
```

即 a_1、a_2、a_4 为向量组的一个基，即为向量组的一个极大无关组。

3. 程序如下：

```
>> a=[-3, 1, -1; -7, 5, -1; -6, 6, -2];
>> [v, d]=eig(a)      %产生矩阵 a 的特征值 d 和特征向量 v。
v = 0.0000    0.7071   -0.7071
    0.7071    0.7071   -0.7071
    0.7071    0.0000    0.0000
d = 4.0000         0          0
    0        -2.0000         0
    0              0      -2.0000
```

4. 程序如下：

```
>>A=[1 1 1 1; 1 1 1 0; 1 1 0 0; 1 0 0 0];
>>q=orth(A)
>>q' * q
>>q * q'
q = -0.6565    -0.5774     0.4285    -0.2280
    -0.5774    -0.0000    -0.5774     0.5774
    -0.4285     0.5774    -0.2280    -0.6565
    -0.2280     0.5774     0.6565     0.4285
ans =  1.0000    -0.0000    -0.0000     0.0000
      -0.0000     1.0000     0.0000    -0.0000
      -0.0000     0.0000     1.0000    -0.0000
       0.0000    -0.0000    -0.0000     1.0000
ans =  1.0000    -0.0000     0.0000     0.0000
      -0.0000     1.0000    -0.0000    -0.0000
       0.0000    -0.0000     1.0000     0.0000
       0.0000    -0.0000     0.0000     1.0000
```

5. 程序如下：

```
>> A=[3 1 0; 1 3 1; 0 1 3]; [D, p]=chol(A)
```

D = 1. 7321　　0. 5774　　　　　0

　　0　　　　　1. 6330　　　0. 6124

　　0　　　　　　0　　　　　1. 6202

p＝ 0

由于 $p=0$，从而可知矩阵 A 为正定矩阵。

6. 程序如下：

>>A＝[1 2；0 1]；B＝[3 2 4；2 0 2；4 2 3]；y1＝trigle(A)，y2＝trigle(B)

y1＝0

y2＝1

从结果可以看出，矩阵 A 不能相似对角化，而矩阵 B 能相似对角化。

7. 先写出二次型的实对称矩阵

$$A=\begin{pmatrix}0&1&1\\1&0&1\\1&1&0\end{pmatrix}$$

在 MATLAB 编辑器中建立 M 文件如下：

A＝[0 1 1；1 0 1；1 1 0]；

[P，D]＝eig(A)

syms y1　y2　y3

y＝[y1；y2；y3]；

X＝vpa(P，2)＊y；　　　%vpa 表示可变精度计算，这里取 2 位精度。

f＝[y1 y2 y3]＊D＊y

运行后结果显示如下：

P＝－0. 7152　　0. 3938　　0. 5774

　　0. 0166　　－0. 8163　　0. 5774

　　0. 6987　　0. 4225　　0. 5774

D＝－1. 0000　　　　0　　　　　0

　　0　　　　　－1. 0000　　0

　　0　　　　　　0　　　　2. 0000

f＝－y1^2－y2^2+2＊y3^2

即化 f 为标准形。

第四部分
MATLAB 在概率论与数理统计中的应用

第 20 章　随机数的产生及概率密度的计算

以下将简单地介绍排列组合公式的计算、随机数的产生以及常见函数的概率密度的计算。

20.1　排列组合

（1）阶乘：$n! = $factorial(n)

【例 20.1】　计算 3!

>> factorial(3)

ans = 6

（2）组合：$C_n^k = \dfrac{n!}{k!(n-k)!} = $nchoosek(n, k)

【例 20.2】　计算 C_5^3。

>> nchoosek(5, 3)

ans = 10

（3）排列：$A_n^k = \dfrac{n!}{(n-k)!} = $nchoosek(n, k) $*$ factorial(k)

【例 20.3】　计算 A_5^3。

>> nchoosek(5, 3) $*$ factorial(3)

ans = 60

20.2　随机数的产生

20.2.1　二项分布的随机数据的产生

命令：生成参数为 N，P 的二项随机数据。

函数：binornd

格式：R = binornd(N, P)　　%N、P 为二项分布的两个参数，返回服从参数为 N、P 的二项分布的随机数。

R = binornd(N, P, m)　　%随机生成 m 行 m 列数据。

R = binornd(N, P, m, n)　　%m，n 分别表示 R 的行数和列数。

【例 20.4】

```
>> R=binornd(10, 0.4)
R=4
>> R=binornd(10, 0.4, 3)
R=2     4     4
    3     4     3
    2     7     4
>> R=binornd(10, 0.4, 1, 5)
R=3     5     6     5     5
>> R=binornd(10, 0.4, [2, 5])
R=4     1     4     3     4
    7     6     6     4     2
```

20.2.2 正态分布的随机数据的产生

命令：生成参数为 μ、σ 的正态分布的随机数据。

函数：normrnd

格式：R= normrnd(MU, SIGMA)　　%返回均值为 MU，标准差为 SIGMA 的正态分布的随机数据，R 可以是向量或矩阵。

R= normrnd(MU, SIGMA, m)　　%随机生成 m 行 m 列数据。

R= normrnd(MU, SIGMA, m, n)　　%m, n 分别表示 R 的行数和列数。

【例 20.5】

```
>> R=normrnd(12, 0.4, [2, 4])    %mu 为 12, sigma 为 0.4 的 2 行 4 列个正态随
机数。
R=11.3319   11.5149   12.2609   12.4331
    12.1887   12.0265   12.1308   12.4024
>> R=normrnd(12, 0.4, 3)
R=   12.8711   12.1765   12.0658
    12.4554   11.4407   12.2991
    11.0012   11.8980   11.8908
```

20.2.3 常见分布的随机数产生函数

常见分布的随机数函数的使用格式与上面相同，具体见表 20.1。

表 20.1　　　　　　　　　　　　随机数产生函数表

函数名	调用形式	注　释
Unifrnd	unifrnd (A, B, m, n)	[A, B]上均匀分布(连续) 随机数
Unidrnd	unidrnd(N, m, n)	均匀分布(离散)随机数

函数名	调用形式	注　释
Exprnd	exprnd(Lambda, m, n)	参数为 Lambda 的指数分布随机数
Normrnd	normrnd(MU, SIGMA, m, n)	参数为 MU, SIGMA 的正态分布随机数
chi2rnd	chi2rnd(N, m, n)	自由度为 N 的卡方分布随机数
Trnd	trnd(N, m, n)	自由度为 N 的 t 分布随机数
Frnd	frnd(N_1, N_2, m, n)	第一自由度为 N_1, 第二自由度为 N_2 的 F 分布随机数
gamrnd	gamrnd(A, B, m, n)	参数为 A, B 的 γ 分布随机数
betarnd	betarnd(A, B, m, n)	参数为 A, B 的 β 分布随机数
lognrnd	lognrnd(MU, SIGMA, m, n)	参数为 MU, SIGMA 的对数正态分布随机数
nbinrnd	nbinrnd(R, P, m, n)	参数为 R, P 的负二项式分布随机数
ncfrnd	ncfrnd(N_1, N_2, delta, m, n)	参数为 N_1, N_2, delta 的非中心 F 分布随机数
nctrnd	nctrnd(N, delta, m, n)	参数为 N, delta 的非中心 t 分布随机数
ncx2rnd	ncx2rnd(N, delta, m, n)	参数为 N, delta 的非中心卡方分布随机数
raylrnd	raylrnd(B, m, n)	参数为 B 的瑞利分布随机数
weibrnd	weibrnd(A, B, m, n)	参数为 A, B 的韦伯分布随机数
binornd	binornd(N, P, m, n)	参数为 N, p 的二项分布随机数
geornd	geornd(P, m, n)	参数为 p 的几何分布随机数
hygernd	hygernd(M, K, N, m, n)	参数为 M, K, N 的超几何分布随机数
Poissrnd	poissrnd(Lambda, m, n)	参数为 Lambda 的泊松分布随机数

根据表 20.1，可方便地生成其他常用分布的随机数据，例如：

>> poissrnd(4, 2, 3)　　%生成参数为 4 的泊松分布 2 行 3 列的随机数组。

ans = 5　　　5　　　3

　　　3　　　5　　　2

20.2.4　通用函数求各分布的随机数据

命令：求指定分布的随机数。

函数：random

格式：y = random('name', A1, A2, A3, m, n)　　　% name 的取值见表 20.1；如均匀分布名为'unif'，泊松分布名为'poiss'，其他类似可知。函数名的字母大小写可任意。A1，A2，A3 为分布的参数；m，n 为指定随机数的行和列。

【例 20.6】

>>x = random('norm', 1, 0.5, 2, 5)　　　%产生 10(2 行 5 列)个均值为 1，标准差为 0.5 的正态分布随机数。

x = 0. 6745　　0. 5278　　1. 4624　　0. 9725　　1. 2973
　　1. 1285　　0. 3391　　1. 0000　　1. 4556　　1. 1751
>> x = random('NOrM', 1, 0. 5, 2, 5)　　%函数名的字母大小写可任意。
x = 1. 0601　　1. 2064　　1. 3798　　0. 6980　　0. 8462
　　1. 2856　　0. 5065　　0. 6714　　1. 0885　　0. 9341
>> x = random('UNIf', 1, 4, 2, 5)　　%产生均匀分布随机数组。
x = 1. 2064　　2. 5926　　2. 2229　　3. 1551　　2. 5940
　　1. 9588　　2. 9633　　3. 4599　　3. 9059　　1. 9754

20. 3　随机变量的概率密度计算

20. 3. 1　通用函数计算概率密度函数值。

命令：通用函数计算概率密度函数值。
函数：pdf　probability density function
格式：Y = pdf(name, K, A)
　　　　Y = pdf(name, K, A, B)
　　　　Y = pdf(name, K, A, B, C)

说明：返回在 X = K 处、参数为 A、B、C 的概率密度值，对于不同的分布，参数个数是不同；name 为分布函数名，其取值见表 20. 2。

表 20. 2　　　　　　　　　　常见分布函数表

name 的取值	函数说明
'beta'或'Beta'	Beta 分布
'bino'或'Binomial'	二项分布
'chi2'或'Chisquare'	卡方分布
'exp'或'Exponential'	指数分布
'f'或'F'	F 分布
'gam'或'Gamma'	GAMMA 分布
'geo'或'Geometric'	几何分布
'hyge'或'Hypergeometric'	超几何分布
'logn'或'Lognormal'	对数正态分布
'nbin'或'Negative Binomial'	负二项式分布
'ncf'或'Noncentral F'	非中心 F 分布
'nct'或'Noncentral t'	非中心 t 分布

续表

name 的取值	函数说明
'ncx2'或'Noncentral Chi-square'	非中心卡方分布
'norm'或'Normal'	正态分布
'poiss'或'Poisson'	泊松分布
'rayl'或'Rayleigh'	瑞利分布
't'或'T'	T 分布
'unif'或'Uniform'	均匀分布
'unid'或'Discrete Uniform'	离散均匀分布
'weib'或'Weibull'	Weibull 分布

【例 20.7】　计算正态分布 N(0，1)的随机变量 X 在点 0.5 的密度函数值。

>> pdf('norm', 0.5, 0, 1)

ans = 0.3521

【例 20.8】　计算二项分布 $B(5，0.2)$ 的随机变量在 $X=2$ 处的概率。

>> pdf('bino', 2, 5, 0.1)

ans = 0.0729

>> nchoosek(5, 2) * 0.1^2 * 0.9^3　　%即 pdf('bino', 2, 5, 0.1) = $C_5^2 0.1^2 0.9^3$。

ans = 0.0729

20.3.2　专用函数计算概率密度函数值

命令：正态分布的概率值。

函数：normpdf(K, mu, sigma)

计算参数为 $\mu=mu$，$\sigma=sigma$ 的正态分布密度函数在 K 处的值

命令：指数分布的概率值。

函数：exppdf(K, lamda)

计算参数为 lamda 的指数分布密度函数在 K 处的值

命令：均匀分布的概率值。

函数：unifpdf (x, a, b)

计算[a, b]上均匀分布(连续)概率密度在 X=x 处的函数值

命令：泊松分布的概率值。

函数：poisspdf

格式：poisspdf(k, Lambda)

等同于 pdf('poiss', K, Lamda)

命令：二项分布的概率值。

函数：binopdf

格式：binopdf（k，n，p）

等同于 pdf（'bino'K，n，p），p 为每次试验事件 A 发生的概率；K 表示事件 A 发生 K 次；n 表示试验总次数。

专用函数计算概率密度函数列表见表 20.3。

表 20.3　　　　　　　　　　　专用函数计算概率密度函数表

函数名	调用形式	注　释
Unifpdf	unifpdf（x，a，b）	[a，b] 上均匀分布（连续）概率密度在 X=x 处的函数值
unidpdf	Unidpdf（x，n）	均匀分布（离散）概率密度函数值
Exppdf	exppdf（x，Lambda）	参数为 Lambda 的指数分布概率密度函数值
normpdf	normpdf（x，mu，sigma）	参数为 mu，sigma 的正态分布概率密度函数值
chi2pdf	chi2pdf（x，n）	自由度为 n 的卡方分布概率密度函数值
Tpdf	tpdf（x，n）	自由度为 n 的 t 分布概率密度函数值
Fpdf	fpdf（x，n_1，n_2）	第一自由度为 n_1，第二自由度为 n_2 的 F 分布概率密度函数值
gampdf	gampdf（x，a，b）	参数为 a，b 的 γ 分布概率密度函数值
betapdf	betapdf（x，a，b）	参数为 a，b 的 β 分布概率密度函数值
lognpdf	lognpdf（x，mu，sigma）	参数为 mu，sigma 的对数正态分布概率密度函数值
nbinpdf	nbinpdf（x，R，P）	参数为 R，P 的负二项式分布概率密度函数值
Ncfpdf	ncfpdf（x，n_1，n_2，delta）	参数为 n_1，n_2，delta 的非中心 F 分布概率密度函数值
Nctpdf	nctpdf（x，n，delta）	参数为 n，delta 的非中心 t 分布概率密度函数值
ncx2pdf	ncx2pdf（x，n，delta）	参数为 n，delta 的非中心卡方分布概率密度函数值
raylpdf	raylpdf（x，b）	参数为 b 的瑞利分布概率密度函数值
weibpdf	weibpdf（x，a，b）	参数为 a，b 的韦伯分布概率密度函数值
binopdf	binopdf（x，n，p）	参数为 n，p 的二项分布的概率密度函数值
geopdf	geopdf（x，p）	参数为 p 的几何分布的概率密度函数值
hygepdf	hygepdf（x，M，K，N）	参数为 M，K，N 的超几何分布的概率密度函数值
poisspdf	poisspdf（x，Lambda）	参数为 Lambda 的泊松分布的概率密度函数值

【例 20.9】　绘制卡方分布密度函数在自由度分别为 2、8、20 的图形。

　　>> x=0：0.1：50；　　%对 x 进行赋值。

　　>> y1=chi2pdf（x，2）；plot（x，y1，'：'）

　　>> hold on　% 图形保持开关开启。

　　>> y2=chi2pdf（x，8）；plot（x，y2，'+'）

　　>> y3=chi2pdf（x，20）；plot（x，y3，'o'）

　　>> axis（[0，50，0，0.2]）　　%指定显示的图形区域。

　　图形如图 20.1 所示。

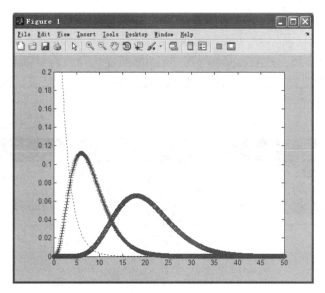

图 20.1

20.3.3　常见分布的密度函数作图

以下将分别给出几种常见分布的密度函数的图形描绘。

1. 二项分布、泊松分布

【例 20.10】

>>x1 = 0：10；y1 = binopdf(x1, 10, 0.4)；subplot(1, 2, 1)；plot(x1, y1,'+')

>>x2 = 0：15；y2 = poisspdf(x2, 6)；subplot(1, 2, 2)；plot(x2, y2,'+')

图形如图 20.2 所示。

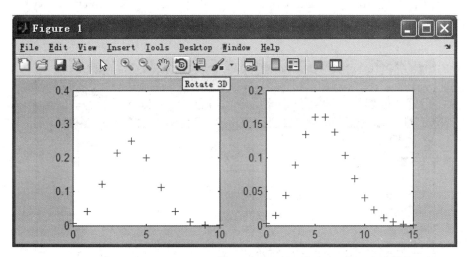

图 20.2

2. 指数分布、正态分布

【例 20.11】

>>x1 = 0：0.1：15；y1 = exppdf(x1, 3)；subplot(1, 2, 1)；plot(x1, y1)

>>x2 = -3：0.15：3；y2 = normpdf(x2, 0, 1)；subplot(1, 2, 2)；plot(x2, y2)

图形如图 20.3 所示。

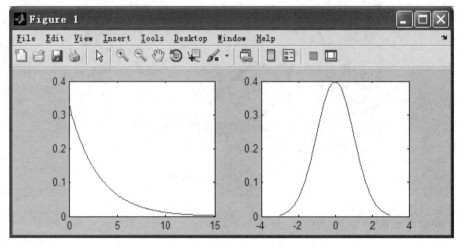

图 20.3

3. Γ 分布、卡方分布

【例 20.12】

>>x = gaminv((0.005：0.01：0.995), 100, 10)；y = gampdf(x, 100, 10)；

>>y1 = normpdf(x, 1000, 100)；subplot(1, 2, 1)；plot(x, y,'-', x, y1,'-.')

>> xx = 0：0.1：20；yy = chi2pdf(xx, 5)；subplot(1, 2, 2)；plot(xx, yy)

图形如图 20.4 所示。

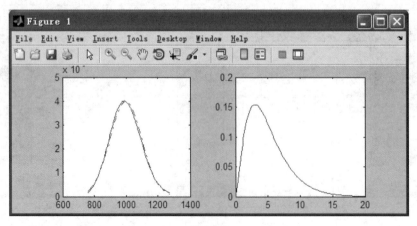

图 20.4

4. T 分布、F 分布

【例 20.13】

>>x = -4：0.1：4；y = tpdf（x，6）；z = normpdf（x，0，1）；subplot（1，2，1）；
plot（x，y，'-'，x，z，'-.'）

>>xx = 0：0.01：10；yy = fpdf（xx，5，3）；subplot（1，2，2）；plot（xx，yy）

图形如图 20.5 所示。

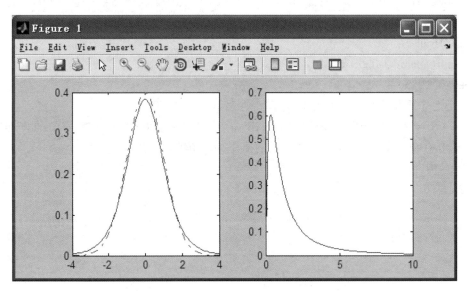

图 20.5

习　　题

1. 计算 $4!$，C_6^3，A_6^3。

2. 计算产生 4 行 5 列均值为 0，标准差为 0.2 的正态分布随机数。

3. 计算正态分布 N（1，4）的随机变量 X 在点 0.5 的密度函数值。

4. 市场上出售的鸡蛋中，有 1/100 的鸡蛋由于天气炎热已经开始变质。求所购的 5 个鸡蛋中，至少有一个已变质的概率。

参考答案

1. 程序如下：

>>s1 = factorial（4），s2 = nchoosek（6，3），s3 = nchoosek（6，3）* factorial（3）

s1 = 24

s2 = 20

s3 = 120

2. 程序如下：

>> y = random('norm', 0, 0.2, 4, 5)　　%由于是随机的，所以每次生成的会不一样。

y = -0.0865	-0.2293	0.0655	-0.1177	0.2134
-0.3331	0.2382	0.0349	0.4366	0.0119
0.0251	0.2378	-0.0373	-0.0273	-0.0191
0.0575	-0.0075	0.1452	0.0228	-0.1665

3. 程序如下：

>> pdf('norm', 0.5, 0, 2)

ans = 0.1933

4. 记 5 个鸡蛋中已变质的个数为 X，则 $X \sim B(5, 1/100)$。

$P(X \geqslant 1) = 1 - P(X = 0)$，采用 MATLAB 命令：1-binopdf(0, 5, 1/100)，回车可得：

ans = 0.0490，即至少有一个已变质的概率为 0.0490。

第21章　随机变量的累积概率值及逆累积概率值

随机变量的累积概率值和逆累积概率值的计算往往都需要查表计算,而教科书上分布表的篇幅十分有限,对更多的结果无从查起,而 MATLAB 可以完整地计算所需数据的所有结果,以下将分别介绍。

21.1　随机变量的累积概率值

21.1.1　通用函数计算累积概率值

命令:通用函数 cdf 用来计算随机变量 X≤K 的概率之和(累积概率值)。

函数:cdf(cumulative distribution function)

格式:cdf('name', K, A)

cdf('name', K, A, B)

cdf('name', K, A, B, C)

说明:返回以 name 为分布、随机变量 X≤K 的概率之和的累积概率值,name 的取值见表 20.2。

【例 21.1】　求自由度为 20 的 t 分布随机变量落在 X<2 内的概率。

>> cdf('t', 2, 20)

ans = 0.9704

【例 21.2】　求标准正态分布随机变量 X 落在区间(−∞, 0.8)内的概率(该值就是概率统计教材中的附表:标准正态数值表)。

>> cdf('norm', 0.8, 0, 1)

ans = 0.7881

21.1.2　专用函数计算累积概率值(随机变量 $X \leqslant K$ 的概率之和)

(1)命令:正态分布的累积概率值。

函数:normcdf

格式:normcdf(x, mu, sigma)　　　%返回 $F(x) = \int_{-\infty}^{x} p(t)dt$ 的值,mu、sigma 为正态分布的两个参数。

【例 21.3】　设 $X \sim N(1, 2^2)$,求 $P\{2<X<5\}$,　$P\{-4<X<10\}$。

设 $p_1 = P\{2<X<5\}$

$p_2 = P\{-4 < X < 10\}$

则有程序：

>>p1 = normcdf(5, 1, 2) - normcdf(2, 1, 2)

p1 = 0.2858

>>p2 = normcdf(10, 1, 2) - normcdf(-4, 1, 2)

p2 = 0.9938

(2)命令：二项分布的累积概率值。

函数：binocdf

格式：binocdf (k, n, p)

n 为试验总次数，p 为每次试验事件 A 发生的概率，k 为 n 次试验中事件 A 发生的次数，该命令返回 n 次试验中事件 A 恰好发生 k 次的概率。

(3)命令：泊松分布的累积概率值。

函数：poisscdf

格式：poisscdf (k, lamda)

参数为 lambda 的泊松分布的累积分布函数值 $F(x) = P\{X \le x\}$

【例 21.4】　已知随机变量 X 服从参数 lamda = 4 的泊松分布，试求 $P\{X \le 5\}$。

>> poisscdf (5, 4)

ans = 0.7851

专用函数计算累积概率值函数列表见表 21.1。

表 21.1　　专用函数的累积概率值函数表

函数名	调用形式	注　释
unifcdf	unifcdf (x, a, b)	[a, b]上均匀分布(连续)累积分布函数值 $F(x) = P\{X \le x\}$
unidcdf	unidcdf(x, n)	均匀分布(离散)累积分布函数值 $F(x) = P\{X \le x\}$
expcdf	expcdf(x, Lambda)	参数为 lambda 的指数分布累积分布函数值 $F(x) = P\{X \le x\}$
normcdf	normcdf(x, mu, sigma)	参数为 mu, sigma 的正态分布累积分布函数值 $F(x) = P\{X \le x\}$
chi2cdf	chi2cdf(x, n)	自由度为 n 的卡方分布累积分布函数值 $F(x) = P\{X \le x\}$
tcdf	tcdf(x, n)	自由度为 n 的 t 分布累积分布函数值 $F(x) = P\{X \le x\}$
fcdf	fcdf(x, n_1, n_2)	第一自由度为 n_1，第二自由度为 n_2 的 F 分布累积分布函数值
gamcdf	gamcdf(x, a, b)	参数为 a, b 的 γ 分布累积分布函数值 $F(x) = P\{X \le x\}$
betacdf	betacdf(x, a, b)	参数为 a, b 的 β 分布累积分布函数值 $F(x) = P\{X \le x\}$
logncdf	logncdf(x, mu, sigma)	参数为 mu, sigma 的对数正态分布累积分布函数值
nbincdf	nbincdf(x, R, P)	参数为 R, P 的负二项式分布概累积分布函数值 $F(x) = P\{X \le x\}$
ncfcdf	ncfcdf(x, n_1, n_2, delta)	参数为 n_1, n_2, delta 的非中心 F 分布累积分布函数值
nctcdf	nctcdf(x, n, delta)	参数为 n, delta 的非中心 t 分布累积分布函数值 $F(x) = P\{X \le x\}$
ncx2cdf	ncx2cdf(x, n, delta)	参数为 n, delta 的非中心卡方分布累积分布函数值

函数名	调用形式	注　　释
raylcdf	raylcdf(x, b)	参数为 b 的瑞利分布累积分布函数值 $F(x) = P\{X \leq x\}$
weibcdf	weibcdf(x, a, b)	参数为 a, b 的韦伯分布累积分布函数值 $F(x) = P\{X \leq x\}$
binocdf	binocdf(x, n, p)	参数为 n, p 的二项分布的累积分布函数值 $F(x) = P\{X \leq x\}$
geocdf	geocdf(x, p)	参数为 p 的几何分布的累积分布函数值 $F(x) = P\{X \leq x\}$
hygecdf	hygecdf(x, M, K, N)	参数为 M, K, N 的超几何分布的累积分布函数值
poisscdf	poisscdf(x, Lambda)	参数为 lambda 的泊松分布的累积分布函数值 $F(x) = P\{X \leq x\}$

说明：累积概率函数就是分布函数 $F(x) = P\{X \leq x\}$ 在 x 处的值。

21.2　逆累积分布函数值的计算

MATLAB 中的逆累积分布函数是已知 $F(x) = P\{X \leq x\}$，求 x。类似于累积分布函数的计算，逆累积分布函数值的计算也有两种方法。

21.2.1　通用函数计算逆累积分布函数值

命令：计算逆累积分布函数。

函数：icdf(inverse cumulative distribution function)

格式：icdf ('name', P, a_1, a_2, a_3)

说明：返回分布为 name，参数为 a_1, a_2, a_3，累积概率值为 P 的临界值，这里 name 见表 21.1。

如果 P = cdf ('name', x, a_1, a_2, a_3)，则 x = icdf ('name', P, a_1, a_2, a_3)

【例 21.5】　在标准正态分布表中，若已知 $\Phi(x) = 0.95$，求 x。

>> x = icdf('norm', 0.95, 0, 1)

x = 1.6449

【例 21.6】　在 χ^2 分布表中，若自由度为 15，$\alpha = 0.95$，求临界值 lambda。

因为表中给出的值满足 $P\{\chi^2 > \lambda\} = \alpha$，而逆累积分布函数 icdf 求满足 $P\{\chi^2 < \lambda\} = \alpha$ 的临界值 λ，所以，这里的 α 取为 0.05，即

>> lambda = icdf('chi2', 0.05, 15)

lambda = 7.2609

【例 21.7】　在假设检验中，求临界值问题。

已知：$\alpha = 0.05$，查自由度为 20 的双边界检验 t 分布临界值。

>>lambda = icdf('t', 0.025, 20)

lambda = -2.0860

21.2.2　专用函数-inv 计算逆累积分布函数

关于常用临界值函数可查表 21.2。

表 21.2　　　　　　　　　　　常用临界值函数表

函数名	调用形式	注　　　释
unifinv	x = unifinv (p, a, b)	均匀分布(连续)逆累积分布函数(P = P｛X≤x｝, 求 x)
unidinv	x = unidinv (p, n)	均匀分布(离散)逆累积分布函数, x 为临界值
expinv	x = expinv (p, Lambda)	指数分布逆累积分布函数
norminv	x = Norminv(x, mu, sigma)	正态分布逆累积分布函数
chi2inv	x = chi2inv (x, n)	卡方分布逆累积分布函数
tinv	x = tinv (x, n)	t 分布累积分布函数
finv	x = finv (x, n_1, n_2)	F 分布逆累积分布函数
gaminv	x = gaminv (x, a, b)	γ 分布逆累积分布函数
betainv	x = betainv (x, a, b)	β 分布逆累积分布函数
logninv	x = logninv (x, mu, sigma)	对数正态分布逆累积分布函数
nbininv	x = nbininv (x, R, P)	负二项式分布逆累积分布函数
ncfinv	x = ncfinv (x, n_1, n_2, delta)	非中心 F 分布逆累积分布函数
nctinv	x = nctinv (x, n, delta)	非中心 t 分布逆累积分布函数
ncx2inv	x = ncx2inv (x, n, delta)	非中心卡方分布逆累积分布函数
raylinv	x = raylinv (x, b)	瑞利分布逆累积分布函数
weibinv	x = weibinv (x, a, b)	韦伯分布逆累积分布函数
binoinv	x = binoinv (x, n, p)	二项分布的逆累积分布函数
geoinv	x = geoinv (x, p)	几何分布的逆累积分布函数
hygeinv	x = hygeinv (x, M, K, N)	超几何分布的逆累积分布函数
poissinv	x = poissinv (x, Lambda)	泊松分布的逆累积分布函数

【例 21.8】　已知 $X \sim N(0, 1)$，$P(\ |X| \ <U) = 0.95$，求 U。

因为标准正态分布为对称分布，由 $P(\ |X| \ <U) = 0.95$，可以得出 $P(X<U) = 0.975$。则有 U = norminv(0.975, 0, 1)，回车可得：

U = 1.9600

习　　题

1. 求标准正态分布随机变量 X 落在区间 $(-\infty, 0.5)$ 内的概率。

2. 设 $X \sim N(1, 4)$，求 $P(0<X<2.42)$，$P(X>3.41)$。

3. 设 $X \sim N(8, 0.25)$，求 $P(7.5<X<10)$，$P(|X-9|<0.5)$。

4. 公共汽车门的高度是按成年男子与车门顶碰头的机会不超过 1% 设计的。设男子身高 X（单位：cm）服从正态分布 $N(175, 36)$，求车门的最低高度。

5. 已知随机变量 X 服从标准正态分布，试在标准正态分布图中绘出满足 $P(X \leqslant a) = 0.975$ 的临界点 a。

参考答案

1. 程序如下：

```
>> cdf('norm', 0.5, 0, 1)
ans = 0.6915
```

2.（1）$p_1 = P(0<X<2.42)$

$p_2 = P(X>3.41) = 1-P(X \leqslant 3.41)$

则有：

```
>>p1 = normcdf(2.42, 1, 2)-normcdf(0, 1, 2)，p2 = 1-normcdf(3.41, 1, 2)
p1 = 0.4526
p2 = 0.1141
```

3.（1）$p_1 = P(7.5<X<10)$

$p_2 = P(|X-9|<0.5) = P(8.5<X<9.5)$

则有：

```
>>p1 = normcdf(10, 8, 0.5)-normcdf(7.5, 8, 0.5)，p2 = normcdf(9.5, 8, 0.5)-normcdf(8.5, 8, 0.5)
p1 = 0.8413
p2 = 0.1573
```

4. 设 h 为车门高度，X 为身高。求满足条件 $P\{X>h\} \leqslant 0.01$ 的 h，即 $P\{X<h\} \geqslant 0.99$，所以

```
>>h = norminv(0.99, 175, 6)
h = 188.9581
```

5. 在 MATLAB 的编辑器下建立 M 文件如下：

```
a = 0.975;          %a 为置信水平或累积概率。
x_a = norminv(a, 0, 1);          %x_a 为临界值。
x = -3：0.1：3; yd_c = normpdf(x, 0, 1);          %计算标准正态分布的概率密度函数值，供绘图用。
plot(x, yd_c, 'b'), hold on          %绘密度函数图形。
xxf = -3：0.1：x_a; yyf = normpdf(xxf, 0, 1);          %计算[0, x_a]上的密度函数值，供填色用。
fill([xxf, x_a], [yyf, 0], 'g')          %填色，其中，点(x_a, 0)使得填色区域封闭。
```

text(x_ a * 1.01, 0.01, num2str(x_ a))　　　%标注临界值点。

gtext('X~N(0, 1)')　　%图中标注。

gtext('alpha=0.975')　　%图中标注。

在命令窗口运行可得下图。

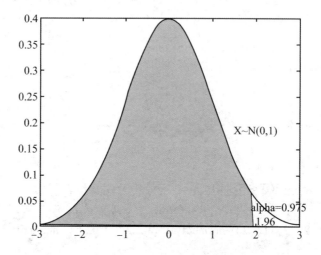

第22章　随机变量的数字特征

数据分布的特征主要从三个方面进行测度和描述：一是分布的集中趋势，反映各数据向其中心值靠拢或聚集的程度；二是分布的离散程度，反映各数据远离其中心值的程度；三是分布的形状，反映数据分布偏斜程度和峰度。以下将分别介绍其求解。

22.1　平均值、中值

(1)命令：利用 mean 求算术平均值。

格式：mean(X)　　%X 为向量，返回 X 中各元素的平均值。

mean(A)　　%A 为矩阵，返回 A 中各列元素的平均值构成的向量。

mean(A，dim)　　%在给出的维数内的平均值。

说明：当 X 为向量时，算术平均值的数学含义是 $\bar{x} = \dfrac{1}{n}\sum_{i=1}^{n}x_i$，即样本均值。

【例22.1】

```
>> X = [1 2 3 4 5 6]；mean(X)
ans = 3.5000
>> A = [1 2 3 4；5 6 7 8；9 10 11 12；13 14 15 16]
A = 1     2     3     4
    5     6     7     8
    9    10    11    12
   13    14    15    16
>> mean(A)     %dim 缺省时意味着计算各列的平均值；等同于 mean(A，1)。
ans = 7     8     9    10
>> mean(A，2)      %计算各行的平均值
ans =  2.5000
       6.5000
      10.5000
      14.5000
```

(2)命令：利用 median 计算中值(中位数)。

格式：median(X)　　%X 为向量，返回 X 中各元素的中位数。

median(A)　　%A 为矩阵，返回 A 中各列元素的中位数构成的向量。

median(A，dim)　　%求给出的维数内的中位数。

【例 22.2】

>> A = [1 2 3 4; 5 6 7 8; 9 10 11 12; 13 14 15 16]

A = 　1　　　2　　　3　　　4

　　　5　　　6　　　7　　　8

　　　9　　　10　　　11　　　12

　　　13　　　14　　　15　　　16

>> median(A)　　　%dim 缺省时，意味着计算各列的中位数值；等同于 median(A, 1)。

ans = 7　　　8　　　9　　　10

>> median(A, 2)　　　%在各行上求中位数。

ans = 2.5000

　　　6.5000

　　　10.5000

　　　14.5000

(3)命令：利用 harmmean 求调和平均值。

格式：M = harmmean(X)　　　%X 为向量，返回 X 中各元素的调和平均值。

M = harmmean(A)　　　%A 为矩阵，返回 A 中各列元素的调和平均值构成的向量。

说明：调和平均值的数学含义是 $M = \dfrac{n}{\sum\limits_{i=1}^{n} \dfrac{1}{x_i}}$，其中，样本数据非 0，主要用于严重偏斜分布。

【例 22.3】

>> A = [4 3 4 8; 2 8 4 7; 7 3 10 5]

A = 4　　　3　　　4　　　8

　　　2　　　8　　　4　　　7

　　　7　　　3　　　10　　　5

>> M = harmmean(A)

M = 3.3600　　　3.7895　　　5.0000　　　6.4122

(4)命令：利用 geomean 计算几何平均数。

格式：M = geomean(X)　　　%X 为向量，返回 X 中各元素的几何平均数。

　　　　M = geomean(A)　　　%A 为矩阵，返回 A 中各列元素的几何平均数构成的向量。

说明：几何平均数的数学含义是 $M = \left(\prod\limits_{i=1}^{n} x_i \right)^{\frac{1}{n}}$，其中，样本数据非负，主要用于对数正态分布。

【例 22.4】

>> A = [2 3 4 5; 2 5 4 6; 1 3 7 5]

A = 2　　3　　4　　5
　　2　　5　　4　　6
　　1　　3　　7　　5

>> M = geomean (A)
M = 1. 5874　　3. 5569　　4. 8203　　5. 3133

22. 2　数据比较

(1)命令：排序。

格式：Y = sort (X)　　%X 为向量，返回 X 按由小到大排序后的向量。

　　　Y = sort (A)　　%A 为矩阵，返回 A 的各列按由小到大排序后的矩阵。

　　　[Y, I] = sort (A)　　%Y 为排序的结果，I 中元素表示 Y 中对应元素在 A 中位置。

sort (A, dim)　　%在给定的维数 dim 内排序。

说明：若 X 为复数，则通过 | X | 排序。

【例 22. 5】

>> A = [5 2 9; 40 15 2; 31 7 10]
A = 5　　　2　　　9
　　40　　15　　　2
　　31　　　7　　10

>> [Y, I] = sort (A)
Y = 5　　　2　　　2
　　31　　　7　　　9
　　40　　15　　10
I = 1　　1　　2
　　3　　3　　1
　　2　　2　　3

(2)命令：求最大值与最小值之差。

函数：range

格式：Y = range (X)　　%X 为向量，返回 X 中的最大值与最小值之差。

　　　Y = range (A)　　%A 为矩阵，返回 A 中各列元素的最大值与最小值之差。

【例 22. 6】

>> A = [11 20 3; 42 50 2; 3 7 10]
A = 11　　20　　　3
　　42　　50　　　2
　　　3　　　7　　10

>> Y = range (A)
Y = 39　　43　　　8

22.3　期望

（1）命令：计算样本均值。

函数：mean

格式：用法与前面一样

【例 22.7】　随机抽取 7 个圆环测得直径如下（直径：cm）：

11.70　12.21　11.19　11.12　12.23　13.56　14.32

试求样本平均值。

>>X＝［11.70　12.21　11.19　11.12　12.23　13.56　14.32］；

>>mean（X）　%计算样本均值。

结果如下：

ans＝12.3329

（2）命令：由分布律计算均值。

可以利用 sum 函数间接进行计算。

【例 22.8】　设随机变量 X 的分布律为：

X	-3	-2	-1	2	3
P	0.3	0.2	0.2	0.2	0.1

求 $E(X)$、$E(X^2+1)$。

在 MATLAB 编辑器中建立 M 文件如下：

X＝［-3 -2 -1 2 3］；

p＝［0.3 0.2 0.2 0.2 0.1］；

EX＝sum（X.＊p）

Y＝X.^2+1；

EY＝sum（Y.＊p）

运行后结果如下：EX＝-0.8000

EY＝6.4000

22.4　方差、偏度、峰度

（1）命令：求样本方差。

函数：var

格式：D＝var（X）　　%var（X）＝$s^2 = \dfrac{1}{n-1}\sum\limits_{i=1}^{n}(x_i - \overline{X})^2$，若 X 为向量，则返回向量的样本方差。

D＝var(A)　　　　　%A 为矩阵，则 D 为 A 的列向量的样本方差构成的行向量。

D＝var(X, 1)　　　%返回向量(矩阵)X 的简单方差(即置前因子为 $\frac{1}{n}$ 的方差)。

D＝var(X, w)　　　%返回向量(矩阵)X 的以 w 为权重的方差。

(2)命令：求标准差。

函数：std

格式：std(X)　　　%返回向量(矩阵)X 的样本标准差(置前因子为 $\frac{1}{n-1}$)，即 std ＝

$\sqrt{\dfrac{1}{n-1}\sum\limits_{i=1}^{n} x_i - \bar{X}}$ 。

std(X, 1)　　　%返回向量(矩阵)X 的标准差(置前因子为 $\frac{1}{n}$)。

std(X, 0)　　　%与 std (X)相同。

std(X, flag, dim)　　　%返回向量(矩阵)中维数为 dim 的标准差值，其中 flag＝0 时，置前因子为 $\frac{1}{n-1}$；否则置前因子为 $\frac{1}{n}$。

【例 22.9】　求下列样本的样本方差和样本标准差、方差和标准差：

11.70　12.21　11.19　11.12　12.23　13.56　14.32

\>> X＝[11.70　12.21　11.19　11.12　12.23　13.56　14.32]；

\>>DX＝var(X, 1)　　　%总体方差。

DX＝1.2368

\>>sigma＝std(X, 1)　　　%总体标准差。

sigma＝1.1121

\>>DX1＝var(X)　　　%样本方差，等同于 DX1＝var(X, 0)。

DX1＝1.4430

\>>sigma1＝std(X)　　　%样本标准差，等同于 sigma1＝std(X, 0)。

sigma1＝1.2012

\>> A＝randn(4, 5)

```
A =  0.5377      0.3188      3.5784      0.7254     -0.1241
     1.8339     -1.3077      2.7694     -0.0631      1.4897
    -2.2588     -0.4336     -1.3499      0.7147      1.4090
     0.8622      0.3426      3.0349     -0.2050      1.4172
```

\>> std(A, 0, 1)　　　%按列计算样本标准差。

```
ans = 1.7569      0.7801      2.2639      0.4965      0.7822
```

\>> std(A, 0, 2)　　　%按行计算样本标准差。

```
ans = 1.4718
      1.6207
      1.4894
      1.2427
```

(3)命令：样本的偏斜度。

函数：skewness

格式：y= skewness(X)　　　%X 为向量，返回 X 的元素的偏斜度；X 为矩阵，返回 X 各列元素的偏斜度构成的行向量。

y= skewness(X, flag)　　　%flag=0 表示偏斜纠正，flag=1(默认)表示偏斜不纠正。

说明：偏斜度样本数据是关于均值不对称的一个测度，如果偏斜度为负，说明均值左边的数据比均值右边的数据更散；如果偏斜度为正，则说明均值右边的数据比均值左边的数据更散，因而正态分布的偏斜度为 0；偏斜度是这样定义的：$y = \dfrac{E(x-\mu)^3}{\sigma^3}$。

其中：μ 为 x 的均值，σ 为 x 的标准差，$E(.)$ 为期望值算子。

【例 22.10】

```
>> X=randn([4, 6])
X =-0.1241      0.6715      0.4889      0.2939     -1.0689      0.3252
     1.4897     -1.2075      1.0347     -0.7873     -0.8095     -0.7549
     1.4090      0.7172      0.7269      0.8884     -2.9443      1.3703
     1.4172      1.6302     -0.3034     -1.1471      1.4384     -1.7115
>> y=skewness(X)
y =-1.1472    -0.6632    -0.6472      0.1200      0.1778      0.0449
>> y=skewness(X, 0)
y =-1.9870    -1.1487    -1.1210      0.2079      0.3079      0.0778
```

(4)命令：样本峰度。

函数：kurtosis

格式：k=kurtosis(X)　　　%X 为向量，返回 X 的元素的峰度；X 为矩阵，返回 X 各列元素的峰度构成的行向量。

说明：峰度为单峰分布曲线峰的平坦程度的度量。MATLAB 工具箱中峰度不采用一般定义(k-3，标准正态分布的峰度为 0)，而是定义标准正态分布峰度为 3，若曲线比正态分布平坦，则峰度小于 3；反之，大于 3。

【例 22.11】

```
>> X=randn([4, 6])
X =  0.6715      0.4889      0.2939     -1.0689      0.3252     -0.1022
    -1.2075      1.0347     -0.7873     -0.8095     -0.7549     -0.2414
     0.7172      0.7269      0.8884     -2.9443      1.3703      0.3192
     1.6302     -0.3034     -1.1471      1.4384     -1.7115      0.3129
>> kurtosis(X)
ans=2.0996    2.0037    1.3308    1.9933    1.6113    1.1521
```

22.5　常见分布的期望和方差

命令：正态分布的期望和方差。

函数：normstat

格式：$[M, V] = normstat(MU, SIGMA)$　%MU、SIGMA 可为标量也可为向量或矩阵，则 $M = MU$，$V = SIGMA^2$。

【例 22.12】

$>> [M, V] = normstat(1, 4)$

$M = 1$

$V = 16$

常见分布的期望和方差见表 22.1。

表 22.1　　　　　　　　　　　　常见分布的均值和方差

函数名	调用形式	注　　释
unifstat	$[M, V] = unifstat(a, b)$	均匀分布(连续)的期望和方差，M 为期望，V 为方差
unidstat	$[M, V] = unidstat(n)$	均匀分布(离散)的期望和方差
expstat	$[M, V] = expstat(p, Lambda)$	指数分布的期望和方差
normstat	$[M, V] = normstat(mu, sigma)$	正态分布的期望和方差
chi2stat	$[M, V] = chi2stat(x, n)$	卡方分布的期望和方差
tstat	$[M, V] = tstat(n)$	t 分布的期望和方差
fstat	$[M, V] = fstat(n_1, n_2)$	F 分布的期望和方差
gamstat	$[M, V] = gamstat(a, b)$	γ 分布的期望和方差
betastat	$[M, V] = betastat(a, b)$	β 分布的期望和方差
lognstat	$[M, V] = lognstat(mu, sigma)$	对数正态分布的期望和方差
nbinstat	$[M, V] = nbinstat(R, P)$	负二项式分布的期望和方差
ncfstat	$[M, V] = ncfstat(n_1, n_2, delta)$	非中心 F 分布的期望和方差
nctstat	$[M, V] = nctstat(n, delta)$	非中心 t 分布的期望和方差
ncx2stat	$[M, V] = ncx2stat(n, delta)$	非中心卡方分布的期望和方差
raylstat	$[M, V] = raylstat(b)$	瑞利分布的期望和方差
Weibstat	$[M, V] = weibstat(a, b)$	韦伯分布的期望和方差
Binostat	$[M, V] = binostat(n, p)$	二项分布的期望和方差
Geostat	$[M, V] = geostat(p)$	几何分布的期望和方差
hygestat	$[M, V] = hygestat(M, K, N)$	超几何分布的期望和方差
Poisstat	$[M, V] = poisstat(Lambda)$	泊松分布的期望和方差

【例 22.13】

```
>> [ M, V] = poisstat (4)      %泊松分布的期望与方差都等于参数 lamda。
M = 4
V = 4
```

22.6　协方差与相关系数

（1）命令：协方差。

函数：cov

格式：cov(X)　　%求向量 X 的协方差。

cov(A)　　%求矩阵 A 的协方差矩阵，该协方差矩阵的对角线元素是 A 的各列的方差，即：var(A) = diag(cov(A))。

cov(X, Y)　　%X, Y 为等长列向量，等同于 cov([X　Y])。

【例 22.14】

```
>> X = [1 -1 2]'; Y = [2 3 4]';
>> C1 = cov(X)      %X 的协方差。
C1 = 2.3333
>> C2 = cov(X, Y)      %列向量 X、Y 的协方差矩阵，对角线元素为各列向量的方差。
C2 = 2.3333    0.5000
     0.5000    1.0000
>> A = [2 2 3; 4 5 -2; 5 7 10]
A = 2    2     3
    4    5    -2
    5    7    10
>> C1 = cov(A)      %求矩阵 A 的协方差矩阵。
C1 = 2.3333    3.8333     3.8333
     3.8333    6.3333     7.3333
     3.8333    7.3333    36.3333
>> C2 = var(A(:, 2))      %求 A 的第 2 列向量的方差。
C2 = 6.3333
```

（2）命令：相关系数。

函数：corrcoef

格式：corrcoef(X, Y)　　%返回列向量 X, Y 的相关系数，等同于 corrcoef([X Y])。

corrcoef(A)　　%返回矩阵 A 的列向量的相关系数矩阵。

【例 22.15】

```
>> A=[2 3 7；4 5-10；11 13 19]
A =  2      3       7
     4      5      -10
    11     13       19
>> C1=corrcoef(A)     %求矩阵 A 的相关系数矩阵。
C1=1.0000    0.9997    0.6704
   0.9997    1.0000    0.6874
   0.6704    0.6874    1.0000
>> C2=corrcoef(A(:,1)，A(:,3))     %求 A 的第 1 列与第 3 列列向量的相关系
数矩阵。
C2=1.0000    0.6704
   0.6704    1.0000
```

习　题

1. 随机抽取 8 个小球测得质量如下(质量：g)：

13.40　14.25　15.30　14.96　14.32　13.32　15.61　14.60

试求样本平均值。

2. 设随机变量 X 的分布律为：

X	0	1	2
P	0.6	0.1	0.3

求 $E(X)$；$E(X^2+1)$，$D(X)$。

3. 求下列样本的样本方差和样本标准差，方差和标准差：

13.40　14.25　15.30　14.96　14.32　13.32　15.61　14.60

4. 随机生成 20 个服从标准正态分布的数据，然后计算其偏斜度。

5. 已知矩阵 $A=[1 1 2；3 1 -1；4 3 5]$，求矩阵 A 的协方差矩阵。

6. $A=[1 3 3；2 0 1；2 3 4]$，求矩阵 A 的相关系数矩阵。

参考答案

1. >>X=[13.40　14.25　15.30　14.96　14.32　13.32　15.61　14.60]；

>>mean(X)　　%计算样本均值。

则结果如下：

ans=14.4700

2. 在 MATLAB 编辑器中建立 M 文件如下：

X=［0 1 2］；

p=［0.6 0.1 0.3］；

EX=sum(X. * p)

Y=X. ^2+1

EY=sum(Y. * p)

DX=sum((X.^2). * p)-(EX)^2

在命令窗口运行可得：

EX=0.7000

Y=1　　　2　　　5

EY=2.3000

DX=0.8100

3. 程序如下：

>>X=［13.40　14.25　15.30 14.96 14.32　13.32 15.61 14.60］；

>>DX=var(X, 1)　　　%方差。

DX=0.5980

>>sigma=std(X, 1)　　　%标准差。

sigma=0.7733

>>DX1=var(X)　　　%样本方差。

DX1=0.6834

>>sigma1=std(X)　　　%样本标准差。

sigma1=0.8267

4. 程序如下：

>> X=randn(1, 20)

X=Columns 1 through 11

　　0.2944　　-1.3362　　0.7143　　1.6236　　-0.6918　　0.8580　　1.2540

　　-1.5937　　-1.4410　　0.5711　　-0.3999

Columns 12 through 20

　　0.6900　　0.8156　　0.7119　　1.2902　　0.6686　　1.1908　　-1.2025

　　-0.0198　　-0.1567

>> y=skewness(X)

y=-0.5325

5. 程序如下：

>>A=［1 1 2；3 1-1；4 3 5］；C=cov(A)

C=2.3333　　　1.3333　　　1.5000

　　1.3333　　　1.3333　　　3.0000

　　1.5000　　　3.0000　　　9.0000

6.

>> A = [13 3; 2 0 1; 2 3 4]; C = corrcoef(A)

C =   1.0000   −0.5000   −0.1890
     −0.5000   1.0000   0.9449
     −0.1890   0.9449   1.0000

第 23 章　统计作图

本章将介绍一些十分实用的统计作图函数及其使用规则。

23.1　经验累积分布函数图形

函数：cdfplot

格式：cdfplot(X)　　%作样本 X(向量)的累积分布函数图形

　　　h = cdfplot(X)　　%h 表示曲线的环柄

　　　[h，stats] = cdfplot(X)　　　%stats 表示样本的一些特征

【例 23.1】

>> X = normrnd (0，1，100，1)；

>> [h，stats] = cdfplot(X)

h = 174.0016

stats = min：-2.1384　　　　　%样本最小值。

　　　max：2.9080　　　　　%最大值。

　　　mean：-0.0072　　　　%平均值。

　　　median：-0.0185　　　%中间值。

　　　std：1.0296　　　　　%样本标准差。

结果如图 23.1 所示。

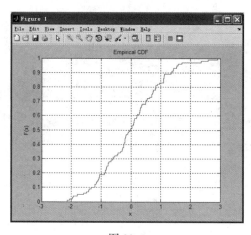

图 23.1

23.2　正整数的频率表

命令：正整数的频率表。

函数：tabulate

格式：table = tabulate(X)　　%X 为正整数构成的向量，返回 3 列：第 1 列中包含 X 的值，第 2 列为这些值的个数，第 3 列为这些值的频率。

【例 23.2】

```
>> A = [1 1 2 2 2 5 6 6 4 3 8 8]
A = 1    1    2    2    2    5    6    6    4    3    8    8
>> tabulate(A)
```

Value	Count	Percent
1	2	16.67%
2	3	25.00%
3	1	8.33%
4	1	8.33%
5	1	8.33%
6	2	16.67%
7	0	0.00%
8	2	16.67%

23.3　最小二乘拟合直线

函数：lsline

格式：lsline　　　%最小二乘拟合直线。

　　　h = lsline　　%h 为直线的句柄。

【例 23.2】

```
>> X = [2.1 3.2 4.6 5.7 7.5 8 10 11.3 12.8 15.6 17.8]';
>> plot(X,'+'); lsline
```

结果如图 23.2 所示。

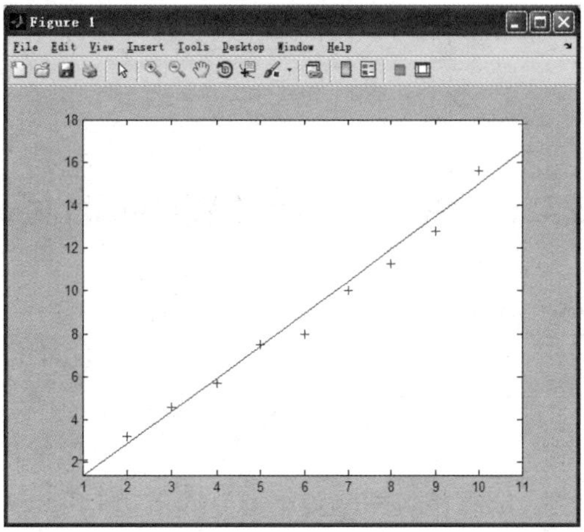

图 23.2

23.4　绘制正态分布概率图形

函数：normplot

格式：normplot(X)　　%若 X 为向量，则显示正态分布概率图形，若 X 为矩阵，则显示每一列的正态分布概率图形。

h = normplot(X)　　%返回绘图直线的句柄。

说明：样本数据在图中用"+"显示；如果数据来自正态分布，则图形显示为直线，而其他分布可能在图中产生弯曲。

【例 23.4】

>> X = normrnd(0, 1, 100, 1); normplot(X)

结果如图 23.3 所示。

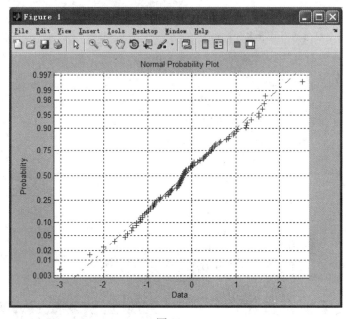

图 23.3

23.5　绘制威布尔(Weibull)概率图形

函数：weibplot

格式：weibplot(X)　　%若 X 为向量，则显示威布尔(Weibull)概率图形，若 X 为矩阵，则显示每一列的威布尔概率图形。

　　　h = weibplot(X)　　%返回绘图直线的柄。

说明：绘制威布尔概率图形的目的是用图解法估计来自威布尔分布的数据 X，如果 X 是威布尔分布数据，其图形是直线的，否则，图形中可能产生弯曲。

【例 23.5】

>> r = weibrnd(1.5, 2.0, 100, 1); weibplot(r)

结果如图 23.4 所示。

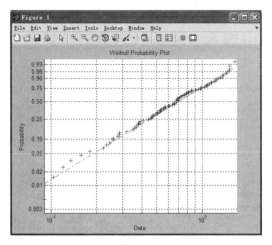

图 23.4

23.6　给当前图形加一条参考线

函数：refline

格式：refline(slope，intercept)　　　%slope 表示直线斜率，intercept 表示截距。

refline(slope)　　　%slope=[a b]，图中加一条直线：y=b+ax。

【例 23.6】

>>y=[4.2 3.6 4.1 4.4 3.4 3.9 4.0 4.43 3.42 3.14 3.6 4.5 5.6]′; plot(y,′+′); refline(0，4)

结果如图 23.5 所示。

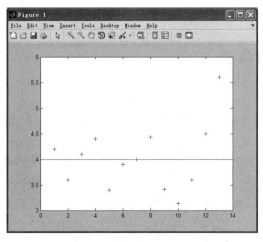

图 23.5

23.7　在当前图形中加入一条多项式曲线

函数：refcurve

格式：h= refcurve(p)　　%在图中加入一条多项式曲线，h 为曲线的环柄，p 为多项式系数向量，p=[p1，p2，p3，…，pn]，其中 p1 为最高幂项系数。

【例 23.7】　飞行物的高度与时间图形，加入一条理论高度曲线，飞行物的初速为 100m/s。

>>h= [86 152 240 279 349 382 403 447 453 451 446 439 401 366 360];

>>plot(h,'+')；refcurve([-4.9 100 0])

结果如图 23.6 所示。

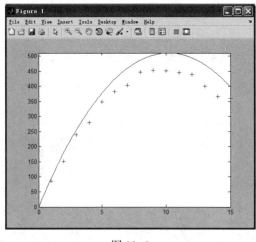

图 23.6

23.8　样本数据的盒图

函数：boxplot

格式：boxplot(X)　　%产生矩阵 X 的每一列的盒图和"须"图，"须"是从盒的尾部延伸出来的表示盒外数据长度的线，如果"须"的外面没有数据，则在"须"的底部有一个点。

boxplot(X，notch)　　%当 notch=1 时，产生一凹盒图；当 notch=0 时，产生一矩箱图。

boxplot(X，notch,'sym')　　%sym 表示图形符号，默认值为"+"。

boxplot(X，notch,'sym'，vert)　　%当 vert=0 时，生成水平盒图，vert=1 时，生成竖直盒图(默认值 vert=1)。

boxplot(X，notch,'sym'，vert，whis)　　%whis 定义"须"图的长度，默认值为

1.5，若 whis＝0 则 boxplot 函数通过绘制 sym 符号图来显示盒外的所有数据值。

【例 23.8】

　　>>x1 = normrnd（2，1，100，1）；x2 = normrnd（3，1，100，1）；x = ［x1 x2］；boxplot（x，1，'g+'，1，0）

　　结果如图 23.7 所示。

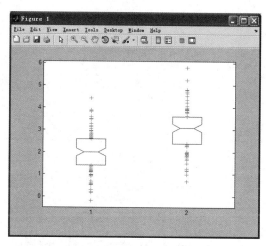

图 23.7

23.9　样本的概率图形

　　函数：capaplot

　　格式：p = capaplot（data，specs）　　%data 为所给样本数据，specs 指定范围，p 表示在指定范围内的概率。

　　说明：该函数返回来自于估计分布的随机变量落在指定范围内的概率。

【例 23.9】

　　>> data＝normrnd（0，1，50，1）；p＝capaplot（data，［-1.5，1.5］）

　　p＝0.8983

　　结果如图 23.8 所示。

23.10　直方图

　　直方图（hist）与条形图（bar）从表面上看很相似，但实质上是不同的，条形图只是简单地用条形图形将数据点表现出来，而直方图则是一种统计运算的结果，它的横轴是数据的幅度，纵轴对应于各个幅度数据出现的次数，它用面积来表示数值的多少。直方图纵坐标没有负数。

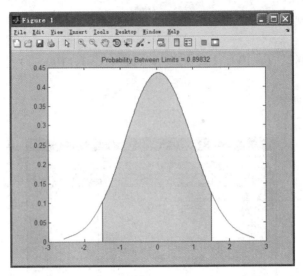

图 23.8

函数：hist

格式：hist(data)　　　%data 为向量，返回直方图。

hist(data, nbins)　　%nbins 指定 bar 的个数，缺省时为 10 个。

【例 23.10】　绘制直方图

使用 randn 函数产生 10000×1 阶的向量，绘制其直方图。

>> yy = randn (10000, 1); subplot (1, 2, 1), hist (yy), subplot (1, 2, 2), hist(yy, 20)

结果如图 23.9 所示。

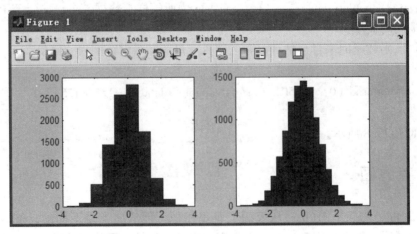

图 23.9

23.11　附加有正态密度曲线的直方图

　　函数：histfit

　　格式：histfit(data)　　%data 为向量，返回直方图和正态曲线。

　　　　　histfit(data, nbins)　　%nbins 指定 bar 的个数，缺省时为 data 中数据个数的平方根。

【例 23.11】

　　>>y = normrnd (2, 1, 1000, 1)；histfit(y)

　　结果如图 23.10 所示。

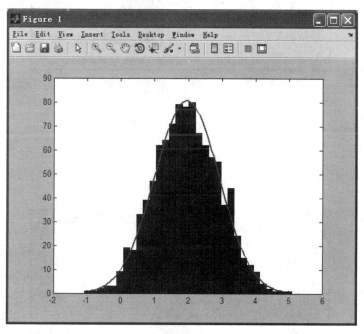

图 23.10

23.12　在指定的界线之间画正态密度曲线

　　函数：normspec

　　格式：p = normspec(specs, mu, sigma)　　%specs 指定界线，mu, sigma 为正态分布的参数 p 为样本落在上、下界之间的概率。

【例 23.12】

　　>> normspec([3 Inf], 2.5, 1.25)

　　ans = 0.3446

结果如图 23.11 所示。

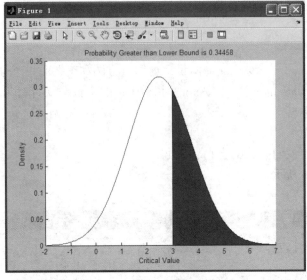

图 23.11

>>normspec([1 5], 3, 1)
ans = 0.9545
结果如图 23.12 所示。

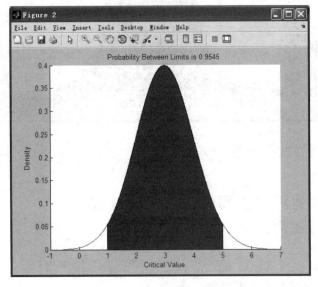

图 23.12

习　题

1. 编制以下整数数据的频率分布表：

$A = [1\ 1\ 1\ 3\ 3\ 4\ 4\ 4\ 4\ 6\ 6\ 6\ 7\ 8\ 8\ 9\ 9\ 9\ 9\ 10\ 10\ 11\ 11\ 13\ 13\ 13\ 14\ 14\ 14\ 14\ 14\ 14\ 14\ 15\ 15]$

2. 随机生成 100 个服从标准正态分布的数据，画出该数据的经验累积分布函数图形。

3. 已知有数据 $X = [3\ 3.3\ 4\ 4.2\ 5.2\ 5.9\ 6.5\ 7.1\ 8.2\ 8.8\ 9.3\ 10.4\ 11\ 12\ 13.3\ 14\ 15\ 16\ 16.6\ 18]'$，试绘出最小二乘拟合直线。

4. 试绘出以下数据的附加有正态密度曲线的直方图

10.4855	9.9950	9.7238	11.2765	11.8634	9.4774	10.1034	9.1924	10.6804
7.6354	10.9901	10.2189	10.2617	11.2134	9.7253	9.8669	8.7295	8.3364
9.2964	10.2809	9.4588	8.6665	11.0727	9.2879	9.9887	9.9992	9.7506
10.3966	9.7360	8.3360	8.9710	10.2431	8.7434	9.6528	9.0586	8.8254
8.9789	9.5983	10.1737	9.8839	11.0641	9.7546	8.4825	10.0097	10.0714
10.3165	10.4998	11.2781	9.4522	10.2608	9.9868	9.4197	12.1363	9.7424
8.5905	11.7701	10.3255	8.8810	10.6204	11.2698	9.1040	10.1352	9.8610
8.8366	11.1837	9.9846	10.5362	9.2836	9.3444	10.3144	10.1068	11.8482
9.7249	12.2126	11.5085	8.0549	8.3195	9.4265	9.8142	10.0089	10.8369
9.2777	9.2785	9.7988	9.9795	10.2789	11.0583	10.6217	8.2494	10.6973
10.8115	10.6363	11.3101	10.3271	9.3270	9.8507	7.5510	10.4733	10.1169
9.4089								

5. 已知随机变量 $X \sim N(10, 4)$，试画出随机变量 $X > 12$ 的概率密度函数图。

6. 已知随机变量 $X \sim N(0, 1)$，试画出随机变量 $|X| < 1.96$ 的概率密度函数图。

参考答案

1. 程序如下：

$A = [1\ 1\ 1\ 3\ 3\ 4\ 4\ 4\ 4\ 6\ 6\ 6\ 7\ 8\ 8\ 9\ 9\ 9\ 9\ 10\ 10\ 11\ 11\ 13\ 13\ 13\ 14\ 14\ 14\ 14\ 14\ 14\ 14\ 15\ 15]$

```
>> A = [ 1 1 1 3 3 4 4 4 4 6 6 6 7 8 8 9 9 9 9 10 10 11 11 13 13 13 14 14 14 14 14 14
14 15 15 ];
>> tabulate( A )
```

Value	Count	Percent
1	3	8.11%
2	0	0.00%
3	2	5.41%
4	5	13.51%

5	0	0.00%
6	4	10.81%
7	1	2.70%
8	2	5.41%
9	4	10.81%
10	2	5.41%
11	2	5.41%
12	0	0.00%
13	3	8.11%
14	7	18.92%
15	2	5.41%

2. 程序如下：

>> X = normrnd (0, 1, 100, 1); 　 [h, stats] = cdfplot(X)

h = 159.0016

stats = min: −2.2023

　　max: 1.6924

　　mean: −0.1089

　　median: −0.0304

　　std: 0.8704

经验累积分布函数图形如下：

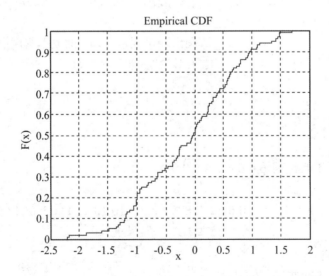

3. 程序如下：

>>X = [3 3.3 4 4.2 5.2 5.9 6.5 7.1 8.2 8.8 9 .3 10.4 11 12 13.3 14 15 16 16.6 18]′;

>>plot(X,′+′); lsline

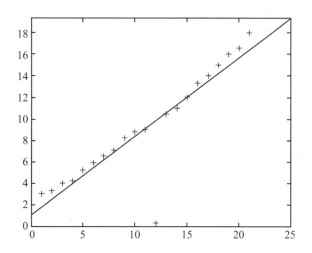

4. 程序如下：

>>A = [10. 4855　　　9. 9950　　　9. 7238　　11. 2765　……　　　10. 1169 9. 4089]
>> histfit(A)

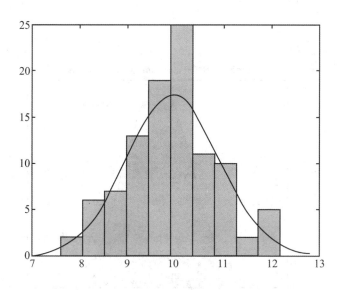

5. 程序如下：

>>p = normspec([12 Inf] , 10 , 2) , gtext(′X ~ N(10 , 4) ′) ; gtext(′X>12′)
p = 0. 1587

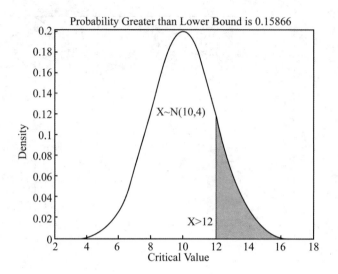

6. 程序如下：

>>p= normspec（[-1.96 1.96], 0, 1） , gtext（'X ~ N（0, 1）'）; gtext（'｜X｜< 1.96'）

p=0.9500

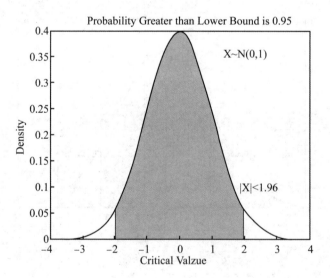

第24章　参　数　估　计

参数估计是数理统计中的一个基本概念，是指用样本对总体分布中的未知参数做出估计，分为点估计和区间估计。所谓点估计，是指在实验中由抽样的样本直接对未知参数给出一个点估计值。求点估计的方法有很多，主要有矩估计和最大似然估计，其中，最大似然估计是英国统计学家费歇尔在 1912 年提出的，其基本思想就是利用了所谓的最大似然原理，即利用最有利于结果的发生而做出判断。而矩估计法是英国统计学家皮尔逊在 19 世纪末提出的方法，其原理是利用样本的 k 阶原点矩依概率收敛于总体的 k 阶原点矩而得出的。而区间估计就是寻求置信区间，以使 $P(\hat{\theta}_1 < \theta < \hat{\theta}_2) = 1 - \alpha$，$1 - \alpha$ 为置信水平，$(\hat{\theta}_1, \hat{\theta}_2)$ 为置信区间。

24.1　矩估计

设总体 X 的均值 $\mu \stackrel{\Delta}{=} EX$，方差 $\sigma^2 \stackrel{\Delta}{=} DX$ 都存在，X_1，X_2，$\cdots$，X_n 为总体样本，则无论总体如何，其均值与方差的矩估计都为：$\mu = \bar{X}$，$\sigma^2 = \dfrac{1}{n} \sum\limits_{i=1}^{n} (x_i - \bar{X})^2 = B_2$。故矩估计的 MATLAB 的命令实现：

```
mu_ ju=mean(X)        %计算均值。
fangcha_ ju=moment(X, 2)        %计算二阶中心矩。
```

【例 24.1】　已知某次抽样得到如下数据：

1.2　2.1　2.3　1.5　3.2　4.3　2.2　3.4　5.5　5.1　2.9　4.6　4.5　4.8
试求由该样本得到总体的均值及方差的矩估计值。

```
>>X=[1.2 2.1 2.3 1.5 3.2 4.3 2.2 3.4 5.5 5.1 2.9 4.6 4.5 4.8];
>>mu_ ju=mean(X), fangcha_ ju=moment(X, 2)
mu_ ju=3. 4000
fangcha_ ju=1. 8429
```

24.2　极大似然估计

(1)命令：β 分布的参数 a 和 b 的最大似然估计值和置信区间。
函数：betafit
格式：PHAT=betafit(X)
　　　[PHAT, PCI]=betafit(X, ALPHA)

287

说明：PHAT 为样本 X 的 β 分布的参数 a 和 b 的估计量。

PCI 为样本 X 的 β 分布参数 a 和 b 的置信区间，是一个 2×2 矩阵，其第 1 列为参数 a 的置信下界和上界，第 2 列为 b 的置信下界和上界，ALPHA 为显著水平 α，$(1-\alpha)\times 100\%$ 为置信度。

【例 24.2】　随机产生 120 个 β 分布数据，相应的分布参数真值为 3 和 2，求 3 和 2 的最大似然估计值和置信度为 95% 的置信区间。

>>X = betarnd (3, 2, 120, 1); [PHAT, PCI] = betafit(X, 0.05)　　%求置信度为 95%的置信区间和参数 a、b 的估计值

PHAT = 3.5474　　2.2956

PCI =　2.5510　　1.6916

　　　　4.5437　　2.8997

（2）命令：正态分布的参数估计。

函数：normfit

格式：[muhat, sigmahat, muci, sigmaci] = normfit(X)

　　　　[muhat, sigmahat, muci, sigmaci] = normfit(X, alpha)

说明：muhat, sigmahat 分别为正态分布的参数 μ 和 σ 的估计值；muci, sigmaci 分别为置信区间，其置信度为 $(1-\alpha)\times 100\%$；alpha 给出显著水平 α，缺省时默认为 0.05，即置信度为 95%。

【例 24.3】　随机产生两列各 200 个正态随机数据，其均值为 1，均方差为 0.2，求 99% 的置信区间和参数估计值。

>>r = normrnd (1, 0.2, 100, 2); [mu, sigma, muci, sigmaci] = normfit(r, 0.01)

mu = 0.9961　　1.0179

sigma = 0.1981　　0.1853

muci = 0.9440　　0.9692

　　　　1.0481　　1.0666

sigmaci = 0.1672　　0.1564

　　　　　0.2417　　0.2261

【例 24.4】　已知某厂生产的滚珠的直径 X 服从正态分布，从某天生产的滚珠中随机抽取 6 个，测得直径为（单位：mm）：14.6000、15.1000、14.9000、14.8000、15.2000、15.1000，求均值及方差的置信度为 0.95 的置信区间。

>> x = [14.6 15.1 14.9 14.8 15.2 15.1];

>> [mu, sigma, muci, sigmaci] = normfit(x, 0.05)

mu = 14.9500

sigma = 0.2258

muci = 14.7130

　　　　15.1870

sigmaci = 0.1410

　　　　　0.5539

（3）命令：利用 mle 函数进行参数估计

函数：mle

格式：phat＝mle（′dist′, X）　　%返回用 dist 指定分布的最大似然估计值。

［phat, pci］＝mle（′dist′, X）　　%置信度为 95%。

［phat, pci］＝mle（′dist′, X, alpha）　　%置信度由 alpha 确定。

［phat, pci］＝mle（′dist′, X, alpha, pl）　　%仅用于二项分布，pl 为试验次数。

说明：dist 为分布函数名，如 beta（β 分布）、bino（二项分布）等，X 为数据样本，al-pha 为显著水平 α，（1－α）×100%为置信度。

【例 24.5】

```
>> X＝poissrnd（4, 100, 1）;     %产生泊松分布的随机数。
>> ［p, pci］＝mle（′poiss′, X, 0.05）     %求概率的估计值和置信区间，置信度为 95%。
p＝3.9000
pci＝3.5129
    4.2871
```

常用分布的参数估计函数见表 24.1

表 24.1　　　　　　　　　　　　　　　　参数估计函数表

函数名	调 用 形 式	函 数 说 明
binofit	PHAT＝ binofit（X, N） ［PHAT, PCI］＝ binofit（X, N） ［PHAT, PCI］＝ binofit （X, N, ALPHA）	二项分布的概率的最大似然估计 置信度为 95%的参数估计和置信区间 返回水平 α 的参数估计和置信区间
poissfit	Lambdahat＝poissfit（X） ［Lambdahat, Lambdaci］＝ poissfit（X） ［Lambdahat, Lambdaci］＝ poissfit （X, ALPHA）	泊松分布的参数的最大似然估计 置信度为 95%的参数估计和置信区间 返回水平 α 的 λ 参数和置信区间
normfit	［muhat, sigmahat, muci, sigmaci］＝normfit（X） ［muhat, sigmahat, muci, sigmaci］＝ normfit （X, ALPHA）	正态分布的最大似然估计，置信度为 95% 返回水平 α 的期望、方差值和置信区间
betafit	PHAT＝betafit （X） ［PHAT, PCI］＝ betafit （X, ALPHA）	返回 β 分布参数 a 和 b 的最大似然估计 返回最大似然估计值和水平 α 的置信区间
unifit	［ahat, bhat］＝ unifit（X） ［ahat, bhat, ACI, BCI］＝ unifit（X） ［ahat, bhat, ACI, BCI］＝unifit（X, ALPHA）	均匀分布参数的最大似然估计 置信度为 95%的参数估计和置信区间 返回水平 α 的参数估计和置信区间
expfit	muhat＝expfit（X） ［muhat, muci］＝ expfit（X） ［muhat, muci］＝ expfit（X, alpha）	指数分布参数的最大似然估计 置信度为 95%的参数估计和置信区间 返回水平 α 的参数估计和置信区间

函数名	调 用 形 式	函 数 说 明
gamfit	phat = gamfit(X) [phat, pci] = gamfit(X) [phat, pci] = gamfit(X, alpha)	γ 分布参数的最大似然估计 置信度为 95% 的参数估计和置信区间 返回最大似然估计值和水平 α 的置信区间
weibfit	phat = weibfit(X) [phat, pci] = weibfit(X) [phat, pci] = weibfit(X, alpha)	韦伯分布参数的最大似然估计 置信度为 95% 的参数估计和置信区间 返回水平 α 的参数估计及其区间估计
Mle	phat = mle('dist', data) [phat, pci] = mle('dist', data) [phat, pci] = mle('dist', data, alpha) [phat, pci] = mle('dist', data, alpha, p1)	分布函数名为 dist 的最大似然估计 置信度为 95% 的参数估计和置信区间 返回水平 α 的最大似然估计值和置信区间 仅用于二项分布, pl 为试验总次数

注: 各函数返回已给数据向量 X 的参数最大似然估计值和置信度为 $(1-\alpha) \times 100\%$ 的置信区间。α 的默认值为 0.05, 即置信度为 95%。

【例 24.6】 设从一大批产品中抽取 100 个产品, 经经验知有 80 个一级品, 求这批产品的一级品的极大似然估计。

```
>> mle('bino', 80, 0.05, 100)
ans = 0.8000
>>[ph, pc] = mle('bino', 80, 0.05, 100)
ph = 0.8000
pc = 0.7082
    0.8733
```

习　题

1. 随机产生 100 个 β 分布数据, 相应的分布参数真值为 4 和 3。求 4 和 3 的最大似然估计值和置信度为 99% 的置信区间。

2. 有两组(每组 100 个元素)正态随机数据, 其均值为 10, 均方差为 2。求 95% 的置信区间和参数估计值。

3. 分别使用金球和铂球测定引力常数。

(1)用金球测定观察值为: 6.683　6.681　6.676　6.678　6.679　6.672

(2)用铂球测定观察值为: 6.661　6.661　6.667　6.667　6.664

设测定值总体为 $N(\mu, \sigma^2)$, μ 和 σ 为未知。对(1)、(2)两种情况分别求 μ 和 σ 的置信度为 0.9 的置信区间。

参考答案

1. 程序如下：

>>X= betarnd (4, 3, 100, 1);　　　%产生 100 个 β 分布的随机数。

>>[PHAT, PCI]= betafit(X, 0.01)　　%求置信度为 99%的置信区间和参数 a、b 的估计值。

结果显示

PHAT = 3.9010　　2.6193

PCI = 2.5244　　1.7488

　　　5.2776　　3.4898

说明：估计值 3.9010 的置信区间是[2.5244　5.2776]，估计值 2.6193 的置信区间是 [1.7488　3.4898]。

2. 程序如下：

>>r= normrnd (10, 2, 100, 2);　　　%产生两列正态随机数据。

>>[mu, sigma, muci, sigmaci]= normfit(r)

则结果为

mu = 10.1455　10.0527　　　%各列的均值的估计值。

sigma = 1.9072　2.1256　　　%各列的均方差的估计值。

muci = 9.7652　　9.6288

　　　10.5258　10.4766

sigmaci = 1.6745　　1.8663

　　　　2.2155　　2.4693

说明：muci, sigmaci 中各列分别为原随机数据各列估计值的置信区间，置信度为 95%。

3. 建立 M 文件：LX0833. m

X = [6.683　6.681　6.676　6.678　6.679　6.672];

Y = [6.661　6.661　6.667　6.667　6.664];

[mu, sigma, muci, sigmaci]=normfit(X, 0.1)　　%金球测定的估计。

[MU, SIGMA, MUCI, SIGMACI]=normfit(Y, 0.1)　　%铂球测定的估计。

运行后结果显示如下：

mu = 6.6782

sigma = 0.0039

muci = 6.6750

　　　6.6813

sigmaci = 0.0026

　　　　0.0081

MU = 6.6640

SIGMA = 0. 0030

MUCI = 6. 6611

　　　　6. 6669

SIGMACI = 0. 0019

　　　　　0. 0071

由上可知，金球测定的 μ 估计值为 6.6782，置信区间为 $[6.6750,\ 6.6813]$；

σ 的估计值为 0.0039，置信区间为 $[0.0026,\ 0.0081]$。

铂球测定的 μ 估计值为 6.6640，置信区间为 $[6.6611,\ 6.6669]$；

σ 的估计值为 0.0030，置信区间为 $[0.0019,\ 0.0071]$。

第 25 章 假 设 检 验

假设检验是统计推断中的另一项重要内容，它与参数估计类似，但角度不同。参数估计是利用样本信息推断未知的总体参数，而假设检验则是先对总体参数提出一个假设值，然后利用样本信息判断这一假设是否成立，逻辑上使用反正法，统计上使用小概率原理。针对不同的条件，采用不同的抽样分布理论进行判断，本章将分情况进行介绍。

25.1 σ^2 已知，单个正态总体的均值 μ 的假设检验(U 检验法)

设总体 $X \sim N(\mu, \sigma^2)$，$X_1, X_2, \cdots, X_n$ 是取自总体 X 的一个容量为 n 的样本，检验水平为 α，当方差 σ^2 已知，检验统计量为 $U = \dfrac{\bar{X} - \mu}{\sigma/\sqrt{n}}$，这种利用正态分布作为检验统计量的检验方法，称为 U 检验法。

函数：ztest

格式：h = ztest(x, m, sigma)　　% x 为正态总体的样本，m 为均值 μ_0，sigma 为标准差，显著性水平为 0.05(默认值)。

h = ztest(x, m, sigma, alpha)　　%显著性水平为 alpha。

[h, sig, ci, zval] = ztest(x, m, sigma, alpha, tail)　　%sig 为观察值的概率，当 sig 为小概率时则对原假设提出质疑，ci 为真正均值 μ 的 1−alpha 置信区间，zval 为统计量的值。

说明：若 h = 0，表示在显著性水平 alpha 下，不能拒绝原假设；

若 h = 1，表示在显著性水平 alpha 下，可以拒绝原假设。

原假设：H_0：$\mu = \mu_0 = m$

若 tail = 0，表示备择假设：H_1：　$\mu \neq \mu_0 = m$(默认，双边检验)

tail = 1，表示备择假设：H_1：　$\mu > \mu_0 = m$(单边检验)

tail = −1，表示备择假设：H_1：　$\mu < \mu_0 = m$(单边检验)

【例 25.1】　某车间用一台包装机包装淀粉，包得的袋装淀粉重量是一个随机变量，它服从正态分布。当机器正常时，其均值为 0.5kg，标准差为 0.010。某日开工后检验包装机是否正常，随机地抽取所包装的淀粉 10 袋，称得净重为(kg)：0.487，0.502，0.501，0.494，0.498，0.500，0.492，0.505，0.498，0.51。

问机器是否正常？($\alpha = 0.05$)

解：总体 μ 和 σ 已知，该问题是当 σ^2 为已知时，在水平 $\alpha = 0.05$ 下，根据样本值判

断 $\mu = 0.5$ 还是 $\mu \neq 0.5$。为此提出假设：

原假设：　　　　H_0：　　$\mu = \mu_0 = 0.5$

备择假设：　　　H_1：　　$\mu \neq 0.5$

>> X = [0.487,　0.502,　0.501,　0.494,　0.498,　0.500,　0.492,　0.505,　0.498, 0.51];

>> [h, sig, ci, zval] = ztest(X, 0.5, 0.010, 0.05, 0)

结果显示为：

h = 0

sig = 0.6810　　　%样本观察值的概率。

ci = 0.4925　　0.5049　　　%置信区间，均值 0.5 在此区间之内。

zval = −0.4111　　　%统计量的值。

结果表明：h = 0，说明在水平 $\alpha = 0.05$ 下，不拒绝原假设，即认为包装机工作正常。

25.2　σ^2 未知，单个正态总体的均值 μ 的假设检验(t 检验法)

设总体 $X \sim N(\mu, \sigma^2)$，X_1, X_2, $\cdots$, X_n 是取自总体 X 的一个容量为 n 的样本，检验水平为 α，当方差 σ^2 未知，且为小样本，即 $n < 30$，则检验统计量为 $T = \dfrac{\overline{X} - \mu}{S / \sqrt{n}}$，这种利用 t 分布作为检验统计量的检验方法，称为 t 检验法。

函数：ttest

格式：h = ttest(x, m)　　　% x 为正态总体的样本，m 为均值 μ_0，显著性水平为 0.05。

h = ttest(x, m, alpha)　　　%alpha 为给定显著性水平。

[h, sig, ci] = ttest(x, m, alpha, tail)　　　%sig 为观察值的概率，当 sig 为小概率时则对原假设提出质疑，ci 为真正均值 μ 的 1−alpha 置信区间。

说明：若 h = 0，表示在显著性水平 alpha 下，不能拒绝原假设；

若 h = 1，表示在显著性水平 alpha 下，可以拒绝原假设。

原假设：H_0：$\mu = \mu_0 = m$

tail = 0，表示备择假设：H_1：　　$\mu \neq \mu_0 = m$(默认，双边检验)

tail = 1，表示备择假设：H_1：　　$\mu > \mu_0 = m$(单边检验)

tail = −1，表示备择假设：H_1：　　$\mu < \mu_0 = m$(单边检验)

【例 25.2】　对一批新的液体存储罐进行耐裂试验，随机抽测了 5 个，得到爆破压力值(单位；kg/cm^2)如下：54.5 53.0 54.5 55.0 54.5。根据经验可以认为爆破压力是服从正态分布的，而过去该种存储罐的平均爆破压力为 54.9 kg/cm^2。问：这批新罐的平均爆破压力与过去相比有无明显的差异？($\alpha = 0.05$)

解：未知 σ^2，在水平 $\alpha = 0.05$ 下检验假设：H_0：$u = 54.9$，H_1：$u \neq 54.9$。

>> X = [54.5 53.0 54.5 55.0 54.5]；[h, sig, ci] = ttest(X, 54.9, 0.05, 0)

结果显示为：

h = 0

sig = 0.1516

ci = 53.3585　　55.2415　　　　%均值 54.9 在该置信区间内。

结果表明：$h=0$ 表示在水平 $\alpha=0.05$ 下应该接受原假设 H_0，即认为这批新罐的平均爆破压力与过去相比无明显的差异。

25.3　两个正态总体均值差的检验(t 检验)

两个正态总体方差未知但等方差时，即 $\sigma_1=\sigma_2=\sigma(\sigma$ 未知)，比较两正态总体样本均值差的假设检验，此时需用 T 统计量：

$$T=\frac{(\bar{X}-\bar{Y})-0}{S_w\sqrt{\frac{1}{n_1}+\frac{1}{n_2}}}\sim t(n_1+n_2-2)$$

其中：$S_w^2=\frac{(n_1-1)S_1^2+(n_2-1)S_2^2}{n_1+n_2-2}$，$S_1$，$S_2$ 分别为两样本的标准差，n_1，n_2 分别为两样本的容量。

函数：ttest2

格式：[h，sig，ci] = ttest2(X，Y)　　%X，Y 为两个正态总体的样本，显著性水平为 0.05。

[h，sig，ci] = ttest2(X，Y，alpha)　　%alpha 为显著性水平。

[h，sig，ci] = ttest2(X，Y，alpha，tail)　　%sig 为当原假设为真时得到观察值的概率，当 sig 为小概率时则对原假设提出质疑，ci 为真正均值 μ 的 1-alpha 置信区间。

说明：若 $h=0$，表示在显著性水平 alpha 下，不能拒绝原假设；

若 $h=1$，表示在显著性水平 alpha 下，可以拒绝原假设。

原假设：H_0：　$\mu_1=\mu_2$　(μ_1 为 X 的期望值，μ_2 为 Y 的期望值)

tail = 0，表示备择假设：H_1：　$\mu_1\neq\mu_2$(默认，双边检验)

tail = 1，表示备择假设：H_1：　$\mu_1>\mu_2$(单边检验)

tail = -1，表示备择假设：H_1：　$\mu_1<\mu_2$(单边检验)

【例 25.3】　甲乙两台机床同时加工某种同类型的零件，已知两台机床加工的零件直径(单位：cm)分别服从正态分布 $N(\mu_1,\sigma_1^2)$，$N(\mu_2,\sigma_2^2)$，并且有两方差相等。为了比较两台机床的加工精度有无显著差异，分别独立抽取了甲机床加工的 8 个零件和乙机床加工的 7 个零件，通过测量得到如下数据：

(1)甲机床：20.5　19.8　19.7　20.4　20.1　20.0　19.0　19.9

(2)乙机床：20.7　19.8　19.5　20.8　20.4　19.6　20.2

设这两个样本相互独立，μ_1、μ_2、σ^2 均未知。问：样本数据是否提供证据支持"两台机床加工的零件不一致"的看法？(取 $\alpha=0.05$)

解：两个总体方差不变时，在水平 $\alpha = 0.05$ 下检验假设：

H_0：$\mu_1 = \mu_2$，H_1：$\mu_1 \neq \mu_2$

>> X = [20.5　19.8　19.7　20.4　20.1　20.0　19.0　19.9];

>>Y = [20.7　19.8　19.5　20.8　20.4　19.6　20.2];

>> [h, sig, ci] = ttest2(X, Y, 0.05, 0)

结果显示为：

h = 0

sig = 0.4081

ci = −0.7684　　0.3327

结果表明：h = 0 表示在水平 $\alpha = 0.05$ 下，不应该拒绝原假设，即没有理由认为甲乙两台机床加工的零件直径不一致。

25.4　两个总体一致性的检验（秩和检验）

函数：ranksum

格式：p = ranksum(x, y, alpha)　　%x、y 为两个总体的样本，可以不等长，alpha 为显著性水平。

[p, h] = ranksum(x, y, alpha)　　% h 为检验结果，h = 0 表示 X 与 Y 的总体差别不显著，h = 1 表示 X 与 Y 的总体差别显著。

[p, h, stats] = ranksum(x, y, alpha)　　%stats 中包括：ranksum 为秩和统计量的值以及 zval 为过去计算 p 的正态统计量的值。

说明：p 为两个总体样本 X 和 Y 为一致的显著性概率，若 p 接近于 0，则不一致较明显。

【例 25.4】 两位检验员各自读得某种液体黏度如下所示：

检验员 A：82　73　91　84　77　98　81　79　87　85

检验员 B：80　76　92　86　74　96　83　79　80　75　79

设数据可以认为来自仅均值可能有差异的总体的样本。试在显著水平 $\alpha = 0.05$ 下检验假设：H_0：$\mu_1 = \mu_2$，H_1：$\mu_1 > \mu_2$，其中 μ_1，μ_2 分别为两总体的均值。

编程如下：

>>A = [82　73　91　84　77　98　81　79　87　85];

>>B = [80　76　92　86　74　96　83　79　80　75　79];

>> [p, h, stats] = ranksum(A, B, 0.05)

计算所得结果如下：

p = 0.4589

h = 0

stats = zval：0.7406

　　　ranksum：121

结果表明：一方面，两样本总体均值相等的概率为 0.4589，不接近于 0；另一方面，

$h=0$ 也说明可以接受原假设 H_0，即认为两个检验员的数据无明显差异。

25.5　两个总体中位数相等的假设检验——符号秩检验

函数：signrank

格式：p= signrank（X，Y，alpha）　　% X、Y 为两个总体的样本，长度必须相同，alpha 为显著性水平，p 为两个样本 X 和 Y 的中位数相等的概率，p 接近于 0 则可对原假设质疑。

［p，h］= signrank（X，Y，alpha）　　% h 为检验结果：h=0 表示 X 与 Y 的中位数之差不显著，h=1 表示 X 与 Y 的中位数之差显著。

［p，h，stats］= signrank（x，y，alpha）　　% stats 中包括：signrank 为符号秩统计量的值以及 zval 为过去计算 p 的正态统计量的值。

【例 25.5】　两个二项分布随机样本的中位数相等的假设检验

>> x=binornd（20，0.3，30，1）；y=binornd（20，0.2，30，1）；［p，h，stats］=sign-rank（x，y，0.05）

p=0.0073

h=1

stats =

　　zval：-2.6827

　　signedrank：63.5000

结果表明：h=1 表示 X 与 Y 的中位数之差显著。

25.6　两个总体中位数相等的假设检验（符号检验）

函数：signtest

格式：p=signtest（X，Y，alpha）　　%X、Y 为两个总体的样本，长度必须相同，alpha 为显著性水平，p 为两个样本 X 和 Y 的中位数相等的概率，p 接近于 0 则可对原假设质疑。

［p，h］=signtest（X，Y，alpha）　　%h 为检验结果：h=0 表示 X 与 Y 的中位数之差不显著，h=1 表示 X 与 Y 的中位数之差显著。

［p，h，stats］= signtest（X，Y，alpha）　　%stats 中 sign 为符号统计量的值。

【例 25.6】　两个二项分布随机样本的中位数相等的假设检验

>> x=binornd（20，0.3，30，1）；y=binornd（20，0.2，30，1）；［p，h，stats］=sign-test（x，y，0.05）

p=0.0066

h=1

stats =

　　zval：NaN

　　sign：5

　　结果表明：h＝1 表示 X 与 Y 的中位数之差显著。

25.7 正态分布的拟合优度测试(一)

　　函数：jbtest

　　格式：H＝jbtest(X)　　　%对输入向量 X 进行 Jarque-Bera 测试，显著性水平为 0.05。

　　H＝jbtest(X, alpha)　　　%在水平 alpha 而非 5% 下施行 Jarque-Bera 测试, alpha 在 0 和 1 之间。

　　[H, P, JBSTAT, CV]＝jbtest(X, alpha)　　%P 为接受假设的概率值, P 越接近于 0, 则可以拒绝是正态分布的原假设；JBSTAT 为测试统计量的值, CV 为是否拒绝原假设的临界值。

　　说明：H 为测试结果, 若 H＝0, 则可以认为 X 是服从正态分布的；若 H＝1, 则可以否定 X 服从正态分布。X 为大样本, 对于小样本用 lillietest 函数。

【例 25.7】　>> X＝chi2rnd(15, 500, 1); [h, p, j, cv]＝jbtest(X)

　　计算所得结果如下：

　　h＝1

　　p＝1.0000e-003

　　j＝45.7913

　　cv＝5.8581

　　说明：h＝1 表示拒绝正态分布的假设；1.0000e-003 表示服从正态分布的概率很小；统计量的值 j＝45.7913 大于接受假设的临界值 cv＝5.8581, 因而拒绝假设(测试水平为 5%)。

25.8 正态分布的拟合优度测试(二)

　　函数：lillietest

　　格式：H＝lillietest(X)　　　%对输入向量 X 进行 Lilliefors 测试, 显著性水平为 0.05。

　　H＝lillietest(X, alpha)　　　%在水平 alpha 而非 5% 下施行 Lilliefors 测试, alpha 在 0.01 和 0.2 之间。

　　[H, P, LSTAT, CV]＝lillietest(X, alpha)　　　%P 为接受假设的概率值, P 越接近于 0, 则可以拒绝是正态分布的原假设；LSTAT 为测试统计量的值, CV 为是否拒绝原假设的临界值。

　　说明：H 为测试结果, 若 H＝0, 则可以认为 X 是服从正态分布的；若 H＝1, 则可以否定 X 服从正态分布。

【例 25.8】　一批小动物体重如下(单位：g)：

　　356.4　362.5　394.7　356.0　387.6　305.1　385.1　383.2　346.6　314.2　394.8

　370.7　434.2　365.2　377.1　365.9　384.4　297.4　404.3　412.0　349.1　344.5

问：该数据是否服从正态分布？

$X = [356.4 \quad 362.5 \quad 394.7 \quad 356.0 \quad 387.6 \quad 305.1 \quad 385.1 \quad 383.2 \quad 346.6 \quad 314.2$
$394.8 \quad 370.7 \quad 434.2 \quad 365.2 \quad 377.1 \quad 365.9 \quad 384.4 \quad 297.4 \quad 404.3 \quad 412.0 \quad 349.1$
$344.5];$

[h, p, l, cv] = lillietest (X)

计算结果可得：

h = 1

p = 1.0000e-003

l = 0.2889

cv = 0.1799

说明：p = 1.0000e-003，表示应该拒绝服从正态分布的假设；h = 1 也可否定服从正态分布；统计量的值 l = 0.2889 大于接受假设的临界值 cv = 0.1799，因而拒绝假设(测试水平为 5%)。

25.9 单个样本分布的 Kolmogorov-Smirnov 测试

记总体 X 的分布函数为 $F(X)$，利用样本 X_1, X_2, $\cdots$, X_n 检验下列假设：

H_0：$F(X) = F_0(X)$，H_1：$F(X) \neq F_0(X)$

由格里汶科定理，样本经验分布可以作为总体理论分布函数的拟合。如果原假设成立，样本经验分布函数与 $F(X)$ 的差距一般不大。因此 Kolmogorov-Smirnov 提出一个统计量：

$$D_{n_1, n_2} = \sup | F_{1n_1}(X) - F_{2n_2}(X) |$$

并且得到了这个统计量的极限分布，且这个分布不依赖于总体的分布。由这个统计量得到的检验称为单个样本分布的 Kolmogorov-Smirnov 检验。

函数：kstest

格式：H = kstest(X)   %测试向量 X 是否服从标准正态分布，测试水平为 5%。

H = kstest(X, cdf)   %指定累积分布函数为 cdf 的测试(cdf = [ ]时表示标准正态分布)，测试水平为 5%。

H = kstest(X, cdf, alpha)   % alpha 为指定测试水平。

[H, P, KSSTAT, CV] = kstest (X, cdf, alpha)   % P 为原假设成立的概率，KSSTAT 为测试统计量的值，CV 为是否接受假设的临界值。

说明：原假设为 X 服从标准正态分布。若 H = 0 则不能拒绝原假设，H = 1 则可以拒绝原假设。

【例 25.9】 产生 100 个在区间[-1, 1]上的均匀分布随机数，测试该随机数是否服从的均匀分布以及标准正态分布？

>> x = unifrnd (-1, 1, 100, 1);

>> [H, p, ksstat, cv] = kstest(x, [x unifcdf(x, -1, 1)], 0.05)   %测试是否服从均匀分布

H = 0

p = 0.5784

ksstat = 0.0763

cv = 0.1340

说明：H = 0 表示接受原假设，统计量 ksstat 小于临界值表示接受原假设，即服从均匀分布。

>> [H, p, ksstat, cv] = kstest(x, [], 0.05)　　%测试是否服从标准正态分布。

H = 1

p = 0.0043

ksstat = 0.1733

cv = 0.1340　　0.1340

说明：H = 1 表明不服从标准正态分布。

25.10　两个样本具有相同的连续分布的假设检验

函数：kstest2

格式：H = kstest2(X1, X2)　　%测试向量 X1 与 X2 是具有相同的连续分布，测试水平为 5%。

H = kstest2(X1, X2, alpha)　　%alpha 为测试水平。

[H, P, KSSTAT] = kstest2(X, cdf, alpha)　　%与指定累积分布 cdf 相同的连续分布，P 为假设成立的概率，KSSTAT 为测试统计量的值。

说明：原假设为具有相同连续分布。测试结果为 H，若 H = 0，表示应接受原假设；若 H = 1，表示可以拒绝原假设。这是 Kolmogorov-Smirnov 测试方法。

【例 25.10】　随机生成 100 个服从[-3, 3]区间的均匀分布的数据向量 X 以及 100 个服从标准正态分布的数据向量 Y，试比较两数据是否服从相同的分布。

>>X = unifrnd (-3, 3, 100, 1); Y = normrnd (0, 1, 100, 1); [h, p, k] = kstest2 (X, Y)

h = 1

p = 0.0030

k = 0.2500

说明：h = 1 表示可以认为向量 X 与 Y 的分布不相同，相同的概率只有 0.3%。

习　　题

1. 某车间用一台包装机包装葡萄糖，包得的袋装糖重是一个随机变量，它服从正态分布。当机器正常时，其均值为 0.5kg，标准差为 0.015。某日开工后检验包装机是否正常，随机地抽取所包装的糖 9 袋，称得净重为(单位：kg)

0.497, 0.506, 0.518, 0.524, 0.498, 0.511, 0.52, 0.515, 0.512

问：机器是否正常？

2. 某种电子元件的寿命 X(以小时计)服从正态分布, μ、σ^2 均未知。现测得 16 只元件的寿命如下(单位：小时)：

159　280　101　212　224　379　179　264　222　362　168　250　149

260　485　170

问：是否有理由认为元件的平均寿命大于 225 小时？

3. 在平炉上进行一项试验以确定改变操作方法的建议是否会增加钢的产率, 试验是在同一只平炉上进行的。每炼一炉钢时除操作方法外, 其他条件都尽可能做到相同。先用标准方法炼一炉, 然后用建议的新方法炼一炉, 以后交替进行, 各炼 10 炉, 其产率分别如下：

(1)标准方法：78.1　72.4　76.2　74.3　77.4　78.4　76.0　75.5　76.7　77.3

(2)新方法：　79.1　81.0　77.3　79.1　80.0　79.1　79.1　77.3　80.2　82.1

设这两个样本相互独立, 且分别来自正态总体 $N(\mu_1, \sigma^2)$ 和 $N(\mu_2, \sigma^2)$, μ_1、μ_2、σ^2 均未知。问：建议的新操作方法能否提高产率? (取 $\alpha=0.05$)

4. 某商店为了确定向公司 A 或公司 B 购买某种商品, 将 A 和 B 公司以往的各次进货的次品率进行比较, 数据如下, 设两样本独立。问：两公司的商品的质量有无显著差异? 设两公司的商品的次品的密度最多只差一个平移, 取 $\alpha=0.05$。

A：7.0　3.5　9.6　8.1　6.2　5.1　10.4　4.0　2.0　10.5

B：5.7　3.2　4.1　11.0　9.7　6.9　3.6　4.8　5.6　8.4　10.1　5.5　12.3

5. 产生 100 个威布尔随机数, 测试该随机数服从的分布。

6. 随机生成服从标准正态分布的随机变量 x, x 为含有 20 个数据的列向量, 并判别其与变量 $y=[-1\ 0\ 1\ 2\ 3\ 4\ 5]$ 所服从的分布是否相同。

参考答案

1. 解：总体 μ 和 σ 已知, 该问题是当 σ^2 为已知时, 在水平 $\alpha=0.05$ 下, 根据样本值判断 $\mu=0.5$ 还是 $\mu\neq0.5$。为此提出假设：

原假设：　　H_0：　$\mu=\mu_0=0.5$

备择假设：H_1：　$\mu\neq0.5$

\>\>X=[0.497, 0.506, 0.518, 0.524, 0.498, 0.511, 0.52, 0.515, 0.512];

\>\>[h, sig, ci, zval]=ztest(X, 0.5, 0.015, 0.05, 0)

结果显示为：

h=1

sig=0.0248　　%样本观察值的概率。

ci=0.5014　　　0.5210　　%置信区间, 均值 0.5 在此区间之外。

zval=2.2444　　%统计量的值。

结果表明：h=1, 说明在水平 $\alpha=0.05$ 下, 可拒绝原假设, 即认为包装机工作不正常。

2. 解：未知 σ^2, 在水平 $\alpha=0.05$ 下检验假设：H_0：$\mu<\mu_0=225$, H_1：$\mu>225$

\>\> X=[159 280 101 212 224 379 179 264 222 362 168 250 149 260 485 170];

>> [h, sig, ci]=ttest(X, 225, 0.05, 1)

结果显示为:

h=0

sig=0.2570

ci=198.2321　　　　　Inf　　　　%均值 225 在该置信区间内。

结果表明:h=0 表示在水平 $\alpha=0.05$ 下应该接受原假设 H_0,即认为元件的平均寿命不大于 225 小时。

3. 解:两个总体方差不变时,在水平 $\alpha=0.05$ 下检验假设:$H_0: \mu_1=\mu_2$,$H_1: \mu_1<\mu_2$

　　　>> X=[78.1　72.4　76.2　74.3　77.4　78.4　76.0　75.5　76.7　77.3];

　　　>>Y=[79.1　81.0　77.3　79.1　80.0　79.1　79.1　77.3　80.2　82.1];

　　　>> [h, sig, ci]=ttest2(X, Y, 0.05, -1)

结果显示为:

h=1

sig=2.1759e-004　　　%说明两个总体均值相等的概率很小

ci=-Inf　-1.9083

结果表明:h=1 表示在水平 $\alpha=0.05$ 下,应该拒绝原假设,即认为建议的新操作方法提高了产率,因此,比原方法好。

4. 解:设 μ_A、μ_B 分别为 A、B 两个公司的商品次品率总体的均值,则该问题为在水平 $\alpha=0.05$ 下检验假设:$H_0: \mu_A=\mu_B$,$H_1: \mu_A\neq\mu_B$

>> A=[7.0 3.5 9.6 8.1 6.2 5.1 10.4 4.0 2.0 10.5];

>> B=[5.7 3.2 4.1 11.0 9.7 6.9 3.6 4.8 5.6 8.4 10.1 5.5 12.3];

>> [p, h, stats]=ranksum(A, B, 0.05)

结果为:

p=0.8041

h=0

stats=zval:　-0.2481

　　　　ranksum:116

结果表明:一方面,两样本总体均值相等的概率为 0.8041,不接近于 0;另一方面,h=0 也说明可以接受原假设 H_0,即认为两个公司的商品的质量无明显差异。

5. 程序如下:

>> x=weibrnd(1, 2, 100, 1);

>> [H, p, ksstat, cv]=kstest(x, [x weibcdf(x, 1, 2)], 0.05)　　%测试是否服从威布尔分布。

H=0

p=0.3022

ksstat=0.0959

cv=0.1340

说明:H=0 表示接受原假设,统计量 ksstat 小于临界值表示接受原假设。

　　>> [H, p, ksstat, cv] = kstest(x, [x expcdf(x, 1)], 0.05)　　%测试是否服从指数分布。

　　H = 1

　　p = 0.0073

　　ksstat = 0.1653

　　cv = 0.1340

　　说明：H = 1 表明拒绝服从指数分布的假设。

　　>> [H, p, ksstat, cv] = kstest(x, [ ], 0.05)　　%测试是否服从标准正态分布

　　H = 1

　　p = 3.1285e−026

　　ksstat = 0.5380

　　cv = 0.1340

　　说明：H = 1 表明不服从标准正态分布。

6. 程序如下：

　　>> x = randn(20, 1);

　　>> y = −1: 1: 5;

　　>> [h, p, k] = kstest2(x, y)

　　h = 1

　　p = 0.0444

　　k = 0.5643

　　说明：h = 1 表示可以认为向量 x 与 y 的分布不相同，相同的概率只有 4.4%。

第 26 章　方差分析和回归分析

26.1　方差分析

方差分析起源于对农业生产实验结果的分析，是由英国统计学家费歇尔在 20 世纪 20 年代创立的，目前已被广泛应用于工农业生产、气象预报、医学、生物学等许多领域。方差分析是鉴别各因素对结果有无显著影响以及影响大小的一种有效的方法。主要有单因素方差分析、双因素方差分析以及多因素方差分析，其基本原理与步骤是相同的。

26.1.1　单因素方差分析

单因素方差分析是比较两组或多组数据的均值，它返回原假设——均值相等的概率。

函数：anova1

格式：p = anova1(X)　　　%X 的各列为彼此独立的样本观察值，其元素个数相同，p 为各列均值相等的概率值，若 p 值接近于 0，则原假设受到怀疑，说明至少有一列均值与其余列均值有明显不同。

p = anova1(X, group)　　　%X 和 group 为向量且 group 要与 X 对应。

p = anova1(X, group, 'displayopt')　　% displayopt = on/off 表示显示与隐藏方差分析表图和盒图。

[p, table] = anova1(…)　　% table 为方差分析表。

[p, table, stats] = anova1(…)　　% stats 为分析结果的构造。

说明：anova1 函数产生两个图：标准的方差分析表图和盒图。

方差分析表中有 6 列：第 1 列(source)显示：X 中数据可变性的来源；第 2 列(SS)显示：用于每一列的平方和；第 3 列(df)显示：与每一种可变性来源有关的自由度；第 4 列(MS)显示：是 SS/df 的比值；第 5 列(F)显示：F 统计量数值，它是 MS 的比率；第 6 列显示：从 F 累积分布中得到的概率，当 F 增加时，p 值减少。

【例 26.1】　消费者与产品生产者、销售者或服务的提供者之间经常发生纠纷。当发生纠纷后，消费者常常会向消费者协会投诉。为了对几个行业的服务质量进行评价，消费者协会在零售业、航空公司、家电制造业分别抽取不同的企业作为样本。其中，零售业抽取 7 家，旅游业抽取 6 家，航空公司抽取 5 家，家电制造业抽取 5 家，每个行业中所抽取的这些企业，在服务对象、服务内容、企业规模等方面基本是相同的。然后统计出最近一年中消费者对总共 23 家企业投诉的次数，结果如下：

零售业：57 66 49 40 34 53 44

旅游业：68 39 29 45 56 51

航空公司：31 49 21 34 40

家电制造业：44 51 65 77 58

试分析 4 个行业之间的服务质量是否有显著差异。

解：在命令窗口输入如下：

shu＝[57 66 49 40 34 53 44 68 39 29 45 56 51…

　　31 49 21 34 40 44 51 65 77 58]；

fen＝{'a1','a1','a1','a1','a1','a1','a1','a2','a2','a2','a2','a2','a2','a3', …

　　'a3','a3','a3','a3','a4','a4','a4','a4','a4'}；

[p，table，stats]＝anova1(shu，fen，'on')

回车可得：

p＝0.0388

table＝'Source'	'SS'	'df'	'MS'	'F'	'Prob>F'
'Groups'	[1.4566e+003]	[3]	[485.5362]	[3.4066]	[0.0388]
'Error'	[2708]	[19]	[142.5263]	[]	[]
'Total'	[4.1646e+003]	[22]	[]	[]	[]

stats＝gnames：{4x1 cell}

　　　　　n：[7 6 5 5]

　　source：'anova1'

　means：[49 48 35 59]

　　　df：19

　　　s：11.9384

结果如图 26.1、图 26.2 所示。

ANOVA Table

Source	SS	df	MS	F	Prob>F
Groups	1456.61	3	485.536	3.41	0.0388
Error	2708	19	142.526		
Total	4164.61	22			

图 26.1

由于 $p=0.0388<0.05$，所以拒绝原假设，即认为 4 个行业之间的服务质量有显著差异。

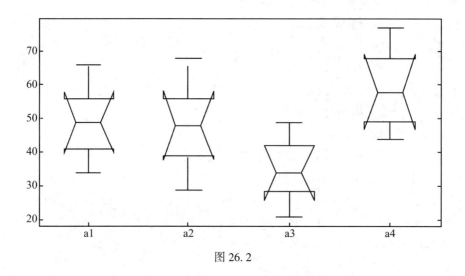

图 26.2

【例 26.2】 建筑横梁强度的研究：3000 磅力量作用在一英寸的横梁上来测量横梁的挠度，钢筋横梁的测试强度是：82、86、79、83、84、85、86、87；其余两种更贵的合金横梁强度测试为合金 1：74、82、78、75、76、77；合金 2：79、79、77、78、82、79。

试检验这些合金强度有无明显差异。

解：

strength = ［82 86 79 83 84 85 86 87 74 82 78 75 76 77 79 79 77 78 82 79］；

alloy = ｛'st'，'st'，'st'，'st'，'st'，'st'，'st'，'st'， 'al1'，'al1'，'al1'，'al1'，'al1'，'al1'， …
'al2'，'al2'，'al2'，'al2'，'al2'，'al2'｝；

［p，table，stats］= anova1（strength，alloy，'on'）

结果为：

p = 1.5264e-004

	'Source'	'SS'	'df'	'MS'	'F'	'Prob>F'
table =	'Groups'	［184.8000］	［2］	［92.4000］	［15.4000］	［1.5264e-004］
	'Error'	［102.0000］	［17］	［6.0000］	［］	［］
	'Total'	［286.8000］	［19］	［］	［］	［］

stats =

    gnames：｛3x1 cell｝

        n：［8 6 6］

    source：'anova1'

    means：［84 77 79］

       df：17

        s：2.4495

结果如图 26.3 和图 26.4 所示。

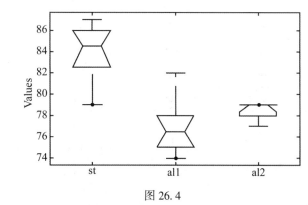

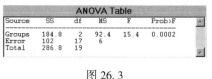

图 26.3　　　　　　　　　　　　　　图 26.4

说明：p 值显示，三种合金是明显不同的，盒图显示钢横梁的挠度大于另两种合金横梁的挠度。

26.1.2　双因素方差分析

如果在实验中，有两个实验因素变化，而要考察这两个因素对指标是否有显著影响，就要用到双因素方差分析。

函数：anova2

格式：p = anova2(X，reps)

　　　　p = anova2(X，reps,'displayopt')

　　　　[p，table] = anova2(…)

　　　　[p，table，stats] = anova2(…)

说明：执行平衡的双因素试验的方差分析来比较 X 中两个或多个列(行)的均值，不同列的数据表示因素 A 的差异，不同行的数据表示另一因素 B 的差异。如果行列对有多于一个的观察点，则变量 reps 指出每一单元观察点的数目，每一单元包含 reps 行，如：

$$\begin{matrix} & {\scriptstyle A=1} & {\scriptstyle A=2} & \\ \left[\begin{matrix} x_{111} & x_{112} \\ x_{121} & x_{122} \\ x_{211} & x_{212} \\ x_{221} & x_{222} \\ x_{311} & x_{312} \\ x_{321} & x_{322} \end{matrix} \right. & & & \left. \begin{matrix} \\ \end{matrix} \right\} B=1 \\ & & & \left. \begin{matrix} \\ \end{matrix} \right\} B=2 \\ & & & \left. \begin{matrix} \\ \end{matrix} \right\} B=3 \end{matrix}$$

reps = 2。

其余参数与单因素方差分析参数相似。

【例 26.3】　有 4 种品牌的彩电在 5 个地区销售，为分析彩电的品牌(品牌因素)和销售地区(地区因素)对销售量是否有影响，对每种品牌在各地区的销售量取得了以下数据：

	地区 1	地区 2	地区 3	地区 4	地区 5
品牌 1	365	350	343	340	323
品牌 2	345	368	363	330	333
品牌 3	358	323	353	343	308
品牌 4	288	280	298	260	298

试分析品牌和销售地区对彩电的销售量是否有显著的影响。

解：在命令窗口输入如下：

X = [365　350　343　340　323；　345　368　363　330　333；…
　　358　323　353　343　308；　288　280　298　260　298]；

P = anova2(X，1)

回车可得：

P = 0. 1437　　0. 0001

结果如图 26. 5 所示。

```
                 ANOVA Table
Source    SS       df    MS       F       Prob>F

Columns   2011. 7   4    502. 93   2. 1    0. 1437
Rows      13004. 5  3    4334. 85  18. 11  0. 0001
Error     2872. 7   12   239. 39
Total     17889     19
```

图 26. 5

从结果可知：用于检验列因素的 P = 0. 1437>0. 05，所以不拒绝原假设，即不能认为地区对销售量有显著的影响。用于检验行因素的 P = 0. 0001<0. 05，所以拒绝原假设，即认为品牌对销售量有显著的影响。

26. 2　回归分析

回归分析是处理变量之间的相关关系的一种数学方法，它是最常用的数理统计方法之一。如何由试验数据或历史数据来确定变量之间的相关关系和相关程度，怎样建立回归模型以及应用模型进行预测和控制等，这些都是回归分析的主要内容。

假定 y 是一个可观测得随机变量，x_1，x_2，$\cdots$，x_k 为 k 个自变量，且有：

$$y = \beta_0 + \beta_1 x_1 + \beta_2 x_2 + \cdots + \beta_k x_k + \varepsilon$$

式中，β_0，β_1，$\cdots$，β_k 为未知参数；ε 为随机误差，且 $\varepsilon \sim N(0，\sigma^2)$。上式称为 k 元线性回归模型，自变量 x_1，x_2，$\cdots$，x_k 称为解释变量，因变量称为内生变量。

308

26.2.1 线性回归命令

在 MATLAB 中使用命令 regress( )实现线性回归,调用格式如下:

[b, bint, r, rint, stats]=regress(Y, X, alpha)

其中,因变量数据向量 Y 和自变量数据矩阵 X 按以下排列方式输入:

$$X=\begin{pmatrix} 1 & x_{11} & x_{12} & \cdots & x_{1k} \\ 1 & x_{21} & x_{22} & \cdots & x_{2k} \\ \vdots & \vdots & \vdots & & \vdots \\ 1 & x_{n1} & x_{n2} & \cdots & x_{nk} \end{pmatrix} \quad Y=\begin{pmatrix} y_1 \\ y_2 \\ \vdots \\ y_n \end{pmatrix}$$

对一元线性回归,取 $k=1$。Alpha 为显著性水平(默认为 0.05),输出向量 b, bint 为回归系数估计值和它们的置信区间, r, rint 为残差及其置信区间, stats 是用于检验回归模型的统计量,有 3 个数值,第一个是 R^2(R 是相关系数),第二个是 F 统计值,第三个是与统计量 F 对应的概率 P,当 P<a 时,拒绝 H_0,回归模型成立。

当要画出残差及其置信区间时,使用命令:

rcoplot(r, rint)

【例 26.4】 在其他条件不变的情况下,某种商品的需求量(y)与该商品的价格(x)有关。现对给定时期内的价格与需求量进行观察,得到如下一组数据:

价格(x):10 6 8 9 12 11 9 10 12 7

需求量(y):60 72 70 56 55 57 57 53 54 70

试拟合需求量对价格的回归方程。

分析:本问题是确定需求量与价格之间的相关关系,已经给出一组统计观测数据,通过作数据的散点图,观察散点图的形状,可建立一元线性回归模型,设回归模型为 $y=\beta_0+\beta_1 x$,调用多元回归命令 regress( )求解。模型的可信度可用判定系数的大小表示,因此计算出判定系数 R^2 即可。

解:根据分析,编写主程序 xiti3. m

```
x1=[10 6 8 9 12 11 9 10 12 7];
y=[60 72 70 56 55 57 57 53 54 70]';
x=[ones(10, 1) x1];
plot(x1, y,'*')      %作数据散点图。
[b, bint, r, rint, stats]=regress(y, x);      %回归分析。
b, bint, stats
    figure(2)
rcoplot(r, rint)      %残差分析图。
z=b(1)+b(2)*x1;
    figure(3)
plot(x1, y,'*', x1, z,'r')      %回归预测图。
```

程序运行结果：

b＝89.7363

　　　－3.1209

bint＝74.8520　　104.6206

　　　　－4.6727　　－1.5691

stats＝0.7289　　21.5083　　　0.0017　　16.4835

结果如图 26.6、图 26.7 所示。

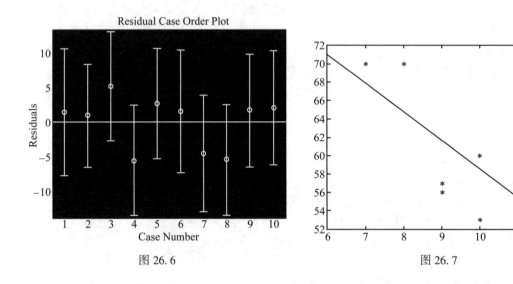

图 26.6　　　　　　　　　　　　　　　　　　图 26.7

说明：需求量对价格的回归方程为：$\hat{y}=89.7363-3.1209x$，判定系数 $r^2=0.7289$，说明在需求量的总变差中，有 72.89% 可由价格与需求量之间的线性关系来解释，二者之间有较强的线性关系，回归直线拟合较好。另外，由于 $P=0.0017<0.05$，也可说明回归模型成立。又从残差图可看出，所有数据的残差离零点都较近，且残差的置信区间都包含零点，这也说明回归模型能较好地拟合数据。

26.2.2　一元多项式回归

实现一元多项式回归可使用命令 polyfit( )，polyval( )，polyconf( )，调用格式有两种：

(1)确定多项式系数，使用命令：[p，s]＝polyfit(x，y，m)

(2)预测和预测误差估计，使用命令

Y＝polyval(p，x)　　　%求 polyfit 所得的回归多项式在 x 处的预测值 Y。

[Y，delta]＝polyconf(p，x，s，alpha)　　　%求 polyfit 所得的回归多项式在 x 处的预测值 Y 及预测值的显著性为 1-alpha 的置信区间 Y+-delta；alpha 默认为 0.05

【例 26.5】　已知时间序列数据如下表：

t	1	2	3	4	5	6	7	8	9	10
y	1.1	2.2	5.3	9.8	16.7	26.3	37.1	49.5	64.6	82.6
t	11	12	13	14	15	16	17	18	19	20
y	100.5	123.4	145.1	167	198.1	225.4	255.8	289.2	324.8	361.7

试求：（1）在同一坐标系内作出原始数据与拟合结果的散点图；

（2）y 与 t 的二次函数和三次函数的关系。

（3）建立评判标准判断二次函数与三次函数拟合效果；

（4）试用两个函数分别预测当 $t=21$ 时，y 的值。

分析：首先根据数据的散点图，选定曲线类型，当发现散点图的形状为曲线时，一般都可以用多项式函数来拟合。难以选择的是选用几次多项式合适，本题将给出对这一问题的思考过程。

解：设计主程序并保存为 li26_5.m

```
t=1：20；
y=[1.1 2.2 5.3 9.8 16.7 26.3 37.1 49.5 64.6 82.6 100.5 123.4 145.1 167 198.1 225.4 255.8 289.2 324.8 361.7]；
plot(t,y,'-o')
[p1,s1]=polyfit(t,y,2)      %作二次多项式回归。
[p2,s2]=polyfit(t,y,3)      %作三次多项式回归。
y1=polyconf(p1,t,s1)；      %预测。
y2=polyconf(p2,t,s2)；      %预测。
plot(t,y,'*',t,y1,'-o',t,y2,'-+')      %作图。
legend('原始数据','二次函数','三次函数')。
```

程序运行结果为：

p1=0.9992　−2.0246　　2.1798

s1=　R：[3x3 double]

　　df：17

　　normr：3.7809

p2=0.0005　　0.9849　−1.9014　　1.9383

s2=R：[4x4 double]

　　df：16

　　normr：3.7688

说明：结果表明，二次回归模型为：

$$y_1 = 0.9992t^2 - 2.0246t + 2.1798$$

三次回归模型为：

$y_2 = 0.0005t^3 + 0.9849t^2 - 1.9014t + 1.9383$

数据的散点图与回归线图如图 26.8 所示。

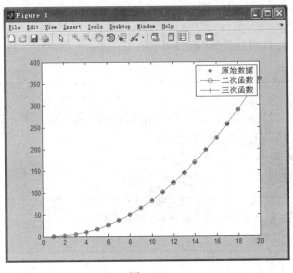

图 26.8

从图中可以看出，回归曲线能较好地表示散点图的形状，因此回归模型成立。

为了比较二次回归模型与三次回归模型的优劣，分别计算二次与三次回归模型的判定系数。在 MATLAB 命令窗口输入：

R1＝1-sum((y-y1).^2)/sum((y-mean(y)).^2)

R2＝1-sum((y-y2).^2)/sum((y-mean(y)).^2)

运行结果得：

R1＝0.999944285730154

R2＝0.999944641069310

因为 R2>R1，所以三次函数拟合的效果优于二次函数，其实从图 26.8 也可看出同样的结果。

当 $t = 21$，预测 y 值，只需在命令窗口输入：

Y21＝polyval(p1，21)

Y21＝polyval(p2，21)

回车可得：

Y21＝400.3209，Y21＝400.5624

习　　题

1. 设有 3 台机器，用来生产规格相同的铝合金薄板。取样测量薄板的厚度，精确至‰厘米。得结果如下：

机器 1：0.236　0.238　0.248　0.245　0.243

机器 2：0.257　0.253　0.255　0.254　0.261

机器 3：0.258　0.264　0.259　0.267　0.262

检验各台机器所生产的薄板的厚度有无显著的差异。

2. 一火箭使用了 4 种燃料，3 种推进器作射程试验，每种燃料与每种推进器的组合各发射火箭 2 次，得到结果如下：

		B1	B2	B3
推进器（B）	A1	58.2000	56.2000	65.3000
		52.6000	41.2000	60.8000
	A2	49.1000	54.1000	51.6000
燃料 A		42.8000	50.5000	48.4000
	A3	60.1000	70.9000	39.2000
		58.3000	73.2000	40.7000
	A4	75.8000	58.2000	48.7000
		71.5000	51.0000	41.4000

考察推进器和燃料这两个因素对射程是否有显著的影响。

3. 某种合金强度与碳含量有关，科研人员收集了该合金的强度 y 和碳含量 x 的数据，试建立 y 与 x 的函数关系模型，并检验模型的可信度，检查数据中有无异常点。

x：0.1 0.11 0.12 0.13 0.14 0.15 0.16 0.17 0.18 0.2 0.21 0.23

y：42 41.5 45 45.5 45 47.5 49 55 50 55 55.5 60.5

4. 为了分析 X 射线的杀菌作用，用 200kV 的 X 射线照射细菌，照射次数为 t，照射后的细菌数 y 如下：

t	1	2	3	4	5	6	7	8	9	10	11	12	13	14	15
y	352	211	197	160	142	106	104	60	56	38	36	32	21	19	15

试求：(1) y 与 t 的二次函数和三次函数的关系；

(2) 在同一坐标系内作出原始数据与拟合结果的散点图；

(3) 建立评判标准判断二次函数与三次函数拟合效果；

(4) 根据问题的实际意义，你认为选择多项式函数是否合适？

参考答案

1. 程序如下：

>>X = [0.236　0.238　0.248　0.245　0.243；0.257　0.253　0.255　0.254
0.261；… 0.258　0.264　0.259　0.267　0.262];
>> P = anova1(X')
结果为：
P = 1.3431e−005
结果见下图。

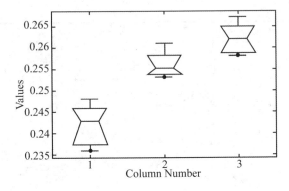

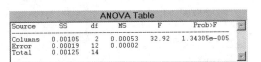

2. 建立 M 文件。

X = [58.2000　　　56.2000　　　65.3000
　　　52.6000　　　41.2000　　　60.8000
　　　49.1000　　　54.1000　　　51.6000
　　　42.8000　　　50.5000　　　48.4000
　　　60.1000　　　70.9000　　　39.2000
　　　58.3000　　　73.2000　　　40.7000
　　　75.8000　　　58.2000　　　48.7000
　　　71.5000　　　51.0000　　　41.4000];

P = anova2(X，2)
结果为：
P = 0.0035　　　0.0260　　　0.0001
显示方差分析图见下图。

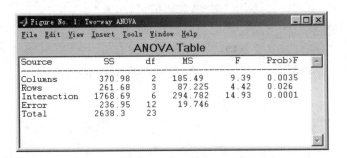

3. 分析：本问题是确定合金强度与碳含量之间的相关关系，已经给出一组统计观测数据，通过作数据的散点图，观察散点图的形状，可知可建立一元线性回归模型，设回归模型为 $y = \beta_0 + \beta_1 x$，调用多元回归命令 regress( ) 求解。模型的可信度可用判定系数的大小表示，因此计算出判定系数 R^2 即可。

解：根据分析，编写主程序：

```
x1 = 0.1： 0.01： 0.18;
x2 = [x1 0.2 0.21 0.23]';
y = [42 41.5 45 45.5 45 47.5 49 55 50 55 55.5 60.5]';
x = [ones(12, 1) x2];
plot(x2, y,'*')        %作数据散点图。
[b, bint, r, rint, stats] = regress(y, x);        %回归分析。
b, bint, stats
    figure(2)
rcoplot(r, rint)        %残差分析图。
z = b(1)+b(2)*x2;
    figure(3)
plot(x2, y,'*', x2, z,'r')        %回归预测图。
```

程序运行结果：

b =　27.0269

　　140.6194

bint =　22.3226　　31.7313

　　　111.7842　　169.4546

stats = 0.9219　118.0670　　0.0000　　3.1095

残差图及回归预测图如下图所示。

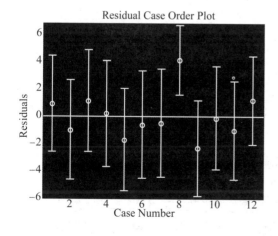

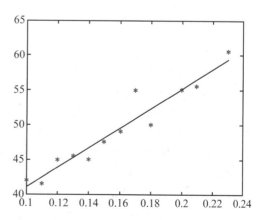

说明：结果表明，参数的估计值 $\hat{\beta}_0 = 27.0269$，$\hat{\beta}_1 = 140.6194$；$\hat{\beta}_0$ 的置信区间为 $[22.3226, 31.7313]$，$\hat{\beta}_1$ 的置信区间为 $[111.7842, 169.4546]$；判定系数 $R^2 = 0.9219$，非常接近常数 1，且 $F = 118.0670$，$P = 0.000 < 0.05$，故回归模型 $y = 27.0269 + 140.6194x$ 成立。

又从残差图可看出，除第 8 个数据外，其余数据的残差离零点都较近，且残差的置信区间都包含零点，这说明回归模型：$y = 27.0269 + 140.6194x$ 能较好地拟合数据，而第 8 个数据可视为异常点。从回归预测图也可看出，回归线能较好地表示散点图的形状，只有第 8 个数据离回归线较远。至于为什么出现异常点，则要对实验的过程进行分析，进一步查明原因。

4. 设计主程序并保存为 xt26_4.m

```
t=1：15；
y=[352 211 197 160 142 106 104 60 56 38 36 32 21 19 15]；
plot(t, y,'-o')
[p1, s1]=polyfit(t, y, 2)     %作二次多项式回归。
[p2, s2]=polyfit(t, y, 3)     %作三次多项式回归。
y1=polyconf(p1, t, s1)；      %预测。
y2=polyconf(p2, t, s2)；      %预测。
plot(t, y,'*', t, y1,'-o', t, y2,'-+')     %作图。
legend('原始数据','二次函数','三次函数')
```

程序运行结果为：

p1 = 1.9897   −51.1394   347.8967

s1 = R：[3x3 double]

　　df：12

　　normr：77.1278

p2 = −0.1777   6.2557   −79.3303   391.4095

s2 = R：[4x4 double]

　　df：11

　　normr：64.3340

说明：结果表明，二次回归模型为：

$$y_1 = 1.9897t^2 - 51.1394t + 347.8967$$

三次回归模型为：

$$y_2 = -0.1777t^3 + 6.2557t^2 - 79.3303t + 391.4095$$

数据的散点图与回归线图如下图所示。

从图中可以看出，回归曲线能较好地表示散点图的形状，因此回归模型成立。

为了比较二次回归模型与三次回归模型的优劣，分别计算二次与三次回归模型的判定系数。在 MATLAB 命令窗口输入：

```
R1=1-sum((y-y1).^2)/sum((y-mean(y)).^2)
```

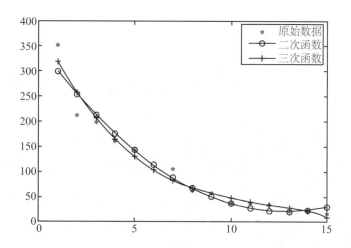

R2＝1－sum((y-y2).^2)/sum((y-mean(y)).^2)

运行后可得：R1＝0.9530；R2＝0.9673。因为 R2>R1，所以三次函数拟合的效果优于二次函数，其实从上图也可看出同样的结果。

从问题的实际意义来看，随着照射次数的增加，残留的细菌数减少，且开始减少的幅度较大，但随着照射次数的增加，减少的速度变得缓慢。而多项式函数随着自变量的增加，函数值趋向无穷大，因此，如果在有限的照射次数内用多项式拟合是可以的，如果照射次数超过 15 次，则拟合的效果开始变差，如 t＝16，在命令窗口输入：

y16＝polyval(p1, 16)

Y16＝polyval(p2, 16)

回车可得：y16＝39.0396；Y16＝－4.4733

可以看出，不论用二次还是三次函数，都不合实际。

附录1 MATLAB 命令(按功能分类)

常用对象操作命令

管理用命令

函数名	功 能 描 述	函数名	功 能 描 述
addpath	增加一条搜索路径	rmpath	删除一条搜索路径
demo	运行 MATLAB 演示程序	type	列出 M 文件
doc	装入超文本文档	version	显示 MATLAB 的版本号
help	启动联机帮助	what	列出当前目录下的有关文件
lasterr	显示最后一条信息	whatsnew	显示 MATLAB 的新特性
lookfor	搜索关键词的帮助	which	造出函数与文件所在的目录
path	设置或查 MATLAB 路径		

管理变量与工作空间用命令

函数名	功 能 描 述	函数名	功 能 描 述
clear	删除内存中的变量与函数	pack	整理工作空间内存
disp	显示矩阵与文本	save	将工作空间中的变量存盘
length	查询向量的维数	size	查询矩阵的维数
load	从文件中装入数据	who，whos	列出工作空间中的变量名

文件与操作系统处理命令

函数名	功 能 描 述	函数名	功 能 描 述
cd	改变当前工作目录	edit	编辑 .M 文件
delete	删除文件	matlabroot	获得 MATLAB 的安装根目录
diary	将 MATLAB 运行命令存盘	tempdir	获得系统的缓存目录
dir	列出当前目录的内容	tempname	获得一个缓存(temp)文件
!	执行操作系统命令		

窗口控制命令

函数名	功 能 描 述	函数名	功 能 描 述
echo	显示文件中 MATLAB 中的命令	more	控制命令窗口的输出页面
format	设置输出格式		

功能键说明

功能键	快捷键	说明
方向上键	Ctrl+P	返回前一行输入
方向下键	Ctrl+N	返回下一行输入
方向左键	Ctrl+B	光标向后移一个字符
方向右键	Ctrl+F	光标向前移一个字符
Ctrl+方向右键	Ctrl+R	光标向右移一个字符
Ctrl+方向左键	Ctrl+L	光标向左移一个字符
home	Ctrl+A	光标移到行首
End	Ctrl+E	光标移到行尾
Esc	Ctrl+U	清除一行
Del	Ctrl+D	清除光标所在的字符
Backspace	Ctrl+H	删除光标前一个字符
Ctrl+K	Ctrl+K	删除到行尾
Ctrl+C	Ctrl+C	中断正在执行的命令

启动与退出命令

函数名	功 能 描 述
matlabrc	启动主程序
startup	MATLAB 自启动程序
quit	退出 MATLAB 环境

运算符号与特殊字符

运算符号与特殊字符

函数名	功 能 描 述	函数名	功 能 描 述
+	加	…	续行标志
−	减	,	元素或参数间隔符
*	矩阵乘	;	分行符(该行结果显示)
. *	向量乘	%	注释标志
^	矩阵乘方	!	操作系统命令提示符
.^	向量乘方	'	矩阵转置
kron	矩阵 kron 积	'	向量转置
\	矩阵左除	=	赋值运算
/	矩阵右除	= =	关系运算之相等
. \	向量左除	~ =	关系运算之不等
./	向量右除	<	关系运算之小于
:	向量生成或子阵提取	<=	关系运算之小于等于
( )	下标运算或参数定义	>	关系运算之大于
[ ]	矩阵生成	>=	关系运算之大于等于
&	逻辑运算之与	~	逻辑运算之非
.	结构字段获取符	|	逻辑运算之或
.	点乘运算,常与其他运算符联合使用(如 . \ )		
xor	逻辑运算之异或		

逻辑函数

函数名	功 能 描 述	函数名	功 能 描 述
all	测试向量中所用元素是否为真	is * (一类函数)	检测向量状态. 其中 * 表示一个确定的函数(isinf)
any	测试向量中是否有真元素	* isa	检测对象是否为某一个类的对象
exist	检验变量或文件是否定义	logical	将数字量转化为逻辑量
find	查找非零元素的下标		

语言结构与调试

编程语言

函数名	功 能 描 述	函数名	功 能 描 述
builtin	执行 MATLAB 内建的函数	global	定义全局变量
eval	执行 MATLAB 语句构成的字符串	nargchk	函数输入输出参数个数检验
feval	执行字符串指定的文件	script	MATLAB 语句及文件信息
function	MATLAB 函数定义关键词		

控制流程

函数名	功 能 描 述	函数名	功 能 描 述
break	中断循环执行的语句	if	条件转移语句
case	与 switch 结合实现多路转移	otherwise	多路转移中的缺省执行部分
else	与 if 一起使用的转移语句	return	返回调用函数
elseif	与 if 一起使用的转移语句	switch	与 case 结合实现多路转移
end	结束控制语句块	warning	显示警告信息
error	显示错误信息	while	循环语句
for	循环语句		

交互输入

函数名	功 能 描 述	函数名	功 能 描 述
input	请求输入	menu	菜单生成
keyboard	启动键盘管理	pause	暂停执行

面向对象编程

函数名	功 能 描 述	函数名	功 能 描 述
class	生成对象	isa	判断对象是否属于某一类
double	转换成双精度型	superiorto	建立类的层次关系
inferiorto	建立类的层次关系	unit8	转换成 8 字节的无符号整数
inline	建立一个内嵌对象		

调　试

函数名	功　能　描　述	函数名	功　能　描　述
dbclear	清除调试断点	dbstatus	列出所有断点情况
dbcont	调试继续执行	dbstep	单步执行
dbdown	改变局部工作空间内存	dbstop	设置调试断点
dbmex	启动对 Mex 文件的调试	sbtype	列出带命令行标号的 . M 文件
dbquit	退出调试模式	dbup	改变局部工作空间内容
dbstack	列出函数调用关系		

基本矩阵与矩阵处理

基本矩阵

函数名	功　能　描　述
linspace	构造线性分布的向量
logspace	构造等对数分布的向量
ones( )	创建一个所有元素都为 1 的矩阵，其中可以制定维数，1，2，…个变量
zeros( )	创建一个所有元素都为 0 的矩阵
eye( )	创建对角元素为 1，其他元素为 0 的矩阵
diag( )	根据向量创建对角矩阵，即以向量的元素为对角元素
magic( )	创建魔方矩阵
rand( )	创建随机矩阵，服从均匀分布
randn( )	创建随机矩阵，服从正态分布
randperm( )	创建随机行向量
horcat C = [A，B]	水平聚合矩阵，还可以用 cat(1，A，B)
vercat C = [A；B]	垂直聚合矩阵，还可以用 cat(2，A，B)
repmat(M，v，h)	将矩阵 M 在垂直方向上聚合 v 次，在水平方向上聚合 h 次
blkdiag(A，B)	以 A 和 B 为块创建块对角矩阵

特殊向量与常量

函数名	功 能 描 述	函数名	功 能 描 述
ans	缺省的计算结果变量	non	非数值常量常由 0/0 或 Inf/Inf 获得
computer	运行 MATLAB 的机器类型	nargin	函数中参数输入个数
eps	精度容许误差(无穷小)	nargout	函数中输出变量个数
flops	浮点运算计数	pi	圆周率
i	复数单元	realmax	最大浮点数值
inf	无穷大	realmin	最小浮点数值
inputname	输入参数名	varargin	函数中输入的可选参数
j	复数单元	varargout	函数中输出的可选参数

时间与日期

函数名	功 能 描 述	函数名	功 能 描 述
calender	日历	eomday	计算月末
clock	时钟	etime	所用时间函数
cputime	所用的 CPU 时间	now	当前日期与时间
date	日期	tic	启动秒表计时器
datenum	日期(数字串格式)	toc	读取秒表计时器
datestr	日期(字符串格式)	weekday	星期函数
datevoc	日期(年月日分立格式)		

矩阵处理

函数名	功 能 描 述	函数名	功 能 描 述
cat	向量连接	reshape	改变矩阵行列个数
diag	建立对角矩阵或获取对角向量	rot90	将矩阵旋转 90 度
fliplr	按左右方向翻转矩阵元素	tril	取矩阵的下三角部分
flipud	按上下方向翻转矩阵元素	triu	取矩阵的上三角部分
repmat	复制并排列矩阵函数		

323

特殊矩阵

函 数 名	功 能 描 述	函 数 名	功 能 描 述
compan	生成伴随矩阵	invhilb	生成逆 hilbert 矩阵
gallery	生成一些小的测试矩阵	magic	生成 magic 矩阵
hadamard	生成 hadamard 矩阵	pascal	生成 pascal 矩阵
hankel	生成 hankel 矩阵	toeplitz	生成 toeplitz 矩阵
hilb	生成 hilbert 矩阵	wilkinson	生成 wilkinson 特征值测试矩阵

数组和矩阵的基本操作

length	返回矩阵最长维的长度
ndims	返回维数
numel	返回矩阵元素个数
size	返回每一维的长度，$[rows, cols] = size(A)$
reshape	重塑矩阵，reshape$(A, 2, 6)$，将 A 变为 2×6 的矩阵，按列排列。
rot90	旋转矩阵 90 度，逆时针方向
fliplr	沿垂轴翻转矩阵
flipud	沿水平轴翻转矩阵
transpose	沿主对角线翻转矩阵
ctranspose	转置矩阵，也可用 A′或 A.′，这仅当矩阵为复数矩阵时才有区别
inv	矩阵的逆
det	矩阵的行列式值
trace	矩阵对角元素的和
norm	矩阵或矢量的范数，norm$(a, 1)$，norm(a, Inf)，⋯
normest	估计矩阵的最大范数矢量
chol	矩阵的 cholesky 分解
cholinc	不完全 cholesky 分解
lu	LU 分解
luinc	不完全 LU 分解
qr	正交分解
kron(A, B)	A 为 m×n，B 为 p×q，则生成 mp×nq 的矩阵，A 的每一个元素都会乘上 B，并占据 p×q 大小的空间
rank	求出矩阵的秩
pinv	求伪逆矩阵
A^p	对 A 进行操作
A. ^P	对 A 中的每一个元素进行操作

数学函数

三角函数

函数名	功能描述	函数名	功能描述
sin/asin	正弦/反正弦函数 s	ec/asec	正割/反正割函数
sinh/asinh	双曲正弦/反双曲正弦函数	sech/asech	双曲正割/反双曲正割函数
cos/acos	余弦/反余弦函数	csc/acsc	余割/反余割函数
cosh/acosh	双曲余弦/反双曲余弦函数	csch/acsch	双曲余割/反双曲余割函数
tan/atan	正切/反正切函数	cot/acot	余切/反余切函数
tanh/atanh	双曲正切/反双曲正切函数	coth/acoth	双曲余切/反双曲余切函数
atan2	四个象限内反正切函数		

指数函数

函数名	功能描述	函数名	功能描述
exp	指数函数	log10	常用对数函数
log	自然对数函数	sqrt	平方根函数

复数函数

函数名	功能描述	函数名	功能描述
abs	绝对值函数	imag	求虚部函数
angle	角相位函数	real	求实部函数
conj	共轭复数函数		

数值处理

函数名	功能描述	函数名	功能描述
fix	沿零方向取整	round	舍入取整
floor	沿 $-\infty$ 方向取整	rem	求除法的余数
ceil	沿 $+\infty$ 方向取整	sign	符号函数

325

其他特殊数学函数

函数名	功 能 描 述	函数名	功 能 描 述
airy	airy 函数	erfcx	比例互补误差函数
besselh	bessel 函数(hankel 函数)	erfinv	逆误差函数
besseli	改进的第一类 bessel 函数	expint	指数积分函数
besselk	改进的第二类 bessel 函数	gamma	gamma 函数
besselj	第一类 bessel 函数	gammainc	非完全 gamma 函数
bessely	第二类 bessel 函数	gammaln	gamma 对数函数
beta	beta 函数	gcd	最大公约数
betainc	非完全的 beta 函数	lcm	最小公倍数
betaln	beta 对数函数	log2	分割浮点数
elipj	Jacobi 椭圆函数	legendre	legendre 伴随函数
ellipke	完全椭圆积分	pow2	基 2 标量浮点数
erf	误差函数	rat	有理逼近
erfc	互补误差函数	rats	有理输出

数值计算

1. 线性方程组求解

(1)$AX=B$ 的解可以用 $X=A \setminus B$ 求。$XA=B$ 的解可以用 $X=A/B$ 求。如果 A 是 $m×n$ 的矩阵，当 $m=n$ 时，可以找到唯一解，$m<n$，不定解，解中至多有 m 个非零元素。如果 $m>n$，超定系统，至少找到一组解。如果 A 是奇异的，且 $AX=B$ 有解，可以用 $X=pinv(A)×B$ 返回最小二乘解。

(2)$AX=b$，$A=L×U$，[L, U]=lu(A)，$X=U \setminus (L \setminus b)$，即用 LU 分解求解。

(3)QR(正交)分解是将一矩阵表示为一正交矩阵和一上三角矩阵之积，$A=Q×R$[Q, R]=chol(A)，$X=Q \setminus (U \setminus b)$。

(4)cholesky 分解类似。

2. 特征值

$D=eig(A)$ 返回 A 的所有特征值组成的矩阵。[V, D]=eig(A) 还返回特征向量矩阵。$A=U×S×UT$，[U, S]=schur(A)，其中 S 的对角线元素为 A 的特征值。

多项式 MATLAB 里面的多项式是以向量来表示的，其具体操作函数如下：

conv	多项式的乘法
deconv	多项式的除法，【a, b】=deconv(s)，返回商和余数
poly	求多项式的系数(由已知根求多项式的系数)
polyeig	求多项式的特征值
polyfit(x, y, n)	多项式的曲线拟合，x, y 为被拟合的向量，n 为拟合多项式阶数。
polyder	求多项式的一阶导数，polyder(a, b)返回 ab 的导数
[a, b]=polyder(a, b)	返回 a/b 的导数。
polyint	多项式的积分
polyval	求多项式的值
polyvalm	以矩阵为变量求多项式的值
residue	部分分式展开式
roots	求多项式的根(返回所有根组成的向量)

注：用 ploy(A)求出矩阵的特征多项式，然后再求其根，即为矩阵的特征值。

3. 插值常用的插值函数

griddata	数据网格化合曲面拟合
griddata3	三维数据网格化合超曲面拟合
interp1	一维插值(yi=interp1(x, y, xi,′method′) Method=nearest/linear/spline/pchip/cubic
interp2	二维插值 zi=interp1(x, y, z, xi, yi′method′)，bilinear
interp3	三维插值
interpft	用快速傅立叶变换进行一维插值，help fft。
mkpp	使用分段多项式
spline	三次样条插值
pchip	分段 hermit 插值

4. 函数最值的求解

fminbnd(′f′, x1, x2, optiset( ))，求 f 在 x1 和 x2 之间的最小值。Optiset 选项可以有 ′Display′+′iter′/′off′/′final′，分别表示显示计算过程/不显示/只显示最后结果。fminsearch 求多元函数的最小值。fzero(′f′, x1)求一元函数的零点。x1 为起始点。同样可以用上面的选项。

327

图像绘制

基本绘图函数

plot	绘制二维线性图形和两个坐标轴
plot3	绘制三维线性图形和两个坐标轴
fplot	在制定区间绘制某函数的图像。fplot('f'，区域，线型，颜色)
loglog	绘制对数图形及两个坐标轴(两个坐标都为对数坐标)
semilogx	绘制半对数坐标图形
semilogy	绘制半对数坐标图形

线型：颜色 线型

y	黄色	.	圆点线	v	向下箭头
g	绿色	-.	组合	>	向右箭头
b	蓝色	+	点为加号形	<	向左箭头
m	红紫色	o	空心圆形	p	五角星形
c	蓝紫色	*	星号	h	六角星形
w	白色	.	实心小点	hold on	添加图形
r	红色	x	叉号形状	grid on	添加网格
k	黑色	s	方形	–	实线
d	菱形	--	虚线	^	向上箭头

　　可以用 subplot(3，3，1)表示将绘图区域分为 3 行 3 列，目前使用第一区域。此时如要画不同的图形在一个窗口里，需要 hold on。

附录2　MATLAB 命令(按字母顺序分类)

A a

abs	绝对值、模、字符的 ASCII 码值
acos	反余弦
acosh	反双曲余弦
acot	反余切
acoth	反双曲余切
acsc	反余割
acsch	反双曲余割
align	启动图形对象几何位置排列工具
all	所有元素非零为真
angle	相角
ans	表达式计算结果的缺省变量名
any	所有元素非全零为真
area	面域图
argnames	函数 M 文件宗量名
asec	反正割
asech	反双曲正割
asin	反正弦
asinh	反双曲正弦
assignin	向变量赋值
atan	反正切
atan2	四象限反正切
atanh	反双曲正切
autumn	红黄调秋色图阵
axes	创建轴对象的低层指令
axis	控制轴刻度和风格的高层指令

B b

bar	二维直方图
bar3	三维直方图
bar3h	三维水平直方图

barh	二维水平直方图
base2dec	X 进制转换为十进制
bin2dec	二进制转换为十进制
blanks	创建空格串
bone	蓝色调黑白色图阵
box	框状坐标轴
break	while 或 for 环中断指令
brighten	亮度控制

C c

capture	(3 版以前)捕获当前图形
cart2pol	直角坐标变为极或柱坐标
cart2sph	直角坐标变为球坐标
cat	串接成高维数组
caxis	色标尺刻度
cd	指定当前目录
cdedit	启动用户菜单、控件回调函数设计工具
cdf2rdf	复数特征值对角阵转为实数块对角阵
ceil	向正无穷取整
cell	创建元胞数组
cell2struct	元胞数组转换为构架数组
celldisp	显示元胞数组内容
cellplot	元胞数组内部结构图示
char	把数值、符号、内联类转换为字符对象
chi2cdf	分布累计概率函数
chi2inv	分布逆累计概率函数
chi2pdf	分布概率密度函数
chi2rnd	分布随机数发生器
chol	Cholesky 分解
clabel	等位线标识
cla	清除当前轴
class	获知对象类别或创建对象
clc	清除指令窗
clear	清除内存变量和函数
clf	清除图对象
clock	时钟
colorcube	三浓淡多彩交叉色图矩阵
colordef	设置色彩缺省值

colormap	色图
colspace	列空间的基
close	关闭指定窗口
colperm	列排序置换向量
comet	彗星状轨迹图
comet3	三维彗星轨迹图
compass	射线图
compose	求复合函数
cond	(逆)条件数
condeig	计算特征值、特征向量同时给出条件数
condest	范-1 条件数估计
conj	复数共轭
contour	等位线
contourf	填色等位线
contour3	三维等位线
contourslice	四维切片等位线图
conv	多项式乘、卷积
cool	青紫调冷色图
copper	古铜调色图
cos	余弦
cosh	双曲余弦
cot	余切
coth	双曲余切
cplxpair	复数共轭成对排列
csc	余割
csch	双曲余割
cumsum	元素累计和
cumtrapz	累计梯形积分
cylinder	创建圆柱

D d

dblquad	二重数值积分
deal	分配宗量
deblank	删去串尾部的空格符
dec2base	十进制转换为 X 进制
dec2bin	十进制转换为二进制
dec2hex	十进制转换为十六进制
deconv	多项式除、解卷

331

delaunay	Delaunay 三角剖分
del2	离散 Laplacian 差分
demo	MATLAB 演示
det	行列式
diag	矩阵对角元素提取、创建对角阵
diary	MATLAB 指令窗文本内容记录
diff	数值差分、符号微分
digits	符号计算中设置符号数值的精度
dir	目录列表
disp	显示数组
display	显示对象内容的重载函数
dlinmod	离散系统的线性化模型
dmperm	矩阵 Dulmage-Mendelsohn 分解
dos	执行 DOS 指令并返回结果
double	把其他类型对象转换为双精度数值
drawnow	更新事件队列强迫 MATLAB 刷新屏幕
dsolve	符号计算解微分方程

Ee

echo	M 文件被执行指令的显示
edit	启动 M 文件编辑器
eig	求特征值和特征向量
eigs	求指定的几个特征值
end	控制流 FOR 等结构体的结尾元素下标
eps	浮点相对精度
error	显示出错信息并中断执行
errortrap	错误发生后程序是否继续执行的控制
erf	误差函数
erfc	误差补函数
erfcx	刻度误差补函数
erfinv	逆误差函数
errorbar	带误差限的曲线图
etreeplot	画消去树
eval	串演算指令
evalin	跨空间串演算指令
exist	检查变量或函数是否已定义
exit	退出 MATLAB 环境
exp	指数函数

expand	符号计算中的展开操作
expint	指数积分函数
expm	常用矩阵指数函数
expm1	Pade 法求矩阵指数
expm2	Taylor 法求矩阵指数
expm3	特征值分解法求矩阵指数
eye	单位阵
ezcontour	画等位线的简捷指令
ezcontourf	画填色等位线的简捷指令
ezgraph3	画表面图的通用简捷指令
ezmesh	画网线图的简捷指令
ezmeshc	画带等位线的网线图的简捷指令
ezplot	画二维曲线的简捷指令
ezplot3	画三维曲线的简捷指令
ezpolar	画极坐标图的简捷指令
ezsurf	画表面图的简捷指令
ezsurfc	画带等位线的表面图的简捷指令

Ff

factor	符号计算的因式分解
feather	羽毛图
feedback	反馈连接
feval	执行由串指定的函数
fft	离散 Fourier 变换
fft2	二维离散 Fourier 变换
fftn	高维离散 Fourier 变换
fftshift	直流分量对中的谱
fieldnames	构架域名
figure	创建图形窗
fill3	三维多边形填色图
find	寻找非零元素下标
findobj	寻找具有指定属性的对象图柄
findstr	寻找短串的起始字符下标
findsym	机器确定内存中的符号变量
finverse	符号计算中求反函数
fix	向零取整
flag	红白蓝黑交错色图阵
fliplr	矩阵的左右翻转

flipud	矩阵的上下翻转
flipdim	矩阵沿指定维翻转
floor	向负无穷取整
flops	浮点运算次数
flow	MATLAB 提供的演示数据
fmin	求单变量非线性函数极小值点(旧版)
fminbnd	求单变量非线性函数极小值点
fmins	单纯形法求多变量函数极小值点(旧版)
fminunc	拟牛顿法求多变量函数极小值点
fminsearch	单纯形法求多变量函数极小值点
fnder	对样条函数求导
fnint	利用样条函数求积分
fnval	计算样条函数区间内任意一点的值
fnplt	绘制样条函数图形
fopen	打开外部文件
for	构成 for 环用
format	设置输出格式
fourier	Fourier 变换
fplot	返函绘图指令
fprintf	设置显示格式
fread	从文件读二进制数据
fsolve	求多元函数的零点
full	把稀疏矩阵转换为非稀疏阵
funm	计算一般矩阵函数
funtool	函数计算器图形用户界面
fzero	求单变量非线性函数的零点

Gg

gamma	函数
gammainc	不完全函数
gammaln	函数的对数
gca	获得当前轴句柄
gcbo	获得正执行"回调"的对象句柄
gcf	获得当前图对象句柄
gco	获得当前对象句柄
geomean	几何平均值
get	获知对象属性
getfield	获知构架数组的域

getframe	获取影片的帧画面
ginput	从图形窗获取数据
global	定义全局变量
gplot	依图论法则画图
gradient	近似梯度
gray	黑白灰度
grid	画分格线
griddata	规则化数据和曲面拟合
gtext	由鼠标放置注释文字
guide	启动图形用户界面交互设计工具

Hh

harmmean	调和平均值
help	在线帮助
helpwin	交互式在线帮助
helpdesk	打开超文本形式用户指南
hex2dec	十六进制转换为十进制
hex2num	十六进制转换为浮点数
hidden	透视和消隐开关
hilb	Hilbert 矩阵
hist	频数计算或频数直方图
histc	端点定位频数直方图
histfit	带正态拟合的频数直方图
hold	当前图上重画的切换开关
horner	分解成嵌套形式
hot	黑红黄白色图
hsv	饱和色图

Ii

if-else-elseif	条件分支结构
ifft	离散 Fourier 反变换
ifft2	二维离散 Fourier 反变换
ifftn	高维离散 Fourier 反变换
ifftshift	直流分量对中的谱的反操作
ifourier	Fourier 反变换
i，j	缺省的"虚单元"变量
ilaplace	Laplace 反变换
imag	复数虚部

image	显示图像
imagesc	显示亮度图像
imfinfo	获取图形文件信息
imread	从文件读取图像
imwrite	把
imwrite	把图像写成文件
ind2sub	单下标转变为多下标
inf	无穷大
info	MathWorks 公司网点地址
inline	构造内联函数对象
inmem	列出内存中的函数名
input	提示用户输入
inputname	输入宗量名
int	符号积分
int2str	把整数数组转换为串数组
interp1	一维插值
interp2	二维插值
interp3	三维插值
interpn	N 维插值
interpft	利用 FFT 插值
intro	MATLAB 自带的入门引导
inv	求矩阵逆
invhilb	Hilbert 矩阵的准确逆
ipermute	广义反转置
isa	检测是否给定类的对象
ischar	若是字符串则为真
isequal	若两数组相同则为真
isempty	若是空阵则为真
isfinite	若全部元素都有限则为真
isfield	若是构架域则为真
isglobal	若是全局变量则为真
ishandle	若是图形句柄则为真
ishold	若当前图形处于保留状态则为真
isieee	若计算机执行 IEEE 规则则为真
isinf	若是无穷数据则为真
isletter	若是英文字母则为真
islogical	若是逻辑数组则为真
ismember	检查是否属于指定集

isnan	若是非数则为真
isnumeric	若是数值数组则为真
isobject	若是对象则为真
isprime	若是质数则为真
isreal	若是实数则为真
isspace	若是空格则为真
issparse	若是稀疏矩阵则为真
isstruct	若是构架则为真
isstudent	若是 MATLAB 学生版则为真
iztrans	符号计算 Z 反变换

Jj，Kk

jacobian	符号计算中求 Jacobian 矩阵
jet	蓝头红尾饱和色
jordan	符号计算中获得 Jordan 标准型
keyboard	键盘获得控制权
kron	Kronecker 乘法规则产生的数组

Ll

laplace	Laplace 变换
lasterr	显示最新出错信息
lastwarn	显示最新警告信息
leastsq	解非线性最小二乘问题（旧版）
legend	图形图例
lighting	照明模式
line	创建线对象
lines	采用 plot 画线色
linmod	获连续系统的线性化模型
linmod2	获连续系统的线性化精良模型
linspace	线性等分向量
ln	矩阵自然对数
load	从 MAT 文件读取变量
log	自然对数
log10	常用对数
log2	底为 2 的对数
loglog	双对数刻度图形
logm	矩阵对数
logspace	对数分度向量

lookfor	按关键字搜索 M 文件
lower	转换为小写字母
lsqnonlin	解非线性最小二乘问题
lu	LU 分解

Mm

mad	平均绝对值偏差
magic	魔方阵
maple	Maple 格式指令
mat2str	把数值数组转换成输入形态串数组
material	材料反射模式
max	找向量中最大元素
mbuild	产生 EXE 文件编译环境的预设置指令
mcc	创建 MEX 或 EXE 文件的编译指令
mean	求向量元素的平均值
median	求中位数
menuedit	启动设计用户菜单的交互式编辑工具
mesh	网线图
meshz	垂帘网线图
meshgrid	产生"格点"矩阵
methods	获知对指定类定义的所有方法函数
mex	产生 MEX 文件编译环境的预设置指令
mfunlis	能被 mfun 计算的 Maple 经典函数列表
mhelp	引出 Maple 的在线帮助
min	找向量中最小元素
mkdir	创建目录
mkpp	逐段多项式数据的明晰化
mod	模运算
more	指令窗中内容的分页显示
movie	放映影片动画
moviein	影片帧画面的内存预置
mtaylor	符号计算多变量 Taylor 级数展开

Nn

ndims	求数组维数
NaN	非数（预定义）变量
nargchk	输入宗量数验证
nargin	函数输入宗量数

nargout	函数输出宗量数
ndgrid	产生高维格点矩阵
newplot	准备新的缺省图、轴
nextpow2	取最接近的较大 2 次幂
nnz	矩阵的非零元素总数
nonzeros	矩阵的非零元素
norm	矩阵或向量范数
normcdf	正态分布累计概率密度函数
normest	估计矩阵 2 范数
norminv	正态分布逆累计概率密度函数
normpdf	正态分布概率密度函数
normrnd	正态随机数发生器
notebook	启动 MATLAB 和 Word 的集成环境
null	零空间
num2str	把非整数数组转换为串
numden	获取最小公分母和相应的分子表达式
nzmax	指定存放非零元素所需内存

Oo

ode1	非 Stiff 微分方程变步长解算器
ode15s	Stiff 微分方程变步长解算器
ode23t	适度 Stiff 微分方程解算器
ode23tb	Stiff 微分方程解算器
ode45	非 Stiff 微分方程变步长解算器
odefile	ODE 文件模板
odeget	获知 ODE 选项设置参数
odephas2	ODE 输出函数的二维相平面图
odephas3	ODE 输出函数的三维相空间图
odeplot	ODE 输出函数的时间轨迹图
odeprint	在 MATLAB 指令窗显示结果
odeset	创建或改写 ODE 选项构架参数值
ones	全 1 数组
optimset	创建或改写优化泛函指令的选项参数值
orient	设定图形的排放方式
orth	值空间正交化

Pp

pack	收集 MATLAB 内存碎块扩大内存

pagedlg	调出图形排版对话框
patch	创建块对象
path	设置 MATLAB 搜索路径的指令
pathtool	搜索路径管理器
pause	暂停
pcode	创建预解译 P 码文件
pcolor	伪彩图
peaks	MATLAB 提供的典型三维曲面
permute	广义转置
pi	(预定义变量)圆周率
pie	二维饼图
pie3	三维饼图
pink	粉红色图矩阵
pinv	伪逆
plot	平面线图
plot3	三维线图
plotmatrix	矩阵的散点图
plotyy	双纵坐标图
poissinv	泊松分布逆累计概率分布函数
poissrnd	泊松分布随机数发生器
pol2cart	极或柱坐标变为直角坐标
polar	极坐标图
poly	矩阵的特征多项式、根集对应的多项式
poly2str	以习惯方式显示多项式
poly2sym	双精度多项式系数转变为向量符号多项式
polyder	多项式导数
polyfit	数据的多项式拟合
polyval	计算多项式的值
polyvalm	计算矩阵多项式
pow2	2 的幂
ppval	计算分段多项式
pretty	以习惯方式显示符号表达式
print	打印图形或 SIMULINK 模型
printsys	以习惯方式显示有理分式
prism	光谱色图矩阵
procread	向 Maple 输送计算程序
profile	函数文件性能评估器
propedit	图形对象属性编辑器

pwd	显示当前工作目录

Qq

quad	低阶法计算数值积分
quad8	高阶法计算数值积分(QUADL)
quit	推出 MATLAB 环境
quiver	二维方向箭头图
quiver3	三维方向箭头图

Rr

rand	产生均匀分布随机数
randn	产生正态分布随机数
randperm	随机置换向量
range	样本极差
rank	矩阵的秩
rats	有理输出
rcond	矩阵倒条件数估计
real	复数的实部
reallog	在实数域内计算自然对数
realpow	在实数域内计算乘方
realsqrt	在实数域内计算平方根
realmax	最大正浮点数
realmin	最小正浮点数
rectangle	画"长方框"
rem	求余数
repmat	铺放模块数组
reshape	改变数组维数、大小
residue	部分分式展开
return	返回
ribbon	把二维曲线画成三维彩带图
rmfield	删去构架的域
roots	求多项式的根
rose	数扇形图
rot90	矩阵旋转 90 度
rotate	指定的原点和方向旋转
rotate3d	启动三维图形视角的交互设置功能
round	向最近整数圆整
rref	简化矩阵为梯形形式

rsf2csf	实数块对角阵转为复数特征值对角阵
rsums	Riemann 和

Ss

save	把内存变量保存为文件
scatter	散点图
scatter3	三维散点图
sec	正割
sech	双曲正割
semilogx	X 轴对数刻度坐标图
semilogy	Y 轴对数刻度坐标图
series	串联连接
set	设置图形对象属性
setfield	设置构架数组的域
setstr	将 ASCII 码转换为字符的旧版指令
sign	根据符号取值函数
signum	符号计算中的符号取值函数
sim	运行 SIMULINK 模型
simget	获取 SIMULINK 模型设置的仿真参数
simple	寻找最短形式的符号解
simplify	符号计算中进行简化操作
simset	对 SIMULINK 模型的仿真参数进行设置
simulink	启动 SIMULINK 模块库浏览器
sin	正弦
sinh	双曲正弦
size	矩阵的大小
slice	立体切片图
solve	求代数方程的符号解
spalloc	为非零元素配置内存
sparse	创建稀疏矩阵
spconvert	把外部数据转换为稀疏矩阵
spdiags	稀疏对角阵
spfun	求非零元素的函数值
sph2cart	球坐标变为直角坐标
sphere	产生球面
spinmap	色图彩色的周期变化
spline	样条插值
spones	用 1 置换非零元素

342

sprandsym	稀疏随机对称阵
sprank	结构秩
spring	紫黄调春色图
sprintf	把格式数据写成串
spy	画稀疏结构图
sqrt	平方根
sqrtm	方根矩阵
squeeze	删去大小为 1 的"孤维"
sscanf	按指定格式读串
stairs	阶梯图
std	标准差
stem	二维杆图
step	阶跃响应指令
str2double	串转换为双精度值
str2mat	创建多行串数组
str2num	串转换为数
strcat	接成长串
strcmp	串比较
strjust	串对齐
strmatch	搜索指定串
strncmp	串中前若干字符比较
strrep	串替换
strtok	寻找第一间隔符前的内容
struct	创建构架数组
struct2cell	把构架转换为元胞数组
strvcat	创建多行串数组
sub2ind	多下标转换为单下标
subexpr	通过子表达式重写符号对象
subplot	创建子图
subs	符号计算中的符号变量置换
subspace	两子空间夹角
sum	元素和
summer	绿黄调夏色图
superiorto	设定优先级
surf	三维着色表面图
surface	创建面对象
surfc	带等位线的表面图
surfl	带光照的三维表面图

surfnorm	空间表面的法线
svd	奇异值分解
svds	求指定的若干奇异值
switch-case-otherwise	多分支结构
sym2poly	符号多项式转变为双精度多项式系数向量
symmmd	对称最小度排序
symrcm	反向 Cuthill-McKee 排序
syms	创建多个符号对象

Tt

tan	正切
tanh	双曲正切
taylortool	进行 Taylor 逼近分析的交互界面
text	文字注释
tf	创建传递函数对象
tic	启动计时器
title	图名
toc	关闭计时器
trapz	梯形法数值积分
treelayout	展开树、林
treeplot	画树图
tril	下三角阵
trim	求系统平衡点
trimesh	不规则格点网线图
trisurf	不规则格点表面图
triu	上三角阵
try-catch	控制流中的 Try-catch 结构
type	显示 M 文件

Uu

uicontextmenu	创建现场菜单
uicontrol	创建用户控件
uimenu	创建用户菜单
unmkpp	逐段多项式数据的反明晰化
unwrap	自然态相角
upper	转换为大写字母

Vv

var 方差

varargin	变长度输入宗量
varargout	变长度输出宗量
vectorize	使串表达式或内联函数适于数组运算
ver	版本信息的获取
view	三维图形的视角控制
voronoi	Voronoi 多边形
vpa	任意精度（符号类）数值

Ww

warning	显示警告信息
what	列出当前目录上的文件
whatsnew	显示 MATLAB 中 Readme 文件的内容
which	确定函数、文件的位置
while	控制流中的 While 环结构
white	全白色图矩阵
whitebg	指定轴的背景色
who	列出内存中的变量名
whos	列出内存中变量的详细信息
winter	蓝绿调冬色图
workspace	启动内存浏览器

Xx，Yy，Zz

xlabel	X 轴名
xor	或非逻辑
yesinput	智能输入指令
ylabel	Y 轴名
zeros	全零数组
zlabel	Z 轴名
zoom	图形的变焦放大和缩小
ztrans	符号计算 Z 变换

参 考 文 献

[1]李林，金先级．数值计算方法(MATLAB 语言版)．北京：高等教育出版社，2006．

[2]蒲俊，吉家锋，伊良忠．MATLAB 6.0 数学手册．上海：浦东电子出版社，2002．

[3]李海涛，邓樱．MATLAB 程序设计教程．北京：高等教育出版社，2002．

[4]陈杰等．MATLAB 宝典．北京：电子工业出版社，2010．

[5]汪晓银，邹庭荣．数学软件与数学实验．北京：科学出版社，2008．

[6]薛定宇，陈阳泉．高等应用数学问题的 MATLAB 求解．北京：清华大学出版社，2008．

[7]马莉．MATLAB 数学实验与建模．北京：清华大学出版社，2010．

[8]吴礼斌，李柏年．数学实验与建模．北京：国防工业出版社，2008．

[9]刘顺忠．管理运筹学和 MATLAB 软件应用．武汉：武汉大学出版社，2007．

[10]周品，何正风．MATLAB 数值分析．北京：机械工业出版社，2009．

[11]薛毅．数学建模基础．北京：北京工业大学出版社，2005．

[12]李继成．数学实验．西安：西安交通大学出版社，2003．